生成式AI应用开发实战

基于智谱AI与DeepSeek

颜志军 王红军 范永刚 刘佳 编著

机械工业出版社

本书从生成式 AI 的基本概念出发，介绍会话编程、提示词工程和上下文记忆等基本编程技术，展示如何通过函数调用与编程模式提升生成式 AI 应用程序的开发能力与效率，系统讲解 LangChain 中间件的使用及智能体（Agent）开发等高级编程技能。此外，本书通过图像、视频和语音的识别与生成实例，阐述了多模态编程的精髓，揭示了多模态编程作为生成式 AI 编程未来发展方向的重要地位与应用潜力。全书配备丰富的基于智谱 AI 和 DeepSeek 的实例和源代码（获取方式见封底），帮助读者快速入门并通过实践掌握生成式 AI 应用开发的方法与技巧。

本书适合生成式 AI 应用程序软件设计师、开发人员和技术爱好者阅读，为他们提供生成式 AI 的基本常识及编程实践指导。

图书在版编目（CIP）数据

生成式 AI 应用开发实战：基于智谱 AI 与 DeepSeek／颜志军等编著. -- 北京：机械工业出版社，2025.6.
（AIGC 与大模型技术丛书）. -- ISBN 978-7-111-78217-9
Ⅰ. TP18
中国国家版本馆 CIP 数据核字第 2025YD5589 号

机械工业出版社（北京市百万庄大街 22 号　邮政编码 100037）
策划编辑：李晓波　　　　　　　　　责任编辑：李晓波　章承林
责任校对：王　捷　王小童　景　飞　责任印制：刘　媛
北京富资园科技发展有限公司印刷
2025 年 6 月第 1 版第 1 次印刷
184mm×240mm・15.75 印张・378 千字
标准书号：ISBN 978-7-111-78217-9
定价：99.00 元

电话服务　　　　　　　　　网络服务
客服电话：010-88361066　　机　工　官　网：www.cmpbook.com
　　　　　010-88379833　　机　工　官　博：weibo.com/cmp1952
　　　　　010-68326294　　金　书　　网：www.golden-book.com
封底无防伪标均为盗版　　　机工教育服务网：www.cmpedu.com

前　言

人工智能（Artificial Intelligence，AI）对于所有软件架构师和开发人员而言都不陌生，但大多数软件架构师和开发人员却没有真正涉足基于 AI 的应用程序的设计与实现。AI 相对于传统应用程序而言，其在架构与研发方面所需的资源与技术要求更高，所以它不只是非 IT 人士的门槛，也是众多软件架构师和开发人员的门槛。自 OpenAI 发布 ChatGPT 后，不仅令生成式 AI（Generative Artificial Intelligence，GenAI）一夜之间火爆全球，而且其提供的生成式 AI 大语言模型（Large Language Model，LLM）API 服务，更是将基于生成式 AI 的应用程序设计与开发带入了一个新的阶段。而 DeepSeek 的横空出世，打破了此前大模型对算力资源的极致依赖。这种对算力资源的革命性优化，使得中小规模企业甚至独立开发者能够以极低的基础设施投入获得高水平的 AI 能力，成功打通了从技术原型验证到规模化商业落地的关键路径。

生成式 AI 模型在自然语言处理、文本生成、图像和视频生成以及多模态理解方面的突破，不仅让越来越多的人感受到 AI 的魅力，也大幅拓展了软件开发的边界。开发者们可以更轻松地调用这些模型的强大能力，将其融入各类应用程序中，为用户带来前所未有的交互体验和创新功能。

在这股技术浪潮中，许多企业和开发者都迫切需要掌握利用生成式 AI 技术进行应用开发的技能。无论是借助模型直接进行文本创作，还是通过扩展模型能力实现知识问答、数据分析、视觉识别、语音合成等功能，生成式 AI 模型都为软件设计与实现提供了新思路和新范式。同时，大量低门槛 API 和开源工具的不断涌现，进一步降低了开发者和企业使用生成式 AI 技术的成本与难度。

在此背景下，我们编写了本书，旨在帮助软件架构师、开发人员以及对生成式 AI 感兴趣的读者快速掌握基于生成式 AI 的应用开发。本书从基础概念和应用场景切入，提供了大量真实可运行的示例与实战案例，覆盖与生成式 AI 开发相关的重要环节，包括对话交互、提示词工程、函数调用、增强检索、编程模式、智能体以及多模态应用等。

全书共 8 章，主要内容及特色如下：

第 1 章　生成式 AI 概述：介绍生成式 AI 的基本概念和核心原理，并梳理其应用场景以及在编程时需要关注的问题与挑战。

第 2 章　会话编程：展示如何在命令行、图形界面等环境中，与生成式 AI 模型进行实时交互。通过提示词工程实践，帮助读者掌握如何有效地与模型对话，引导其思考并完成文本概括、情感分析、翻译转换等常见任务。

第3章　函数调用：介绍如何通过本地函数调用、数据库访问以及第三方API集成等方式，让生成式AI得以结合外部环境发挥更大作用，从而构建各种实用型的应用程序。

第4章　生成式AI应用设计模式：深入探讨思维链、思维树、蜂巢模式以及组合模式等常见的生成式AI推理与思维方式，帮助读者举一反三，开发更智能、更灵活的应用程序。

第5章　LangChain简介：LangChain作为生成式AI应用开发中间件，具有模型封装、提示词模板、输出解析、内存管理和检索增强等功能，这些特性大幅简化了应用程序的开发过程。本章通过多个示例程序演示如何使用LangChain来快速搭建生成式AI应用。

第6章　智能体：聚焦生成式AI应用中最核心的智能体概念，探讨如何使用ReAct、ConversationalChat等类型的智能体完成旅行规划、知识问答等任务，并展示如何实现自定义智能体。

第7章　多模态编程：展现人工智能在视觉、听觉等多模态场景下的强大能力，包括图像内容理解与生成、视频内容理解与生成、语音识别与合成等，使读者在掌握文本处理技能的基础上，进一步解锁多模态的应用能力。

第8章　DeepSeek应用开发：基于DeepSeek提供的对话模型、推理模型及其前缀续写、FIM补全等功能实现智能辅助编程、小说生成器等更加贴近实际应用场景的工具，为将技术能力转化为产业价值提供有益的探索和启示。

在阅读本书过程中，读者会发现生成式AI与传统AI技术有着显著不同：一方面，生成式AI模型具有强大的自然语言处理和知识推理能力，开发者可以通过提示词直接进行功能"编程"；另一方面，结合外部工具、函数调用、多模态处理等方式，可以显著拓展生成式AI的应用边界。面对不断涌现的理论与实践进展，希望本书能帮助读者在繁杂的技术生态中厘清脉络，掌握高效、灵活、可扩展的生成式AI应用开发方法，并将其运用到实际项目之中。

本书内容以代码规模简短的实战案例（所有案例均提供源代码文件）为主，力求兼顾新手友好与行业前沿：

- 对尚未接触过人工智能或机器学习的读者而言，只需具备一定编程基础和对开发流程的基本了解，便可通过本书开启基于生成式AI应用程序的研发之旅。
- 对已经有一定人工智能基础和项目经验的读者而言，可以把本书作为生成式AI应用开发的实践指南，从中获取灵感，进一步探索智能体、多模态等技术。
- 对企业团队而言，本书的实践案例可作为内部人才培养、技术落地探索或原型系统搭建的参考，帮助组织快速迭代、积累相关经验。

人工智能的风口已经到来，生成式AI让我们看到了让机器实现类人认知、决策与创作的更多可能。希望通过本书，读者能充分感受到前沿技术的魅力，获得更丰富多元的开发思路，从而在更宽阔的舞台上施展才华。让我们一起走进生成式AI应用程序开发世界，用代码与创新点亮未来的软件生态！

颜志军
2025年2月

CONTENTS 目录

前　言

第 1 章　生成式 AI 概述 ……………………………………………… 1
1.1　生成式 AI 简介 ………………………………………………… 1
1.2　生成式 AI 模型的核心原理概览 ……………………………… 3
1.3　代表性生成式 AI 模型 ………………………………………… 6
1.3.1　OpenAI ………………………………………………… 6
1.3.2　百度文心大模型 ……………………………………… 8
1.3.3　讯飞星火大模型 ……………………………………… 9
1.3.4　智谱 AI 大模型 ……………………………………… 10
1.3.5　DeepSeek …………………………………………… 11
1.4　DeepSeek 的创新与崛起 …………………………………… 13
1.4.1　DeepSeek 引领行业变革 …………………………… 13
1.4.2　DeepSeek 低成本实现途径 ………………………… 14
1.5　生成式 AI 应用场景 ………………………………………… 15
1.6　编程中的关键问题与挑战 …………………………………… 18
1.7　本章小结 ……………………………………………………… 21

第 2 章　会话编程——与生成式 AI 交互的基本方式 …………… 22
2.1　交互式对话编程 ……………………………………………… 22
2.1.1　编程与运行环境准备 ………………………………… 23
2.1.2　服务访问环境准备 …………………………………… 23
2.1.3　你问 AI 答——命令行界面交互 …………………… 24
2.1.4　你问 AI 答——简单的图形界面交互 ……………… 27
2.1.5　让 AI 更快地响应——流式输出 …………………… 30

2.2 提示词工程 33
　　2.2.1 持续优化营销文案——迭代式提示词开发 33
　　2.2.2 循循善诱完成思维题——引导模型思考 37
　　2.2.3 快速生成商品评价摘要——文本概括 43
　　2.2.4 阅读理解——文本推断 44
　　2.2.5 多语全能秘书——文本转换 48
　　2.2.6 写作助手——文本扩展 54
2.3 让 AI 具有记忆——保留对话上下文 56
2.4 本章小结 60

第 3 章 CHAPTER.3

函数调用——构建生成式 AI 的神经反射弧 61

3.1 计算定积分——本地函数调用 61
3.2 数据查询助手——数据库访问 69
3.3 天气查询助手——第三方 API 调用 74
3.4 网络搜索助手——网页搜索 79
3.5 本章小结 82

第 4 章 CHAPTER.4

生成式 AI 应用设计模式——提升生成式 AI 的推理能力 83

4.1 思维链 83
　　4.1.1 激发生成式 AI 潜能——零样本提示 83
　　4.1.2 生成单元测试用例——少样本提示 89
4.2 思维树 92
　　4.2.1 结构化写作——基于思维树进行创作 92
　　4.2.2 红白球分析——基于思维树进行推理 96
4.3 六顶思考帽——蜂巢模式 99
4.4 软件缺陷分析与指派——组合模式 106
4.5 本章小结 109

第 5 章 CHAPTER.5

LangChain 简介——生成式 AI 应用开发中间件 110

5.1 生成式 AI 应用开发中间件概述 110
5.2 模型的输入与输出 112
　　5.2.1 你问 AI 答——模型接口封装 112
　　5.2.2 新闻生成与翻译——提示词模板 114
　　5.2.3 你问 AI 答——输出解析 119
5.3 诗歌创作——LangChain 表达式语言 123
5.4 内存记忆 Memory 126

5.4.1　不会遗忘的记忆——ConversationBufferMemory 组件 127
　　5.4.2　记忆短跑健将——ConversationBufferWindowMemory 组件 128
　　5.4.3　智能会议助手——ConversationEntityMemory 组件 130
5.5　文档理解与问答——增强检索生成 133
　　5.5.1　自然语言向量化 133
　　5.5.2　文档检索 136
5.6　诗歌创作——回调函数 139
5.7　网络搜索助手——智能体 144
5.8　本章小结 149

第 6 章　智能体——生成式 AI 应用的主流形态 150

6.1　智能体实现概述 150
6.2　智能旅行规划助手——ReAct 型智能体 151
　　6.2.1　主程序 152
　　6.2.2　提示词 154
　　6.2.3　工具集 157
　　6.2.4　运行智能体 164
6.3　多源知识问答——JSON 格式聊天智能体 166
6.4　智能旅行规划助手——自定义智能体 172
　　6.4.1　辅助类实现 172
　　6.4.2　辅助函数实现 174
　　6.4.3　Action 工具实现 178
　　6.4.4　智能体主体实现 179
　　6.4.5　提示词 186
　　6.4.6　主程序实现及智能体运行 188
6.5　本章小结 193

第 7 章　多模态编程——生成式 AI 的视觉与听觉感知和生成能力 194

7.1　图像、视频与语音识别 194
　　7.1.1　看图说话——理解图像内容 194
　　7.1.2　替你刷视频——理解视频内容 201
　　7.1.3　会议秘书——语音识别 202
7.2　图像、视频与语音生成 208
　　7.2.1　你说 AI 画——文生图 208
　　7.2.2　你说 AI 演——文生视频 211
　　7.2.3　朗读助手——语音生成 215
7.3　本章小结 216

第 8 章 DeepSeek 应用开发 …… 217

8.1 逻辑推理大师——DeepSeek 推理模型应用 …… 217
8.2 智能辅助编程插件——DeepSeek 的对话、续写及 FIM 补全 …… 221
8.2.1 VS Code 扩展框架 …… 222
8.2.2 解释与重构优化代码 …… 224
8.2.3 智能代码补全 …… 230
8.2.4 打包并安装、使用插件 …… 234
8.3 小说生成器——基于 DeepSeek 推理模型的工作流 …… 235
8.3.1 小说生成器的工作流 …… 235
8.3.2 封装推理模型交互接口 …… 237
8.3.3 实现生成器工作流 …… 238
8.4 本章小结 …… 244

第1章

生成式AI概述

1.1 生成式 AI 简介

生成式 AI（Generative Artificial Intelligence）是一类能够自动生成内容的 AI 技术，包括文本、图像、音频、视频甚至代码等多种形式。这种技术已经从早期的算法驱动逐步演进为深度学习模型驱动，尤其是生成对抗网络（GAN）和变分自编码器（VAE）的引入，使得生成式 AI 的能力大幅提升。近年来，随着 Transformer 架构和自回归模型的应用，生成式 AI 在自然语言生成、图像合成、语音合成和多模态生成等领域取得了显著成果。

1. 生成式 AI 的基本定义与概念

生成式 AI 的核心目标是通过训练模型来捕获数据中的潜在模式，并通过这些模式生成新的数据样本。与传统的分类和回归任务不同，生成式模型并非简单地预测一个明确的输出结果，而是学会在数据的"潜在空间"中找到相似的分布，从而生成逼真的数据样本。

生成式 AI 的工作原理通常可以分为两个主要阶段：建模和生成。在建模阶段，人工智能系统学习数据的分布和结构，将高维数据转换到一个低维潜在空间中，并通过复杂的概率模型捕捉数据的内在特性；在生成阶段，模型利用已学习到的潜在空间信息，生成符合该分布的新样本。这个过程的核心是如何准确地捕捉数据中的模式，使生成的内容具备"真实感"。

2. 生成式 AI 的发展历程

生成式 AI 的发展可以追溯到人工神经网络的早期探索，而真正改变这一领域面貌的转折点出现在 2014 年。这一年 Ian Goodfellow 及其团队提出生成对抗网络，这一创举使机器生成的内容在真实感和多样性上实现突破性提升。生成对抗网络迅速被广泛应用于图像生成和视频制作，成为推动生成式 AI 迈向实际应用的重要推动力。同年，Diederik P. Kingma 和 Max Welling 发布了变分自编码器的研究成果，为多样化和个性化生成任务提供了全新的理论基础。

进入 21 世纪 20 年代，生成式 AI 迎来新的飞跃。Transformer 架构的问世标志着自然语言生成能力的显著提升。以 GPT-3 和 GPT-4 为代表的生成式 AI 模型自发布以来，彻底改变了内容创作的生态。这些模型在新闻生成、虚拟对话和辅助写作等领域的表现令人瞩目，并且重新定义了人与机器的交互方式。

与此同时，生成式 AI 在视觉内容领域也取得显著进展。近年来，基于逐步去噪方法的扩散模型（Diffusion Model）开始崭露头角。这些模型在艺术创作和影视制作中展现出强大的能力，帮助创作者以高效且灵活的方式实现复杂的设计构思，尤其是在高分辨率图像生成领域，这一技术的表现令人称道。

回顾其发展历程，从对抗网络和变分自编码器的初步探索到 Transformer 和扩散模型的广泛应用，生成式 AI 每一次突破都为相关领域注入新活力。这些进展不仅拓宽了技术的边界，也深刻影响了内容创作、交互体验和工业设计等多个行业。

3. 生成式 AI 的技术特性

生成式 AI 具备以下几个重要的技术特性。

1）数据依赖性强：生成式 AI 模型需要大量数据用于训练，这些数据可以来自公开语料库、用户生成内容或经过标注的专业数据。数据的质量和多样性对生成内容的质量和多样性有直接影响。

2）模型结构复杂：生成式 AI 模型通常较为复杂，包含大量参数和非线性层级结构，尤其是深度生成网络（如 GAN、VAE 和 Transformer），通过多层神经网络构建出复杂的潜在空间，从而生成更加逼真的样本。

3）内容生成的不可预测性：生成式 AI 的一个关键特性是其生成内容的不确定性，尤其是在处理开放式生成任务时（如生成图像、长文本）。由于模型并未遵循固定规则，因此其生成内容往往具有创造性和随机性，因而也使得生成内容不可预测。

4）多模态生成能力：生成式 AI 能够生成不同形式的内容，不仅限于文本或图像，甚至能够实现多模态融合生成。例如，通过多模态生成模型可以将文本转化为图像，将图像转化为描述性文字，或生成音频、视频等内容。这种特性为人工智能在跨领域应用中提供了极大的灵活性。

4. 生成式 AI 与传统判别式 AI 的区别

生成式 AI 与传统的判别式 AI（Discriminative Artificial Intelligence）有所不同。判别式模型专注于区分不同类别的数据，目的是对已知的输入进行分类或回归预测，典型模型如支持向量机（SVM）和逻辑回归（LR），可用于识别图像中的猫、狗或者字符等。而生成式模型的目的是学习数据的分布特性，生成新的样本。这种生成能力使得生成式 AI 可以用于创造性工作，例如生成新的图像、撰写文章，甚至进行虚拟对话等。

5. 生成式 AI 的优势与限制

生成式 AI 的优势主要表现在以下几个方面。

1）高效内容生产：生成式 AI 能够以极快的速度生成大量内容，用于文本生成、图像设计、视频制作等领域，提升内容创作的效率。

2）个性化生成：生成式 AI 可以根据输入的特定条件（如情绪、风格等）生成个性化内容，广泛应用于广告、媒体和娱乐等领域。

3）增强创作力：生成式 AI 赋予创作者更多的创作可能性，帮助设计师、作家、音乐家等快速迭代创意，探索新的艺术表现形式。

然而，生成式 AI 也存在一定的限制。

1）依赖大量数据：生成式模型的训练需要大量高质量数据，而数据的采集、清洗和标注往往成本较高。

2）生成内容的真实性：生成内容的真实性和准确性难以保证，尤其在生成复杂场景时，可能会出现逻辑错误或事实性错误。

3）伦理和安全问题：生成式 AI 的广泛应用也引发一些伦理问题，如深度伪造技术的滥用、虚假信息的传播以及侵犯隐私等。

6. 生成式 AI 的未来趋势

随着技术的发展，生成式 AI 的应用场景越来越广泛。未来，生成式 AI 可能会朝以下几个方向发展。

1）更强大的多模态生成模型：实现更加复杂的跨模态生成能力，如文本、图像、音频、视频的无缝转换及融合，为各类应用提供全方位的内容生成支持。

2）自监督学习：利用大量无标注数据进行模型训练，降低对人工标注数据的依赖，使得生成式 AI 在数据稀缺的领域获得更广泛的应用。

3）生成式 AI 与其他人工智能技术的结合：生成式 AI 将与增强学习、强化学习等技术相结合，形成更具智能的应用，能够更好地适应复杂的业务场景。

生成式 AI 作为一种革新性技术，正在深刻改变各个领域的内容创作和交互方式。理解其原理、特性、优势和局限性，能够帮助软件架构师和开发人员更好地将生成式 AI 应用于实际项目中，实现更高的创造性和生产力。

1.2 生成式 AI 模型的核心原理概览

生成式 AI 的核心原理建立在深度学习和概率生成模型的基础上。生成式 AI 通过一系列模型和技术框架实现对数据分布的有效学习，进而生成具有相似特征的新数据。近年来，生成对抗网络、变分自编码器和自回归模型（如 GPT）等核心模型相继发展，奠定了生成式 AI 的基础。

1. 生成对抗网络（GAN）

生成对抗网络的核心思路是通过两个网络之间的对抗训练，使生成内容逐步逼近真实数据。生成对抗网络模型包含两个主要组件。

1）生成器（Generator）：生成器生成模拟数据。其目标是通过学习数据分布生成逼真的样本，使得输出数据无法与真实数据区分。

2）判别器（Discriminator）：判别器的任务是识别生成器生成的模拟数据和真实数据。它学习如何区分真实样本和生成样本，并通过训练不断提高辨别能力。

在训练过程中，生成器和判别器以一种对抗的方式进行优化，生成器力求生成的样本能够"欺骗"判别器，而判别器则不断改进以识别这些生成样本。这种训练机制类似于零和博弈，最终生成器在判别器的"监督"下生成越来越逼真的数据样本。该过程如图 1-1 所示。

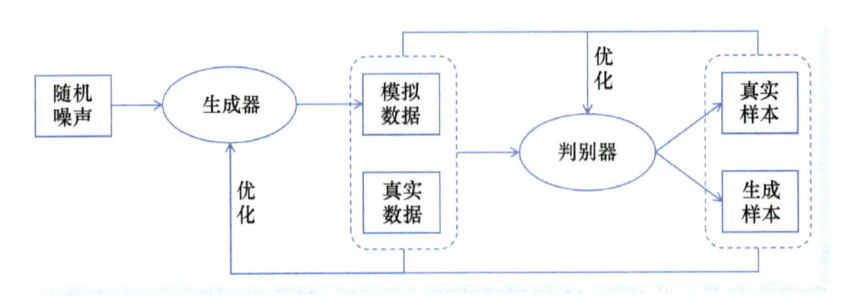

图 1-1　生成对抗网络

生成对抗网络的优势在于其强大的生成能力，尤其在图像、视频等多媒体内容生成上表现出色。然而，生成对抗网络也面临着一些挑战，如训练不稳定、模式崩溃等。这些问题在实践中影响了生成对抗网络的性能，需要通过改进网络结构来解决。

2. 变分自编码器（VAE）

变分自编码器是生成式模型中另一重要方法。变分自编码器基于概率模型和自动编码器的结合，能够在学习数据分布的同时生成新数据。变分自编码器包含两个主要模块。

1）编码器（Encoder）：编码器负责将训练数据压缩到潜在空间中，它将数据映射为高维空间中的一个分布（通常是高斯分布），并生成该分布的均值和方差。

2）解码器（Decoder）：解码器根据潜在空间中的分布生成数据样本，通过逆映射过程，将潜在空间中的特征还原为生成样本。

变分自编码器如图 1-2 所示。

图 1-2　变分自编码器

变分自编码器的关键特性是使用变分推断的方法，在模型中加入一种名为"重参数化技巧"的技术，使得模型能够在潜在空间中生成逼真且连贯的数据样本。

与生成对抗网络相比，变分自编码器具有更稳定的训练过程，但其生成的样本质量可能相对较低，尤其在图像生成中往往会产生模糊的效果。因此，变分自编码器更适合用于一些数据连续性要求高、生成结果多样化的任务场景，如异常检测和特征学习。

3. 自回归模型（Autoregressive Model）

自回归模型通过递归地生成序列数据在自然语言处理领域取得显著进展。GPT（Generative Pre-trained Transformer）系列模型是这一领域的代表。自回归模型的生成过程主要依赖以下两个核心原理。

1）条件概率建模：自回归模型采用条件概率的方式生成数据。例如，在文本生成中，模型会根据之前生成的单词来预测下一个单词，生成的过程是逐步展开的。

2）Transformer 架构：GPT 模型基于 Transformer 架构，利用多头自注意力机制，从而能够在生成时捕捉到上下文关系。每一层通过对上下文信息的综合处理，帮助模型在生成过程中保持语义一致性和上下文连贯性。

GPT-3 和 GPT-4 等模型通过数十亿级参数规模实现了出色的生成效果。自回归模型的优势在于其生成内容的连贯性和流畅性，但也面临生成效率低、模型体量大等问题。

4. 迭代去噪模型（Diffusion Model）

迭代去噪模型是一种基于概率生成的方法，近年来在图像生成领域取得显著成果。这类模型的核心思路是通过逐步去噪过程将随机噪声转化为目标图像。其关键步骤如下。

1）正向扩散过程：模型在正向扩散过程中逐步向图像添加噪声，使其逐渐接近纯噪声状态。该过程是一个多步操作，通常在每一步中加入少量噪声。

2）反向去噪过程：在生成阶段，模型从噪声开始，通过逐步去噪的方式生成清晰图像。这一过程依赖于反向采样算法，使得生成图像逐步接近真实数据分布。

与生成对抗网络和变分自编码器相比，迭代去噪模型具有更强的生成稳定性，尤其在图像细节保留和生成质量方面表现优越，但其生成速度相对较慢。

5. 流模型（Flow-based Model）

流模型是一类特殊的生成式模型，依赖于概率密度建模技术，将复杂数据映射为标准的分布（如高斯分布）以生成样本。流模型的核心机制包括以下两个要点。

1）双向映射：流模型的关键在于双向可逆映射，即数据在潜在空间的转换和反向转换。通过这种可逆性，流模型能够在潜在空间中生成数据，并映射回到数据空间。

2）精确概率计算：流模型可以通过精确计算数据的概率密度来生成数据，这种特性使得流模型能够在生成数据的同时提供可解释性。

典型的流模型包括 Glow 和 RealNVP，它们在生成质量和推理速度上具有优势，但对于高维数据，其生成效率和性能仍然存在挑战。

6. 多模态生成模型

多模态生成模型是近年来生成式 AI 的重要研究方向之一。这类模型通过处理多种类型的输入（如文本、图像、语音），实现不同模态之间的转换。例如，CLIP 模型结合文本和图像信息，使得人工智能可以理解图像中的语义信息，并根据文字描述生成相应内容。DALL·E 和 Stable Diffusion 能够在图像生成中实现高质量的文本到图像的转换。

这些多模态模型采用自注意力机制和大规模预训练技术，使得模型具备跨模态理解和生成能力。多模态生成模型的广泛应用为生成式 AI 提供了更多的场景选择，如虚拟现实内容创建和智能交互应用等。

7. 模型的训练与优化方法

生成式 AI 模型的训练与优化方法对生成结果的质量有着重要影响。不同模型的训练方式各有特点，但以下技术在生成式模型中较为常见。

1）对抗训练：主要用于生成对抗网络模型的训练，通过生成器和判别器的对抗学习提高生成样本的质量。

2）变分推断：变分自编码器模型的核心训练方式，通过将复杂分布转换为易于计算的潜在分布，实现生成数据的概率分布估计。

3）重参数化技巧：用于变分自编码器等模型的训练，使得生成过程更加稳定，有助于在潜在空间中生成更丰富的样本。

4）预训练和微调：用于自回归模型和多模态模型，通过大规模语料库预训练和特定任务微调，使模型适应多样化的生成需求。

这些训练和优化方法提升了生成式模型的生成效果，使得生成结果更接近真实数据，增强了模型的实际应用能力。

8. 生成式 AI 模型的核心技术难点

生成式 AI 模型的核心技术难点主要包括训练稳定性、数据质量和生成速度等。生成式 AI 模型的训练过程通常较为复杂，尤其是在大规模模型中，计算资源需求高且训练时间长。此外，生成式 AI 模型生成的数据可能存在随机性和不可控性，需要进一步提升模型的生成稳定性和可控性，以适应更多实际应用场景。

生成式 AI 模型的发展依赖于深度学习、概率建模和多模态理解等技术的不断进步。通过对生成对抗网络、自回归模型、流模型等核心原理的了解，可以为软件架构师和开发人员在生成式 AI 应用程序开发项目中提供初步的理论基础和深层次的实践指导。当然，如果对这些原理不甚理解，也不用担心，它不太影响在应用层面的设计与开发。

1.3 代表性生成式 AI 模型

生成式 AI 应用的核心能力由生成式 AI 模型提供，自从 ChatGPT 发布以来，生成式 AI 模型与应用如雨后春笋般出现，已发布的模型持续升级，新模型也不断涌现。这些模型在架构设计、训练策略、性能表现等方面都取得显著的进步，为生成式 AI 应用的发展提供了强有力的支持。

以下是几个具有广泛影响力的人工智能公司所发布的代表性模型及应用简介。

▶▶ 1.3.1 OpenAI

OpenAI 自成立以来，发布了多款具有里程碑意义的人工智能模型。

（1）2018 年 6 月：GPT-1

GPT-1 是首个将 Transformer 与无监督预训练相结合的自然语言生成模型。该模型开启了大规模语言模型的探索，展示了大规模语言模型在文本生成方面的潜力。

（2）2019 年 2 月：GPT-2

GPT-2 是拥有 15 亿参数的语言模型。该模型在文本生成方面表现出色，能够生成连贯且有逻辑的长文本，展示了自然语言处理的巨大潜力。

（3）2020 年 5 月：GPT-3

GPT-3 参数量达到 1750 亿。该模型在自然语言理解和生成方面表现出色，能够处理复杂的语言任务，如翻译、问答和文本生成。

第 1 章
生成式 AI 概述

（4）2021 年 1 月：DALL·E

DALL·E 是一个能够根据文本描述生成图像的模型，它能够根据用户的描述生成全新的图像，展示了生成式模型在图像生成方面的巨大潜力。

（5）2021 年 8 月：Codex

Codex 是一个支持代码自动生成的模型。它已成为 GitHub Copilot 的核心技术，能够根据自然语言描述生成代码，极大地提高了编程效率。

（6）2022 年 4 月：DALL·E 2

DALL·E 2 是 DALL·E 的升级版。它能够生成更高分辨率和更细致的图像，拓展了生成模型的应用场景。

（7）2022 年 9 月：Whisper

Whisper 是一个多语言语音识别模型。它接近人类的识别水平，能够处理多种语言的语音输入，拓展了语音识别的应用范围。

（8）2022 年 11 月：ChatGPT

ChatGPT 是基于 GPT-3.5 的网页应用，它能够进行自然语言交互并回答用户问题，成为 AI 助手的代表作，同时它的发布在全球范围内掀起了生成式 AI 的热潮。

（9）2023 年 3 月：GPT-4 及 ChatGPT Plugins

GPT-4 是一个多模态大模型。它支持图像输入，其理解力和生成能力大幅提升，能够处理更复杂的任务。OpenAI 推出的 ChatGPT Plugins 能够访问互联网实时数据、创建并编译代码、调用和创建第三方程序等，极大地扩展了 ChatGPT 的功能。

（10）2023 年 5 月：ChatGPT iOS 版

ChatGPT 的 iOS 版提供了移动端的 ChatGPT 体验，方便用户随时随地进行自然语言交互。

（11）2023 年 8 月：ChatGPT Enterprise 版

面向企业的 ChatGPT 版本。它提供企业级安全和数据隐私保护，支持无限制高速的 GPT-4 访问权限、32K 上下文输入、高级数据分析功能以及自定义选项等所有高级功能。

（12）2023 年 9 月：GPT-4V（Vision）

GPT-4V 是 GPT-4 的视觉增强版本。它具有更强大的图像处理能力，可以执行更复杂的视觉分析任务，如详细的场景描述、物体识别、视觉推理等。

（13）2023 年 10 月：DALL·E 3

DALL·E 3 在理解复杂文本提示、捕捉图像细节和差异方面表现更加出色，能够生成更高分辨率和更细致的图像。此外，DALL·E 3 还集成了 ChatGPT 的功能，实现了更强大的文本到图像的生成能力，并为用户提供了更便捷的创作体验。

（14）2023 年 11 月：GPT-4 Turbo

GPT-4 Turbo 是增强版 GPT-4，它融合了文本和视觉能力，能够处理更复杂的任务，生成更高质量的内容。

（15）2024 年 2 月：Sora

Sora 是一个视频生成模型，它能够生成长达一分钟的高清视频，同时保持视觉品质并遵循用户提示，拓展了生成模型的应用场景。

（16）2024 年 5 月：GPT-4o

GPT-4o 是一个多模态输入输出的模型。它支持文本、音频和图像的多模态输入，提升了人机交互的自然性，能够处理更复杂的任务。

（17）2024 年 7 月：GPT-4o-mini

GPT-4o-mini 是一个高效推理模型。其响应速度更快，适用于需要快速响应的场景。

（18）2024 年 9 月：o1-mini、o1-preview

o1-mini 和 o1-preview 是强化学习训练的大语言模型。它们能够执行复杂推理任务，生成较长的内部思维链，尤其在物理、化学、生物等专业领域表现出色，为学术研究和专业应用提供了有力支持。

（19）2024 年 10 月：Canvas

Canvas 是一款专注于写作与代码协作的工具。Canvas 整合了 ChatGPT 的文本生成和编程辅助功能，为用户提供了直观高效的创作环境，从而大幅提升了写作和代码编辑的协同体验。

（20）2024 年 10 月：Windows 版 ChatGPT

专为 Windows 平台设计的 ChatGPT 版本。该版本在保留网页版所有强大功能的基础上进行了桌面优化，使 Windows 用户能够便捷地使用智能对话系统，提高工作与学习效率。

（21）2024 年 10 月：ChatGPT 实时网络搜索功能

ChatGPT 的实时网络搜索功能使其在对话过程中可以直接获取互联网最新信息。该功能的加入极大提升了回答的准确性和时效性，进一步拓宽了 ChatGPT 的应用领域。

（22）2025 年 1 月：o3-mini

o3-mini 是一款专为科学、数学和编程等技术领域打造的模型，o3-mini 不仅展现出强大的推理能力，还以其快速响应的特点引人注目。与完整版 o3 相比，o3-mini 提供了更经济、更快速的解决方案，被业内视为高性价比推理技术的重要突破。

▶▶ 1.3.2　百度文心大模型

百度是国内大模型的一线厂商之一，其发布的模型主要围绕 ERNIE 与文心一言展开。

（1）2019 年 3 月：ERNIE 1.0

ERNIE 1.0 是百度发布的首个基于知识增强的预训练语言模型。该模型通过引入知识图谱等外部知识，显著增强了模型的语言理解和生成能力。

（2）2019 年 7 月：ERNIE 2.0

ERNIE 2.0 在 ERNIE 1.0 的基础上进行了升级，提出了持续学习框架，能够不断学习新知识和技能，支持多任务训练。

（3）2021 年 7 月：ERNIE 3.0

ERNIE 3.0 是对 ERNIE 系列的进一步优化和升级。该模型采用了更大规模的训练数据、更先进的训练技术，以及更强的模型结构，从而在多种自然语言处理任务上实现了性能的大幅提升。

（4）2023 年 3 月：文心一言

文心一言是一款知识增强大语言模型，基于深度学习技术，具备强大的自然语言处理能力和理解能力，能够准确回应用户输入，并根据上下文进行内容生成。文心一言的发布标志着百度在自然语言处理领域的技术实力达到了新的高度。

（5）2024 年 3 月：ERNIE 系列轻量化模型

ERNIE 系列的轻量化模型，包括 ERNIE Speed、ERNIE Lite 等。这些模型在保持 ERNIE 系列模型强大性能的同时，实现了体积更小、效率更高的目标，适用于算力资源有限、对响应速度要求高的场景。

（6）2025 年（预计 2025 年下半年发布，具体时间未公布）：文心一言 5.0

百度计划在 2025 年下半年发布文心一言 5.0（具体名称可能有所调整）。预计该模型将在文心一言现有版本的基础上进一步优化和升级，提升其在自然语言处理任务上的性能和效果，继续巩固百度在自然语言处理领域的技术领先地位。

1.3.3 讯飞星火大模型

科大讯飞的星火大模型也是国内较早发布的大模型之一，基于星火大模型，科大讯飞也推出了多款产品。

（1）2023 年 5 月：讯飞星火认知大模型（V1.0）

讯飞星火认知大模型（V1.0）是科大讯飞自主研发的新一代认知智能大模型，基于讯飞最新的认知智能大模型技术，它能够和人类进行自然交流、解答问题，并高效完成各领域认知智能需求。

（2）2023 年 6 月：讯飞星火认知大模型（V1.5）

V1.5 版本在开放式知识问答、多轮对话等能力上取得了突破，并升级了文本生成、语言理解和逻辑推理能力。

（3）2023 年 8 月：讯飞星火认知大模型（V2.0）

V2.0 版本在代码生成能力和多模态识别能力上进行了升级，进一步增强了模型的功能和应用范围。

（4）2023 年 10 月：讯飞星火认知大模型（V3.0）

在科大讯飞全球 1024 开发者节上 V3.0 版本正式发布。该版本在性能和应用上进行了全面提升，为更多场景和领域提供了智能支持。

（5）2024 年 1 月：讯飞星火认知大模型（V3.5）

V3.5 版本在之前的基础上进行了进一步优化和升级，为用户提供了更加智能和便捷的服务。

（6）2024 年 6 月：讯飞星火认知大模型（V4.0）

V4.0 版本在文本生成、语言理解、知识问答、逻辑推理、数学能力等方面实现了对 GPT-4 Turbo 的整体超越。

（7）2025 年 1 月：讯飞星火深度推理模型 X1

讯飞星火深度推理模型 X1 是科大讯飞办公智能体产品的一部分，其目标是在提升办公场景下的深度推理和智能辅助能力。

1.3.4 智谱 AI 大模型

智谱 AI 大模型由北京智谱华章科技有限公司发布，该公司致力于打造新一代认知智能大模型，专注于人工智能领域的研究与开发，其核心技术包括自研的 GLM 预训练框架及基于此框架开发的多阶段增强预训练方法。

（1）2021 年 3 月：GLM

GLM 的发布打破了 BERT 和 GPT 瓶颈，提出了一种全新的训练范式。

（2）2021 年 6 月：GLM-10B

GLM-10B 是我国的第一个百亿参数模型。

（3）2022 年 8 月：GLM-130B

GLM-130B 模型基于 GLM 框架继续开发，在归一化、激活函数、掩码机制等方面进行了优化，打造了一个高精度千亿规模的中英双语语言模型。

（4）2022 年 9 月：CodeGeeX

CodeGeeX 是代码生成模型，每天能帮助程序员编写 1 亿行代码。

（5）2023 年 3 月：ChatGLM

ChatGLM 是一款千亿基座对话模型，并开源 ChatGLM-6B。

（6）2023 年 5 月：VisualGLM-6B（CogVLM）

2023 年 5 月发布并开源多模态对话模型 VisualGLM-6B（CogVLM）。

（7）2024 年 1 月：GLM-4

智谱公司在首届技术开放日（Zhipu DevDay）上发布了新一代基座大模型 GLM-4，其整体性能相比上一代大幅提升。

（8）2024 年 7 月：CogVideoX

2024 年 7 月发布视频生成模型 CogVideoX，其推理速度较前一代（CogVideo）提升 6 倍。

（9）2024 年 8 月：GLM-4-Plus

2024 年 8 月推出新一代基座大模型 GLM-4-Plus，是国内首个具有 AI 视频通话功能的大模型。

（10）2024 年 10 月：GLM-4-Voice

2024 年 10 月推出端到端情感语音模型 GLM-4-Voice 和大模型交互智能体 AutoGLM。

（11）2024 年 12 月：GLM-Zero-Preview

2024 年 12 月发布了首个基于扩展强化学习技术训练的推理模型 GLM-Zero 的初代版本，标志着智谱公司开始进军 AI 推理模型领域。

（12）2025 年 1 月：GLM-Realtime、GLM-4-Air-0111、GLM-4V-Plus、Flash 系列模型

2025 年 1 月发布多个模型。实时多模态模型 GLM-Realtime 可快速理解视频或语音内容，与用户无缝对话，能记住长达两分钟的上下文；高性价比语言模型 GLM-4-Air-0111 性能接近更大规模的 GLM-4-Plus 而调用成本降低一半；升级的视觉理解模型 GLM-4V-Plus 支持 4K 超清图像和

极端长宽比图像的无损识别，可理解长达两小时的视频；完全免费的 Flash 系列模型包含语言、图像、视频等多种能力。

1.3.5 DeepSeek

DeepSeek 是一家创新型科技公司，专注于开发先进的大语言模型和相关技术。其推出的 DeepSeek 系列模型，如 DeepSeek-R1、DeepSeek-V3 等，在多个领域展现了卓越的性能。DeepSeek 致力于通过低成本、高效率的模式推动人工智能技术的发展，并开放其模型供全球开发者使用，以加速 AI 技术的普及和创新。

（1）2023 年 11 月：DeepSeek Coder

DeepSeek 的首个开源代码大模型 DeepSeek Coder，该模型支持多种编程语言的代码生成、调试和数据分析任务。

（2）2023 年 11 月：DeepSeek LLM

参数规模达 670 亿的通用大模型 DeepSeek LLM，包括 7B 和 67B 的 base 及 chat 版本，支持多种自然语言任务。

（3）2024 年 2 月：DeepSeek Math

2024 年 2 月发布模型 DeepSeek Math，该模型以 DeepSeek Coder V1.5 7b 为基础。

（4）2024 年 3 月：DeepSeek-VL

DeepSeek 发布了开源的视觉-语言（VL）模型 DeepSeek-VL。

（5）2024 年 5 月：DeepSeek-V2

第二代开源混合专家（MoE）模型 DeepSeek-V2，总参数达 2360 亿，性能比肩 GPT-4 Turbo。该模型支持长上下文和多任务处理，适用于代码生成、数学推理等场景。

（6）2024 年 11 月：DeepSeek-R1-Lite 预览版

2024 年 11 月发布轻量级推理模型 DeepSeek-R1-Lite 预览版，专注于高效推理任务，在推理速度和准确性上表现优异，适合低资源环境部署。

（7）2024 年 12 月：DeepSeek-V3

2024 年 12 月发布并同步开源模型 DeepSeek-V3，该模型总参数达 6710 亿，性能接近 GPT-4o，引入无辅助损失的负载均衡策略和多元词预测，支持 FP8 混合精度训练和 FP8 KV Cache，显著提升生成速度并降低训练和推理成本。该模型发布后迅速成为开源领域的标杆，引发广泛关注。

（8）2025 年 1 月：DeepSeek-R1、DeepSeek R1 ZERO

2025 年 1 月发布并开源新一代推理模型 DeepSeek-R1，该模型在推理任务上可与 OpenAI 的 ChatGPT o1 媲美。DeepSeek 的应用超越 Google Gemini 和 Microsoft Copilot 等产品，登顶美区 App Store 免费榜第六。英伟达宣布 DeepSeek-R1 模型登陆 NVIDIA NIM，同时亚马逊和微软也相继接入了 DeepSeek-R1 模型。

（9）2025 年 2 月：DeepSeek 系列模型上线国家超算互联网平台

2025 年 2 月 DeepSeek-R1、DeepSeek-V3、DeepSeek-Coder 等系列模型，已陆续上线国家超算

互联网平台。

通过对上述各大模型主流厂商模型及其发布时间的梳理，可以感受到当前生成式 AI 领域的快速发展态势、激烈的市场竞争与不断高涨的热度。综合整理这些模型产品的发布时间，如图 1-3 所示，能够更直观地感受当前生成式 AI 大模型的市场热度与未来趋势。

2018.06 OpenAI: GPT-1
2019.03 百度: ERNIE 1.0
2020.05 OpenAI: GPT-3
2021.03 智谱: GLM
2021.07 百度: ERNIE 3.0
2022.04 OpenAI: DALL·E 2

2019.02 OpenAI: GPT-2
2019.07 百度: ERNIE 2.0
2021.01 OpenAI: DALL·E
2021.06 智谱: GLM-10B
2021.08 OpenAI: Codex

2023.09 OpenAI: GPT-4V (Vision)
2023.06 讯飞: 讯飞星火认知大模型 (V1.5)
2023.03 OpenAI: GPT-4、ChatGPT Plugins；百度: 文心一言；智谱: ChatGLM
2022.09 OpenAI: Whisper；智谱: CodeGeeX

2023.08 OpenAI: ChatGPT Enterprise 版；讯飞: 讯飞星火认知大模型 (V2.0)
2023.05 OpenAI: ChatGPT iOS 版；讯飞: 讯飞星火认知大模型 (V1.0)；智谱: VisualGLM-6B(CogVLM)
2022.11 OpenAI: ChatGPT
2022.08 智谱: GLM-130B

2023.11 OpenAI: GPT-4 Turbo；DeepSeek: DeepSeek Coder、DeepSeek LLM
2024.02 OpenAI: Sora；DeepSeek: DeepSeek Math
2024.05 OpenAI: GPT-4o；DeepSeek: DeepSeek-V2
2024.07 OpenAI: GPT-4o-mini；智谱: CogVideoX

2023.10 OpenAI: DALL·E 3；讯飞: 讯飞星火认知大模型 (V3.0)
2024.01 讯飞: 讯飞星火认知大模型 (V3.5)；智谱: GLM-4
2024.03 百度: ERNIE 系列轻量化模型；DeepSeek: DeepSeek-VL
2024.06 讯飞: 讯飞星火认知大模型 (V4.0)

2025.01 OpenAI: o3-mini；讯飞: 讯飞星火深度推理模型X1；智谱: GLM-Realtime、GLM-4V-Plus、GLM-4-Air-0111、Flash 系列；DeepSeek: DeepSeek-R1、DeepSeek-R1-ZERO
2025下半年 百度: 文心一言 5.0（预计）
2024.11 DeepSeek: DeepSeek-R1-Lite 预览版
2024.09 OpenAI: o1-mini、o1-preview

2025.02 DeepSeek: DeepSeek系列模型上线国家超算互联网平台
2024.12 智谱: GLM-Zero-Preview；DeepSeek: DeepSeek-V3
2024.10 OpenAI: Canvas、Windows版ChatGPT、ChatGPT实时网络搜索功能；智谱: GLM-4-Voice
2024.08 智谱: GLM-4-Plus

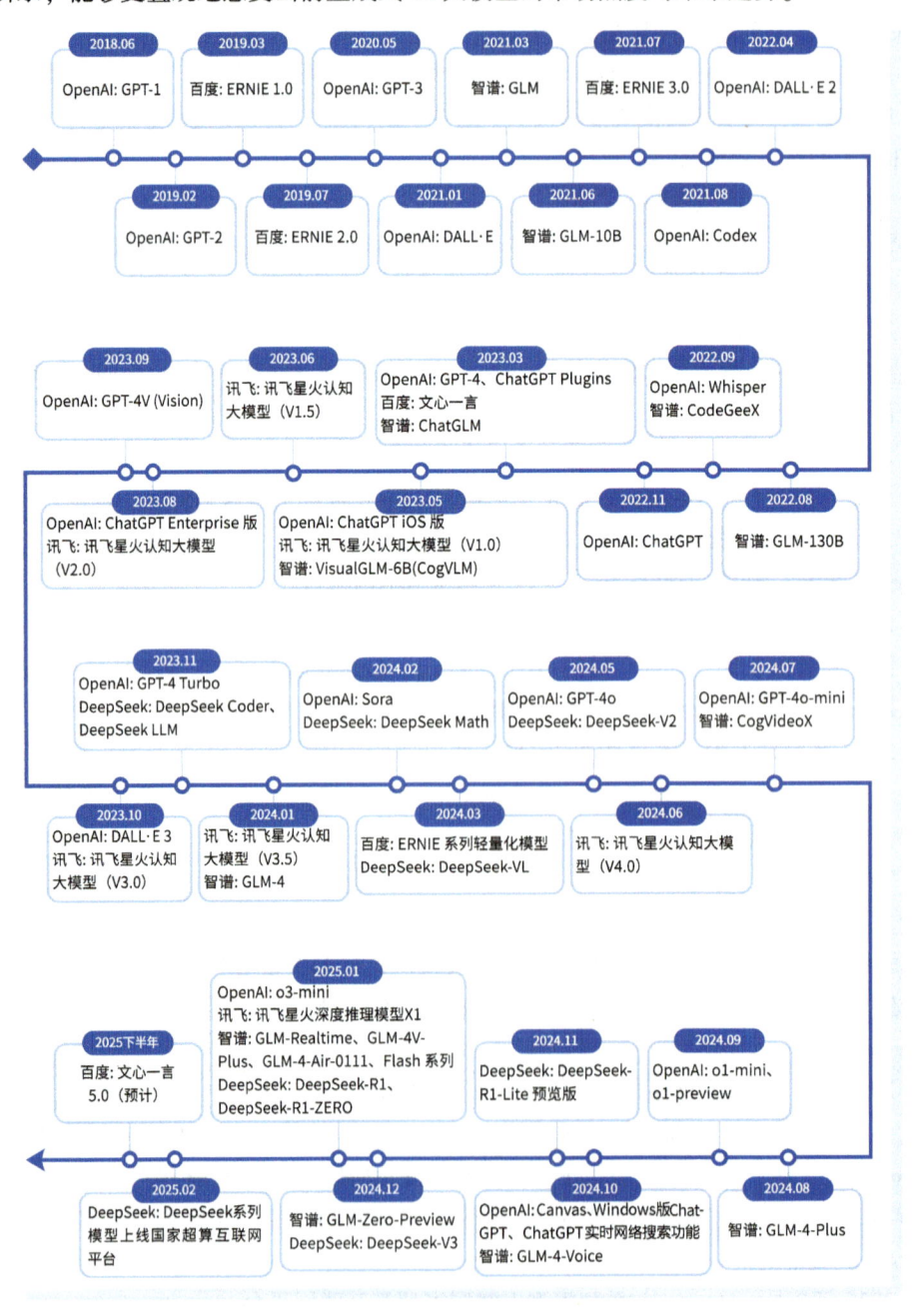

图 1-3　主流模型演进时间线

1.4 DeepSeek 的创新与崛起

OpenAI 发布 ChatGPT 开启了生成式 AI 的崭新篇章，而 DeepSeek 发布以 DeepSeek-V3 为代表的模型，则进一步推动生成式 AI 的低成本、高效能发展，为人工智能技术的普及和商业化应用拓展了全新路径。

1.4.1 DeepSeek 引领行业变革

DeepSeek 以算法创新为核心，引领了人工智能行业的变革。从技术突破到商业模式颠覆，从卓越性能到全球竞争格局重构，DeepSeek 展现了低成本高效能模式的强大竞争力，对人工智能行业发展产生深远影响。这标志着生成式 AI 从技术探索到产业变革的正式开启，以 DeepSeek 为代表的我国创新力量正在擘画人机协同、智慧共生的新纪元。

DeepSeek 所带来的变革主要体现在以下方面。

1. 低成本高效能的技术突破

DeepSeek 通过算法创新，在算力与数据利用上取得了显著突破。其采用的多头潜在注意力（MLA）机制和混合专家（MoE）模型等架构，有效降低了显存占用，提高了计算效率。特别是 DeepSeek-V3 模型的训练成本和推理成本均远低于市场主流模型，这一技术突破打破了"算力竞赛"的传统观念，动摇了传统"算力至上"的投资模式，使得更多企业和个人能够承担得起人工智能技术的应用和开发，为人工智能行业的发展开辟了新的路径，推动了人工智能技术的普及和商业化进程。

2. 商业模式的颠覆

DeepSeek 选择完全开源，公开技术细节并允许商业化使用，这一商业模式颠覆了传统人工智能行业规则。开源策略吸引了全球开发者的关注和参与，共同为 DeepSeek 的优化和改进贡献力量。同时，DeepSeek 近乎"免费"的性价比，对现有商业模型的盈利能力构成挑战，推动了人工智能市场的竞争和创新。

3. 卓越的性能表现

DeepSeek 在多项基准测试中均展现出卓越的性能表现。无论是在数学推理、代码生成、自然语言推理还是多模态理解等任务上，DeepSeek 都表现出领先的优势。这种卓越的性能表现不仅证明了 DeepSeek 的技术实力，也为其在人工智能领域的广泛应用奠定了坚实基础。

4. 全球人工智能竞争格局的重构

DeepSeek 的成功不仅推动我国在人工智能领域的崛起，也对全球人工智能竞争格局产生深远影响。其低成本高效能模式直接打破了其他国家"高资本+高算力"的人工智能逻辑，迫使其他科技巨头加速布局开源模型以应对挑战，使得全球人工智能竞争更加激烈和多元化。同时，DeepSeek 对华为昇腾平台的兼容性设计，也进一步降低了对其他国家芯片的依赖。这不仅影响人工智能领域的竞争格局，也对全球科技竞争格局产生深远影响，推动全球科技行业的创新和

5. 对资本市场预期的重塑

DeepSeek 在技术和商业模式的创新突破，直接触发了市场对人工智能行业增长逻辑的重估。过去几年，人工智能领域的高资本投入与回报失衡的问题被 DeepSeek 放大，使得市场开始更加关注人工智能技术的效率和实际生产力的转化。这种变化不仅影响资本市场对人工智能行业的投资决策，也推动人工智能行业向更加健康和可持续的方向发展。

6. 推动 AI 应用从云端向终端渗透的加速

DeepSeek 通过降低模型使用门槛和优化模型性能，使得中小企业和个人开发者也能参与人工智能创新。其技术可部署于普通设备（如手机），推动人工智能应用从云端向终端渗透加速。这种变化不仅使得人工智能技术更加普及和便捷，也为人工智能行业的未来发展开辟了新的应用场景和市场空间。

DeepSeek 的成功为全球人工智能行业指明了一条更高效、更开放的路径。它标志着技术发展从"资本驱动"向"算法驱动"的转型，强调了算法创新在人工智能行业发展的重要性。同时，DeepSeek 的成功也为人工智能行业的未来发展提供了新的思路和方向，推动了人工智能技术的不断进步。

▶▶ 1.4.2　DeepSeek 低成本实现途径

DeepSeek 通过多种技术途径实现了低成本的高效运行，展现了其独特优势。

1. 创新模型架构减少激活参数

DeepSeek 采用混合专家（MoE）架构，这种架构通过细粒度的专家分割和共享专家隔离等优化技术，每次仅激活部分专家来处理输入，有效降低了计算复杂度和内存需求。同时，多头潜在注意力（Multi-head Latent Attention，MLA）架构的引入，进一步节省了显存并提高了底层算力的利用效率。在生成每个 token 时，DeepSeek 仅激活部分参数，而非全部参数。这种策略显著减少了计算量和训练成本，使得模型在保持高性能的同时，更加高效节能。

2. KV 缓存优化

DeepSeek 通过将 KV 缓存压缩为潜在向量，大幅减少了显存占用。这一优化措施不仅降低了推理和训练成本，还提高了模型的运行效率。

3. 高效训练方法

DeepSeek 采用多种高效训练方法，包括分布式训练技术、优化的通信策略、PTX 代码优化、动态图计算优化以及混合精度计算。这些方法共同作用，提高了模型 FLOPs 利用率，减少了 GPU 小时数，进而降低了训练成本。

4. 参数精度优化

DeepSeek 将参数转换为 FP8 精度，并使用 KV 缓存量化技术，进一步降低了计算资源的消耗。这一优化措施使得模型在保持高精度的同时，更加轻量化和高效。

5. 智能分工与设备受限路由机制

DeepSeek 通过智能分工和设备受限路由机制，实现计算资源的高效利用。动态调班系统实时监控工作负荷，自动调整任务分配；双向流水线技术让计算和数据传输同时进行，减少等待时间；设备受限路由机制限制每个 token 的发送数量，稳定 GPU 之间的通信开销。

6. 内存优化

DeepSeek 通过"临时工模式"和数据转移等策略，实现内存的优化管理。部分计算不存储中间结果，需要时再重新计算，节省大量显存。同时，将不常用的数据转移到主机内存中，减轻显卡的负担，提升运行效率。

7. 模型专业化

DeepSeek 针对不同的任务开发专门的模型，如 DeepSeek-Coder 和 DeepSeek-R1。这些专业化的模型所需的计算资源更少、成本更低，同时能够更好地满足特定任务的需求。

8. 高效的分词技术

DeepSeek 的分词器在处理中文时表现出色，能够将中文文本进行压缩。更少的 token 意味着更少的计算量，从而降低了成本。这一高效的分词技术使得 DeepSeek 在处理中文任务时更加具有优势。

1.5 生成式 AI 应用场景

近年来随着技术的进步，生成式 AI 的应用场景已经从单一的文本生成扩展到多模态生成和跨领域应用。生成式 AI 通过自动生成高质量内容，提高了生产效率，推动了创意产业的变革。生成式 AI 在主要领域的应用场景如下。

1. 自然语言生成

生成式 AI 在自然语言生成领域有着广泛应用，尤其在文本自动生成、内容创作和信息摘要等方面表现出色。其具体应用如下。

1）内容创作：生成式 AI 能够根据关键词或主题自动撰写文章、生成社交媒体内容、创建新闻报道等。像 GPT-3、GPT-4 和 DeepSeek-V3 等生成式 AI 模型，能够生成具有高度流畅性和逻辑性连贯的文本，在辅助写作、文案创作等领域为创作者提供更多的创意。

2）摘要生成：生成式 AI 可以自动生成文档或新闻的简短摘要，为用户提供关键信息。文本摘要生成在新闻汇总、文献综述等场景中应用广泛，可以帮助用户快速获取核心内容。

3）对话系统：生成式 AI 在聊天机器人和对话系统中的应用也非常普遍。通过训练对话模型，生成式 AI 可以生成与人类对话相似的自然语言应答，可用于客户服务、虚拟助手和情感陪伴等场景。例如，智能客服系统通过自然语言生成技术，实现全天候在线咨询，提升客户体验。

4）翻译与语言理解：生成式 AI 不仅能够生成文字，还可以在多语言之间进行翻译和语义理解。通过多模态模型，生成式 AI 能够结合文字、语音、图像等多种模态信息，实现跨语言和跨文化的自然交互。

2. 图像和视频生成

生成式 AI 在图像和视频生成领域展现出丰富的应用场景，从艺术创作到工业设计再到医疗图像合成，生成式 AI 正赋能多个行业实现创新。

1）艺术创作：生成式 AI 为艺术家和设计师提供无限的创意可能性。创作者不仅可以通过模型生成图像或视频，还可以生成具有特定风格的艺术作品或视频片段。例如 DALL·E 和 Midjourney 等模型能够根据文本提示生成图像，实现高度自由的艺术创作。

2）视频编辑和特效：生成式 AI 在视频生成和编辑中的应用也取得了显著进展。通过图像到视频的生成技术，生成式 AI 能够根据单帧图像或文本描述生成视频，并自动添加特效、调整视频色调等。这为影视、广告等领域的内容制作提供了高效的解决方案。

3）医疗图像生成：生成式 AI 在医疗图像合成和增强方面有着重要价值。在医学影像中，生成式 AI 可以用于提升三维 CT、MRI 等图像的细节和分辨率，帮助医生更好地进行诊断。此外，生成式 AI 还可以用来模拟病变组织、生成虚拟患者等，为医学研究和教学提供真实且可控的数据。

4）产品设计和工业制造：生成式 AI 可被用于产品设计的初期创意阶段，通过人工智能生成不同设计样本。工业设计人员可以使用人工智能生成产品样式、配色方案以及进行结构设计，缩短设计周期，减少设计成本。

3. 游戏与虚拟现实

生成式 AI 在游戏与虚拟现实领域的应用正日益广泛，程序化内容生成（Procedural Content Generation，PCG）使游戏内容的生成更加高效和多样化，增强了用户的沉浸体验。

1）虚拟角色和对话：在游戏中，生成式 AI 可以创建智能对话系统，使得游戏角色能够与玩家实时互动。通过使用训练后的自然语言处理模型，虚拟角色能够生成个性化的对话，提升玩家的代入感。

2）场景生成：生成式 AI 可以自动生成游戏中的虚拟世界和场景，减少人工设计的成本。例如，生成对抗网络模型可以生成森林、山川等复杂场景应用于开放世界游戏（Open World Game）中，为玩家提供丰富多彩的探索环境。

3）道具生成：生成式 AI 能够自动生成游戏中的道具和装备，使得游戏体验更具多样性和随机性。这类技术已经在一些角色扮演游戏（Role-Playing Game，RPG）中应用，玩家可以获得个性化的装备和武器，提升游戏的趣味性。

4）VR 环境构建：生成式 AI 在 VR 环境中也发挥着重要作用，尤其是在教育和培训领域。生成式 AI 生成的虚拟环境可用于医疗模拟、工程培训等场景，以提供沉浸式的学习体验。

4. 医疗与健康

生成式 AI 在医疗和健康领域的应用场景不断增加，特别是在辅助诊断、药物研发和健康监控方面展现出巨大潜力。

1）药物研发：生成式 AI 可以生成药物分子结构，并模拟其药理学特性，加速药物研发过程。生成式 AI 模型通过学习分子特征和结构模式，生成新的分子组合，预测其有效性和安全性，从而可以快速筛选潜在的候选药物。

2）病理影像分析：生成式 AI 在病理图像生成和增强方面也有广泛应用。通过生成高分辨率的病理图像，生成式 AI 可以辅助医生进行癌症、肿瘤等疾病的诊断。同时，生成式 AI 生成的医疗图像为深度学习模型提供更多训练数据，进一步提高了模型的诊断能力。

3）虚拟健康助理：生成式 AI 在虚拟健康助理中用于健康监控和咨询服务。通过自然语言生成技术，虚拟健康助理能够生成健康报告、提供饮食建议和健身指导，帮助用户在日常生活中保持健康。

4）手术模拟：生成式 AI 在医疗训练中生成虚拟手术场景，使学生和老师可以在虚拟环境中模拟手术过程，从而提高实践技能。

5. 教育与培训

生成式 AI 在教育与培训领域中的应用主要集中在自动内容生成、智能教学助手和虚拟课堂等方面，提升了教育的个性化和互动性。

1）智能教学助手：生成式 AI 可以作为智能教学助手，为学生提供实时的学习反馈。通过自然语言生成技术，生成式 AI 可以生成面向学生个体的定制化学习材料、习题解析以及学习报告，帮助学生提高学习效率。

2）虚拟课堂：生成式 AI 可以帮助创建虚拟课堂，通过生成仿真场景和交互式角色，让学生在沉浸式环境中学习，特别适用于历史、地理、科学实验等领域的教学。

3）自动内容生成：生成式 AI 能够根据课程内容生成学习指南、练习题、测验等，使教师可以集中精力在个性化指导和互动教学上，提升教育资源的利用效率。

6. 营销与广告

生成式 AI 在营销与广告领域具有广泛应用，能够自动生成个性化的广告内容、推荐合适的产品，提高用户参与度和转化率。

1）广告内容生成：生成式 AI 可以根据目标用户的兴趣和行为自动生成广告内容，包括广告文案、图片和视频。这种个性化生成的广告内容更能吸引用户注意，提高点击率和转化率。

2）产品推荐与个性化推荐：生成式 AI 通过分析用户的浏览历史和兴趣爱好，为用户推荐个性化的产品和服务。推荐系统结合生成模型，能够提供具有高度个性化的购物体验，提升用户满意度。

3）虚拟客服：在客户服务中，生成式 AI 用于生成自然语言回答，帮助解答客户的常见问题。虚拟客服始终在线，能够快速处理大量用户咨询，为企业节省人力成本。

7. 法律与金融

在法律与金融领域，生成式 AI 用于合同生成、风险分析和报告撰写，帮助企业提高合规性和运营效率。

1）合同生成：生成式 AI 能够基于合同模板和客户需求辅助起草法律文书。通过自然语言生成技术，人工智能可以快速生成条款合适的合同草稿，并为律师提供结构化审查建议。

2）金融报告生成：生成式 AI 在金融领域可以用于自动生成财务报告、市场分析和风险评估报告，减少人工处理数据的时间，提高数据处理精确度。

3）金融智能客服：金融机构可以利用生成式 AI 开发智能客服系统，实时响应客户需求，提供账户查询、投资建议和产品推荐等服务。

8. 生成式 AI 的跨领域融合应用

生成式 AI 的跨领域应用将进一步推动技术创新。将生成式 AI 与其他技术（如物联网、区块链等）结合，可在智能制造、供应链管理和智能城市建设等场景中开拓新的应用方式。例如，生成式 AI 可以用于生成预测供应链需求的分析报告，或是创建智能城市的虚拟模型，为政策制定者提供更全面的数据支持。

综上所述，生成式 AI 通过自动生成内容、提供智能交互等方式，在各行各业中扮演重要角色。随着模型能力和计算资源的进一步发展，生成式 AI 的行业应用将越来越多并更加深入，实现从内容生成到智能决策的全方位支持，为行业创新提供强大动力。

1.6 编程中的关键问题与挑战

在生成式 AI 应用程序的开发和实现过程中，软件架构师和开发人员面临着一系列复杂的编程挑战。这些挑战包括模型选择和构建、训练数据质量、模型优化、生成质量控制以及伦理和法律等问题。理解和解决这些问题不仅可以提升模型的生成效果，还能确保模型的应用符合技术规范和伦理标准。

1. 模型选择和构建的复杂性

生成式 AI 领域有多种模型可供选择，如生成对抗网络、变分自编码器、自回归模型和迭代去噪模型等。不同模型在生成效果、训练复杂度和应用场景上各具优势。

1）模型的适配性：模型的选择应当基于具体任务需求。例如，生成对抗网络在图像生成中效果优越，而自回归模型在文本生成方面表现更好。如何在模型特性和任务需求之间找到平衡是一个复杂的决策过程。

2）模型架构设计：生成式 AI 模型架构通常较为复杂。编写和调试这种多层神经网络架构需要高水平的编程技巧，并且常常需要在模型架构、激活函数、损失函数等方面反复实验，以找到最优的架构配置。当然，对通常的应用开发而言一般会选择已有模型，所以不会涉及模型架构设计，但依然可能需要对预训练模型进行微调，此时理解模型架构将有助于微调顺利进行。

3）模型扩展性：在现实项目中，生成式 AI 模型的部署常涉及横向和纵向扩展。横向扩展用于增加数据吞吐量，而纵向扩展用于提升生成内容的细节质量和多样性。在扩展模型时如何保持模型的稳定性和一致性是一个重要的涉及设计、部署及编程方面的挑战。

2. 数据质量和标注

生成式 AI 对数据的依赖性极高，训练数据的质量直接影响生成效果。如前所述，应用开发可能直接选用已有模型，这种情况下并不需要特别准备数据。然而，如果需要对模型进行微调，或者在编程中采用少样本技术，则需要准备特定的相关数据，此时开发人员需要面对以下问题。

1）数据清洗：数据集通常包含噪声、错误或冗余信息，需要进行清洗和预处理。数据清洗过程不仅耗费时间和资源，还要求编写严谨的数据处理代码，避免对生成结果产生负面影响。

第 1 章
生成式 AI 概述

2）标注准确性：在生成式 AI 模型训练中，数据的标注质量直接影响模型质量。对于图像或文本生成任务，数据集中的每一类或每一个属性都应具有准确的标注，以确保模型在训练中获取有价值的特征。编写数据标注工具并确保标注一致性，是提升数据质量的重要环节。

3）多模态数据集管理：生成式 AI 应用的多样化使得多模态数据集的管理成为挑战。将文本、图像、音频等不同模态的数据整合在一起，设计统一的数据接口和结构，是编程中需要解决的实际问题。

3. 模型训练与优化的资源消耗

生成式 AI 模型训练及微调需要大量计算资源，尤其是像 GPT、DALL·E 等大规模模型。模型训练和优化的主要挑战包括以下几点。

1）计算资源限制：生成式 AI 模型训练通常需要大量 GPU 资源，训练时间可能从几小时到数周不等。如何在有限的资源下提升训练效率，是一个技术难点。分布式训练、模型并行化等优化策略是目前常见的解决方法，但这些技术实现复杂，往往需要额外的编程工作。深度求索（DeepSeek）已在预训练方面取得突破，而在应用层面，如何利用有限的计算资源完成微调是值得研究的课题。

2）梯度消失和梯度爆炸：在深度网络训练中，梯度消失和梯度爆炸问题是常见的挑战。生成式 AI 模型因为层次较深，尤其容易出现这类问题。针对这些问题，可以使用梯度剪裁（Gradient Clipping）、正则化技术等进行优化，同时还可以选择合适的激活函数和优化算法，以提高模型稳定性。

3）生成质量与稳定性的平衡：生成式 AI 模型的生成效果往往要在高质量和稳定性之间进行权衡。例如，在生成对抗网络训练中，生成器和判别器的对抗平衡需要持续优化，以避免生成器陷入模式崩溃。此类问题常常需要通过反复调试超参数和设计稳定的训练流程来解决。

正是由于上述原因，在开发应用程序时，不建议将微调作为优先方案，仅在必要时才考虑对模型进行微调，并且微调时有必要对投入的资源、周期等有充分的认识与评估。

4. 控制生成内容的多样性与一致性

生成式 AI 模型在生成内容时，需要在多样性和一致性之间找到平衡，以确保生成内容既具有创新性又能满足需求。

1）多样性控制：生成式 AI 的一个目标是生成多样化的内容，避免生成内容趋于单一。实现多样性控制的方法包括引入随机性、使用多样性损失函数等，但同时需要避免生成过于随机的内容，这对生成代码的稳定性提出较高要求。

2）一致性维护：尤其是在文本生成中，一致性是衡量生成内容质量的关键因素。编程中需要考虑上下文的连贯性，避免生成不合理或重复内容。模型可以通过自注意力机制或条件生成来保持一致性，但这些方法的编写和调试往往需要较高的编程技巧。

5. 生成内容的评价标准

生成式 AI 模型生成内容的评价标准并不固定，常常需要根据任务目标设计评价标准。这是生成式 AI 编程中的一大挑战。

1）主观性与客观性的权衡：评价生成式 AI 生成的内容往往具有主观性，例如图像美观度、

·19

文本流畅性等。如何设计自动化的评价机制来量化这些主观因素，是编程中的技术难题。

2）多维评价体系：生成内容的质量不应仅由单一标准决定，通常需要从多维度进行综合评价，如生成内容的准确性、丰富性、连贯性等。评价标准的多样化要求在编程中实现灵活的评价指标和数据处理流程。

3）人类反馈的引入：人类反馈在生成式 AI 评价中起到关键作用。编程中可以设计人机交互接口，收集用户反馈，但如何处理和利用这些反馈信息，确保其能够反映生成内容的真实质量，是一项重要挑战。

对生成内容的评价对于面向企业、政府等非 C 端的应用尤为重要，因而在项目启动时甚至启动之前就需要充分考虑采用何种手段与标准对生成内容进行评价。

6. 伦理和法律挑战

生成式 AI 的广泛应用也带来伦理和法律上的挑战，特别是在深度伪造、版权保护和数据隐私等方面。这些问题需要开发人员在设计和实现基于生成式模型的应用程序时格外谨慎。

1）深度伪造的伦理风险：生成式 AI 可以合成逼真的图像和视频，可能被用于制造虚假内容。在编程时需要考虑如何引入检测机制，确保生成内容的真实性和合法性。

2）版权问题：生成式 AI 生成的内容是否受到版权保护，以及是否会侵犯他人版权，都是法律上尚待解决的问题。为避免潜在的版权纠纷，开发人员在生成内容时需要特别注意数据来源的合法性。

3）隐私保护：生成式 AI 的训练、微调、少样本数据可能包含个人或组织的敏感信息。编程时需要采取数据匿名化和加密措施，确保训练数据的隐私保护符合数据保护法规。

7. 调试与错误处理

生成式 AI 模型的调试和错误处理比传统的机器学习项目更加复杂，模型生成的结果具有一定随机性，调试难度较大。

1）调试生成内容：生成式 AI 生成的内容往往不稳定，尤其是在模型初期调试时，生成内容可能会出现不符合预期的情况。如何有效地记录和分析生成内容，找到并解决潜在问题是编程中的一项难题。

2）错误反馈机制：生成式 AI 的错误反馈往往不如判别模型明确。例如，生成式模型在生成内容时出现模式崩溃，或者生成内容缺乏多样性，可能需要从生成内容的多次对比中找出错误根源，增加了调试难度。

3）日志记录和可视化工具：生成式 AI 的编程和调试过程中，日志记录和可视化工具的使用尤为重要。详细的日志和可视化界面有助于开发人员更好地分析模型的生成行为，帮助调试生成内容中的细节问题。

4）提示词的调试：提示词对模型生成内容有着重要影响，因而生成式 AI 应用程序除传统的代码逻辑调试外，还需要花费大量工作对提示词进行修改调优，而这对于许多习惯只调试代码的软件架构师和开发人员而言是一项巨大挑战，可能需要专业的提示工程师参与到项目中来。

8. 部署与维护

生成式 AI 模型的部署与维护往往面临计算资源、生成效率和成本控制等多方面的挑战。

1）计算资源的需求：生成式 AI 模型往往对 GPU 和内存要求较高，尤其是大规模模型在生产环境中运行时，可能消耗大量资源。部署时需要选择合适的云服务或分布式架构，以确保模型运行的高效性和稳定性。

2）响应速度与效率：生成式 AI 模型的响应速度是影响用户体验的重要因素。尤其在实时生成场景中，生成内容的延迟可能对应用体验产生负面影响。通过优化生成流程和简化模型结构，可以提高响应速度。

3）模型的更新与管理：生成式 AI 模型需要不断进行迭代和更新，以适应新的需求和数据。其中，模型的版本控制和参数管理等都是重要的维护环节，它们确保了模型在实际应用中的稳定性，并促进了模型的持续改进与优化。

基于以上挑战以及数据安全和隐私保护等因素，在设计应用程序时，需要综合评估并谨慎选择公有模型服务平台或者进行模型私有化部署。

总之，生成式 AI 应用程序的编程挑战横跨模型选择、数据准备、训练优化、生成控制以及部署等多个方面。面对这些挑战，开发人员可以通过逻辑与提示词优化、调试工具和评价标准等手段，逐步提升应用程序的生成质量和稳定性。同时，在实际应用中，涉及的伦理和法律问题也需要进行充分考虑，以确保生成式 AI 应用程序在实践中既具备技术创新能力，又符合道德和法律法规的要求。

1.7 本章小结

本章简单介绍了生成式 AI 的基本概念、核心原理、典型应用场景以及在编程中的关键问题与挑战。通过对生成对抗网络、变分自编码器、自回归模型和迭代去噪模型等核心模型的探讨，了解了生成式 AI 在文本、图像、视频、游戏、医疗和教育等领域的广泛应用。此外，本章分析了生成式 AI 编程中常见的技术难点，包括模型构建与选择、数据准备、训练优化、生成控制及伦理法律等问题。通过对这些内容的学习，读者可以了解生成式 AI 技术的实际应用潜力，并掌握应对编程挑战的初步思路和方法，为后续深入编程实践奠定基础。

第2章

会话编程 —— 与生成式AI交互的基本方式

毫无疑问，OpenAI 的 ChatGPT 是生成式 AI 领域最具影响力的产品之一。这款人工智能应用上线后立即在全球范围内引发广泛关注，迅速成为人工智能领域一颗闪耀的明珠，其最大的特点就是能够通过会话形式与人类进行交互。ChatGPT 提供了一种全新的、富有创新性的交互方式，它使得人工智能不再只是一个冷冰冰的工具，而是能够有温度地参与到人类的日常生活中，以"类人"的方式帮助人们解决各种问题。

2.1 交互式对话编程

交互式对话编程在生成式 AI 应用开发中已经成为一种常见模式。这种编程方式强调的是人机之间的互动，而非单向命令执行。开发人员需要为生成式 AI 应用程序设定一个"对话框"（在实际应用中，它可以是一个真实的对话框，也可以是隐藏在应用之内的对话逻辑），通过这个对话框接收用户提出的问题，展示生成式 AI 模型的回复，或者展示人工智能模型主动提出的问题或要求，引导用户输入回复或进行更深层次的讨论。这种方式与传统编程调用 API 获得可预测结果的方式截然不同。

实际上，交互式对话编程已经不仅仅局限于 ChatGPT 这样的 Web 或 APP 应用。在许多应用场景中，如智能客服、语音助手以及智能教育等，交互式对话编程正发挥着越来越重要的作用。交互式对话编程利用人工智能的语义理解能力可以更好地理解用户的需求，提供更加精准的服务。

当然，交互式对话编程也面临着一些挑战。例如，如何让人工智能更准确地理解复杂多变的人类语言，如何让人工智能在交互中展现出更高的智能和创新性，以及如何保护用户的隐私等。这些都是当前和未来需要持续深入研究的问题。

总的来说，交互式对话编程是生成式 AI 应用编程的基本方法，读者可以发现，本书后续讨论的编程都是基于这种编程模式不断深入的。交互式对话编程将应用程序带入了一个全新的形态。

考虑到 OpenAI 并不直接面向中国提供服务，为了确保读者在阅读本书时能够获得实践操作的机会，本书中的大部分示例都基于智谱 AI 开放平台（https://open.bigmodel.cn）进行编制和展示。智谱 AI 开放平台提供的主要 API 与 OpenAI 提供的 API 几乎完全相同，这使得应用程序能够在这两个平台间无缝切换。尽管在服务能力上，OpenAI 可能具有一定的优势，但是智谱 AI 开放平台仍然是一个值得信赖和使用的选择。智谱 AI 的接口设计和功能实现很大程度上参考并遵循 OpenAI 的设计，使得在该平台上进行的学习和实践，可以直接应用到 OpenAI 开放平台或其他遵循 OpenAI 标准的生成式 AI 模型开放平台中。而对于使用对话模型的例程，读者也可以选择 DeepSeek 所提供的服务。

本书示例程序编程语言选择在人工智能领域应用最为广泛的 Python 语言，在实际项目中，读者可以根据项目需求选择合适的编程语言，在编程思想与方法上，它们是一致的。

2.1.1 编程与运行环境准备

首先，需要安装 Python 运行环境，这个过程比较简单，根据当前使用的操作系统遵循官方文档或者其他教程进行安装即可。本书所有示例程序均在 Python 3.11.9 下调试通过。

其次，调用智谱 AI 需要安装其软件开发工具包（SDK），这个过程也很简单，只需使用 Python 的包管理器 pip 进行安装即可，其运行命令如下。

```
pip install zhipuai
```

类似地，如果希望使用 OpenAI 或其他生成式 AI 平台的开放服务，也需要安装相应的 SDK（对 OpenAI 而言 SDK 的名称是 openai）。这些 SDK 通常封装了一系列服务接口，使得开发人员可以像调用本地函数一样接入和使用这些平台所提供的开放服务。

事实上，由于 OpenAI 无与伦比的影响力，其 API 定义已基本成为行业规范，众多生成式 AI 模型提供的 API 与 OpenAI 的 API 基本相似，甚至可以直接使用 OpenAI 的 SDK 进行服务访问（包括本书主要使用的智谱 AI 及 DeepSeek）。这种标准化的 API 接口极大地简化了开发人员的工作，使得应用程序在不同平台之间的迁移和集成变得更加便捷。

2.1.2 服务访问环境准备

SDK 提供与生成式 AI 模型服务进行交互所需的工具和接口，为确保访问模型服务的安全性，需要配置两个关键参数：API 密钥（API Key）和基础网址（Base URL）。

API 密钥（API Key）是由服务提供商为用户生成的唯一标识字符串，用于验证客户端请求的合法性，它是服务提供商用来识别授权用户的一种机制。例如，在智谱 AI 开放平台，开发人员必须注册账户以获取相应的 API 密钥。这个过程涉及创建账户、验证身份以及接受服务条款等步骤。一旦注册完成，开发人员将获得一个专属的 API 密钥，该密钥在后续的服务请求中必须被包含，以便平台验证请求的合法性。

基础网址（Base URL）定义了服务的网络访问入口地址，它是 API 接口调用的基础路径。如果用户使用官方 SDK 访问对应的官方服务，例如使用 OpenAI 的 SDK 访问 OpenAI 的官方服务，或者使用智谱 AI 的 SDK 访问智谱 AI 的官方服务，那么用户无须手动设置基础网址。如果用户需要访问私有化部署的模型服务或者第三方服务，那么正确设置基础网址就显得尤为重要，因为它指向用户需要交互的特定服务地址。

面向应用程序，API 密钥和基础网址有三种设置方式。

1）直接在程序代码中指定：这种方法简单直接，开发人员可以在创建模型服务的本地代理对象时，将 API 密钥和基础网址作为参数传递给构造器。然而，这种做法存在明显的安全风险。由于密钥直接嵌入在代码中，一旦代码库被不当地共享或公开，密钥便有泄露的风险。此外，当需要更换密钥或更改基础网址时，必须直接修改源代码并重新部署应用程序，这不仅增加了维护的复杂性，也可能导致服务中断。

2）在操作系统环境变量中指定：将 API 密钥和基础网址存储在操作系统的环境变量中是一种更为安全的做法。例如，对于 OpenAI 服务，可以设置名为 OPENAI_API_KEY 和 OPENAI_BASE_URL 的环境变量；对于智谱 AI 可以设置名为 ZHIPUAI_API_KEY 的环境变量。这样，应用程序在运行时将动态地从环境变量中读取这些变量。使用这种方法，密钥不再存储在代码中，提高了安全性也更便于管理。同时，更改环境变量也不需要修改应用程序代码，提高了系统的可维护性。然而，这种方法需要额外的配置步骤，并且在开发、测试和生产环境中分别管理环境变量时，可能会变得复杂甚至产生冲突。

3）保存于工程目录下的.env 文件中：这是一种在开发社区中广泛采用的方法，应用程序在启动时加载.env 文件，并读取文件中存储的配置信息。这种方法的优点是可以将配置与代码分离，同时避免将敏感信息直接存储在代码或环境变量中。此外，.env 文件可以被添加到 .gitignore 中，从而不会被意外地推送到代码仓库。这种方法结合了安全性和易用性，适合大多数开发场景。不过，需要注意的是，.env 文件仍然需要妥善保护，避免被未授权的人或应用程序访问。

本书推荐并采用第三种方法，即使用.env 文件来管理 API 密钥和基础网址。一个.env 文件的样例如下。

```
# OPENAI_API_KEY="XXXXXXXXXXXXXXXXXXXXXXXXXXXXXXXXXXXXXX"
# OPENAI_BASE_URL="https://open.bigmodel.cn/api/paas/v4/"
ZHIPUAI_API_KEY="XXXXXXXXXXXXXXXXXXXXXXXXXXXXXXXXXXXXXX"
```

文件前两行分别设定 OPENAI_API_KEY 和 OPENAI_BASE_URL，它们在使用 OpenAI 的 SDK 访问智谱 AI 时使用，OPENAI_API_KEY 是从智谱 AI 开放平台获取的 API 密钥，OPENAI_BASE_URL 指定智谱 AI 开放平台的基础网址，如果应用程序使用这种方式获取配置信息，需要将配置项前的"#"删除。而在使用智谱 AI 的 SDK 时，则仅需设置第三行 ZHIPUAI_API_KEY，即仅需指定 API 密钥。当然，类似地，如果使用 OpenAI 的 SDK 直接访问 OpenAI 服务，也仅需设置 OPENAI_API_KEY。

2.1.3 你问 AI 答——命令行界面交互

在完成开发与运行环境准备工作之后，便可以迈出应用程序开发之旅的第一步。为确保编程时能够专注于生成式 AI 应用的开发编程，第一个应用程序示例选择实现简易的命令行界面（CLI）程序。这种程序允许用户在命令行通过文本与生成式 AI 模型进行交互，相较于图形用户界面（GUI），它逻辑简单、能够让开发焦点集中在与服务平台提供的生成式 AI 模型（本书后续简单以"大型语言模型""大模型"或"模型"指代生成式 AI 模型）的交互上。

首先，代码需要读取上文中已经建立的.env 文件，获取与模型交互所需的 API 密钥。读取.env 文件内容可以通过 dotenv 提供的函数 load_dotenv 与 find_dotenv 实现，随后可使用 os.environ.get 取得 API 密钥。

实现上述功能的代码如下。

```
import os
from dotenv import load_dotenv, find_dotenv
_ = load_dotenv(find_dotenv())
# 智谱AI
api_key = os.environ.get('ZHIPUAI_API_KEY')
# OpenAI
# api_key = os.environ.get('OPENAI_API_KEY')
if api_key is None:
    raise ValueError("API Key is not set in the .env file")
```

注：请确保已经安装 python-dotenv 包。如果未安装，可以通过 pip 进行安装，命令为：pip install python-dotenv。

在取得 API 密钥后，便可构建远程模型服务在本地的客户端，该客户端可以视为远程模型服务在本地的代理对象，对于智谱 AI 而言客户端的构造器是 ZhipuAI( )，如果使用 OpenAI 的 SDK，则构造器为 OpenAI( )。

构建远程模型服务本地代理对象，即客户端的代码如下。

```
# from openai import OpenAI
# client =OpenAI(api_key=api_key)
from zhipuai import ZhipuAI
client = ZhipuAI(api_key=api_key)
```

上述代码显式地获取 API 密钥，并在构建模型服务客户端时显式地使用该密钥。如果在.env 文件或环境变量中使用 OpenAI 或智谱 AI 为 API 密钥及基础网址所定义的标准环境变量名称，即 OPENAI_API_KEY、OPENAI_BASE_URL 或 ZHIPUAI_API_KEY，则在构建模型服务客户端时可省略参数 api_key，SDK 会自行查找环境变量中对应标准环境变量并使用其值生成模型服务客户端实例。

因此上述代码也可以简化为以下形式。

```
from dotenv import load_dotenv, find_dotenv
_ = load_dotenv(find_dotenv())

# from openai import OpenAI
# client =OpenAI()
from zhipuai import ZhipuAI
client = ZhipuAI()
```

与模型进行交互式会话仅需调用客户端的 chat.completions.create 方法，为方便程序调用，可将其封装为一个名为 get_completion 的函数。

```
def get_completion(prompt, model="glm-4-plus", temperature=0.01):
    messages = [{"role": "user", "content": prompt}]
    response = client.chat.completions.create(
        model=model,
        messages=messages,
        temperature=temperature
    )
    return response.choices[0].message.content
```

chat.completions.create 方法可使用的参数较多，上述代码涉及其中的三个，其含义说明如下。

- model：所要调用的模型编码（模型编码通常是模型名称的全小写形式，一般讨论时不严格区分它们，而在代码中建议使用与服务商给出的模型编码完全一致的形式），其数据类型为 String。不同的模型有着不同的训练数据、能力和特性，通常不同模型的使用成本也不同，因此选择合适的模型可以平衡模型能力与使用成本。
- messages：调用模型时，将当前对话消息列表作为提示词输入给模型，每条消息必须按照｛"role"："user"，"content"："你好"｝的 JSON 形式构建；可能的消息类型包括 System message、User message、Assistant message 和 Tool message，由用户发出的消息，其类型为 User message，其键 role 的值应为"user"，其他几种类型的消息在本书后面涉及时再作介绍。参数 messages 的数据类型为 List<Object>，即它可以包含多个 JSON 串。
- temperature：采样温度，它控制输出结果的随机性，其取值必须为正数，通常其取值范围为［0.0,1.0］（DeepSeek 等模型取值范围为［0.0,2.0］），智谱 AI 设定其默认值为 0.95。该值越大，模型输出内容越随机越具有创造性，即输出文本的不确定性越大，越能激发出更多样化和富有创意的输出，同时模型在不同场景下的适应能力也越强；该值越小，其输出内容会越稳定，多次输出之间的相似性越高。该参数的数据类型为 Float。

chat.completions.create 方法会返回一个结构化的响应对象。这个对象包含多个字段，其中最关键的字段是 choices，它是一个数组，里面包含了模型根据输入的提示词生成的一个或多个回答选项。在大多数情况下，开发人员只关注第一个选项，即 choices[0]。在 choices[0] 对象中，字段 message 包含模型生成的实际内容。更具体地说，message 的属性 content 保存了生成的文本。因此，要访问模型生成的文本，需要引用 choices[0].message.content。

在工程化的项目中，开发人员还应当处理异常和错误，以确保程序的稳定性和健壮性。在本书示例程序中，为简化代码、节约篇幅、聚焦主要逻辑流程，大多数情况下将不处理异常和错误。

完成对 chat.completions.create 方法的封装后，就可以通过以下几行代码尝试与模型进行交互。它展示如何使用封装函数 get_completion 启动与模型的对话。由于代码的结构直观且逻辑清晰，这里不再赘述其详细解释。

```
while True:
    user_input = input("请输入提示文字(输入'exit'退出程序)：")
```

```python
    if user_input is None or user_input == "":
        continue
    elif user_input.lower() == 'exit':
        print("程序退出。")
        break
    else:
        res = get_completion(user_input, temperature=0.9)
        print("\n===大语言模型 completion:===")
        print(res)
        print("============END============\n")
```

将上述几个代码片段整合至一个 python 代码文件（完整代码参见源文件 prompt-cli.py 或 prompt-cli2.py）中，然后在命令行窗口通过 python 执行它并输入一段提示词，其可能的结果如图 2-1 所示。

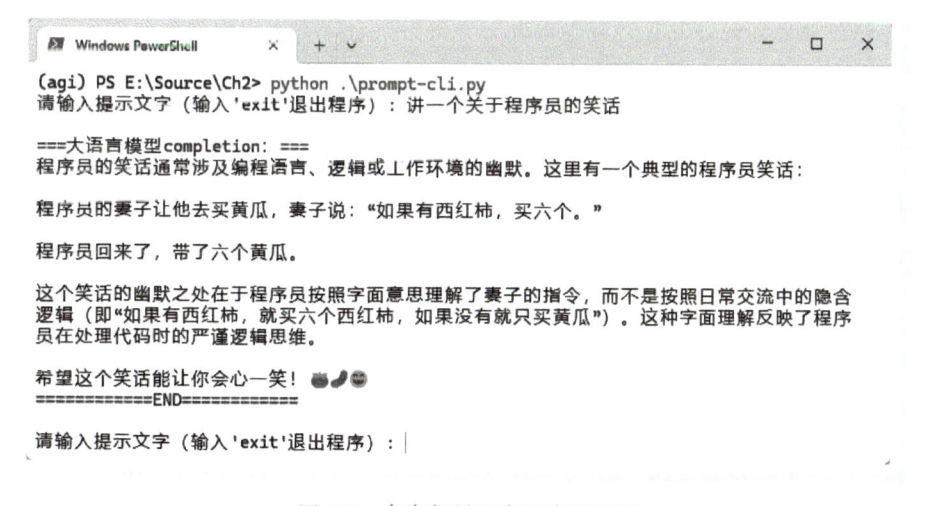

图 2-1 命令行界面交互会话示例

由于代码中参数 temperature 的值设定为 0.9，这使得模型的回复具有较高的创造性和随机性，因此，即使两次输入相同的提示词，其生成的结果也可能有所不同。

至此，第一个生成式 AI 应用程序已经完成开发，它成功实现与生成式 AI 模型的交互。基于此基础，可以进一步开发出更为复杂和功能更丰富的应用程序。

2.1.4 你问 AI 答——简单的图形界面交互

在上一节中，成功实现了一个基于命令行界面的交互会话程序。尽管这种方式的交互功能是完整的，但命令行界面对普通用户体验不太友好。为提升读者在后续实践提示词工程时的体验，可对这个命令行界面程序进行升级，将其改造为具有图形用户界面的交互式程序。

正如前文所述，OpenAI 的应用程序接口（OpenAI API）已成为行业内公认的标准。同样，ChatGPT 的交互模式也已成为其他模型服务提供商学习的典范。鉴于此，本节的图形用户界面程序示例也采取与 ChatGPT 相似的交互方式来设计和实现。

在 Python 的众多功能中，实现图形用户界面的能力尤为突出，它为开发者提供多种途径以满足不同应用场景的图形界面开发需求。鉴于模拟 ChatGPT 交互方式的初衷，示例程序选择采用 Web 界面形式来构建用户交互界面。这要求使用 Python 搭建 Web 服务并设计相应的 Web 页面。

在 Python 的生态系统中，有多种框架可供实现 Web 服务，每种框架都有其特点和适用场景。为降低 Web 前后端编程方面的技术门槛，本书选择使用 Streamlit（可访问 https://streamlit.io/ 了解更多信息）作为构建 Web 界面的工具。Streamlit 是一个开源的 Python 包，其设计理念是专注于数据科学和机器学习领域的快速原型开发，它提供一系列丰富的界面组件，如文本输入框、滑块、图表等，使得开发人员能够轻松地创建出直观、交互性强的 Web 界面。即使是不具备深厚 Web 开发经验的人员，使用 Streamlit 也能够快速构建出原型应用，验证技术的可行性，并在早期阶段提供用户交互体验。因此，Streamlit 能够极大地简化 Web 应用程序的开发过程，使得开发人员能够以最少的代码实现强大的 Web 应用。本书中所有的图形界面示例程序均采用 Streamlit 实现。

与前一小节的示例程序代码相同，首先要读取设定的 API 密钥并将访问模型的 API 封装为函数 get_completion，这部分代码与前一示例完全相同，故不再赘述。

导入 streamlit 并使用其实现 Web 界面的代码如下，代码逻辑比较容易理解，代码中也通过添加注释说明了各个部分的作用。

```python
import streamlit as st

# 头像配置
ICON_AI = '🖥'
ICON_USER = '😀'

# 显示一条消息(包含头像与消息内容)
def dspMessage(role, content):
    with st.chat_message(role,
                avatar=ICON_AI if role == 'assistant' else ICON_USER):
        st.write(content)

# 追加并显示一条消息
def append_and_show(role, content):
    st.session_state.messages.append({"role": role, "content": content})
    dspMessage(role, content)

# 如果还没有消息,则添加第一条提示消息
if 'messages' not in st.session_state:
    st.session_state.messages = [{"role": "assistant",
                        "content": "我是你的信息助手,请问你查询什么信息?"}]
```

```python
# 将会话中的 messages 列表中的消息全部显示出来
for msg in st.session_state.messages:
    dspMessage(msg["role"], msg["content"])

# 接受用户输入的提示词,并调用大模型 API 获得反馈
if prompt := st.chat_input():
    append_and_show("user", prompt)
    reply = get_completion(prompt)
    append_and_show("assistant", reply)
```

注：请确保已经安装 streamlit 包。如果未安装，可以通过 pip 进行安装，命令为：pip install streamlit。

上述代码中，messages 列表添加了一条角色为"assistant"的消息。assistant 可以理解为与用户进行对话的模型。用户的角色是 user，模型则以 assistant 的角色来回复用户消息。当然，在实际应用中，可以预先为 assistant 设定一条或多条消息，而不必局限于仅由模型生成的回复。不过，在本示例程序中，这条消息仅用于在对话界面中显示。在后续基于上下文对话的示例程序中，需要把这条消息作为历史会话的一部分进行处理。

在完成所有代码（完整代码参见源文件 prompt-gui.py）编写后，可以通过以下命令运行上述示例程序。

```
streamlit run prompt-gui.py
```

示例程序运行后，将自动弹出一个 Web 页面，或者也可以手动使用当前环境的 IP 及端口号（例如 http://localhost:8501 或 http://IP:8501）在浏览器中打开该 Web 页面。在该 Web 页面下方的输入框中输入一条提示词，稍候片刻，就可看到模型的回复文本，其效果如图 2-2 所示。

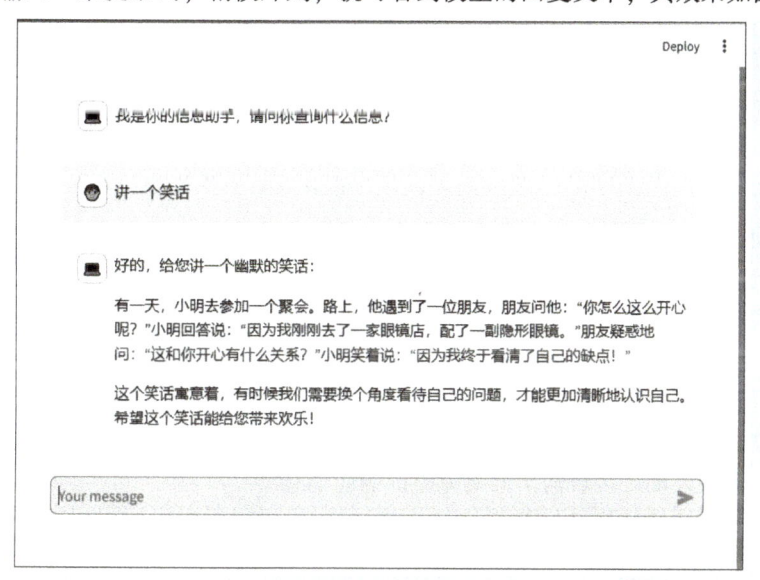

图 2-2　图形界面交互会话示例

2.1.5 让 AI 更快地响应——流式输出

通过前面两个示例程序的实践与运行，读者可能已经注意到，获得模型回复相对于传统应用程序来说产生响应需要更长时间。然而，实际上模型的回复并不是在最后一刻才生成的。此前示例程序采用的调用方法要求模型在生成完所有回复内容后才将其发送到应用端。事实上，也可以要求模型在生成回复的过程中就开始逐步将其响应内容发送到应用端，这种方法称为流式输出。

流式输出是一种提高响应速度和用户体验的有效方法。通过流式输出，模型可以在生成部分内容后立即发送到客户端进行显示，而无须等待整个回复的完成。这缩短了用户等待响应的时间，可以使用户感受到更流畅的互动体验。此外，流式输出在处理长文本生成任务时尤为有用，因为它能够让用户及时看到初步结果，如果用户对生成的内容不满意，可以及时中断当前任务，而不必在长时间等待所有内容都生成之后才能评估生成内容，造成时间与资源的浪费。

基于上述说明，为有更加流畅和实时的使用体验，可基于前述示例程序继续进行修改，以使其支持流式输出。

首先需要修改的是在调用客户端的方法 chat.completions.create 中增加一个名为 stream 的参数并设定其值为 True。在此情况下，模型将通过标准的事件流（Event Stream）逐块返回生成内容。当事件流结束时，模型将返回一条消息 "data：[DONE]"。封装函数的名称可以同步修改为 get_stream_completion，以更好地体现其特性。也可以选择保留原来的函数，并新增一个名为 get_stream_completion 的函数。

```python
def get_stream_completion(prompt, model="glm-4-plus", temperature=0.01):
    messages = [{"role": "user", "content": prompt}]
    response = client.chat.completions.create(
        model=model,
        messages=messages,
        temperature=temperature,
        stream=True    # 启用流式输出
    )
    return response
```

上述修改使得模型能够以流的方式返回其响应。为确保应用程序能够及时获取到该事件流并将接收到的响应文字展示在界面上，程序的界面展示部分也需要进行相应的调整。

界面以流式输出方式显示文字时，要求每次从流中获取文字并输出后不换行，否则阅读起来会比较困难，但 streamlit 包对此没有提供合适的直接支持。为达到流式效果，可以在每个交互过程中为 user 及 assistant 建立一个动态区域（container），在收到流式响应后，在这个动态区域输出截至目前收到的所有字符，从而达到及时显示响应的效果。当流式响应结束时，则将完整的响应消息保存，并在该动态区域输出最终完整的响应消息。

按照上述思路修改后的代码如下所示。

```python
# 显示一条消息(包含头像与消息内容)
def dspMessage(role, content, container):
```

```python
    with container:
        if role == 'assistant':
            st.markdown(f"{ICON_AI} {content}")
        else:
            st.markdown(f"{ICON_USER} {content}")

# 追加并显示一条消息
def append_and_show(role, content, container):
    st.session_state.messages.append({"role": role, "content": content})
    dspMessage(role, content, container)

# 如果还没有消息,则添加第一条提示消息
if 'messages' not in st.session_state:
    st.session_state.messages = [
        {"role": "assistant",
         "content": "我是你的信息助手,请问你查询什么信息?"}
    ]

# 将会话中的 messages 列表中的消息全部显示出来
for msg in st.session_state.messages:
    container = st.empty()   # 创建一个新的动态区域
    dspMessage(msg["role"], msg["content"], container)

# 接受用户输入的提示词,并调用大模型 API 获得反馈
if prompt := st.chat_input():
    user_container = st.empty()   # 用户消息的动态区域
    assistant_container = st.empty()   # 助手消息的动态区域

    append_and_show("user", prompt, user_container)

    # 在会话状态中创建或重置 assistant 的响应
    response_key = "assistant_response"
    st.session_state[response_key] = ""

    # 获取流式输出的生成器
    stream_response = get_stream_completion(prompt, temperature=0.9)

    # 逐步接收流式数据并显示
    for chunk in stream_response:
        if chunk.choices[0].finish_reason is None:
            content_chunk = chunk.choices[0].delta.content
            st.session_state[response_key] += content_chunk
            assistant_container.markdown(
                f"{ICON_AI} {st.session_state[response_key]}"
```

```
        )
# 保存并显示已经完成的回复
append_and_show("assistant",
                st.session_state[response_key],
                assistant_container
)
```

运行上述修改完成的示例程序（完整代码参见源文件 prompt-stream.py），输入一条提示词。可以发现，界面能够更快地开始输出模型的响应，而后续的响应也会源源不断地动态添加和展示，其过程如图 2-3 和图 2-4 所示。

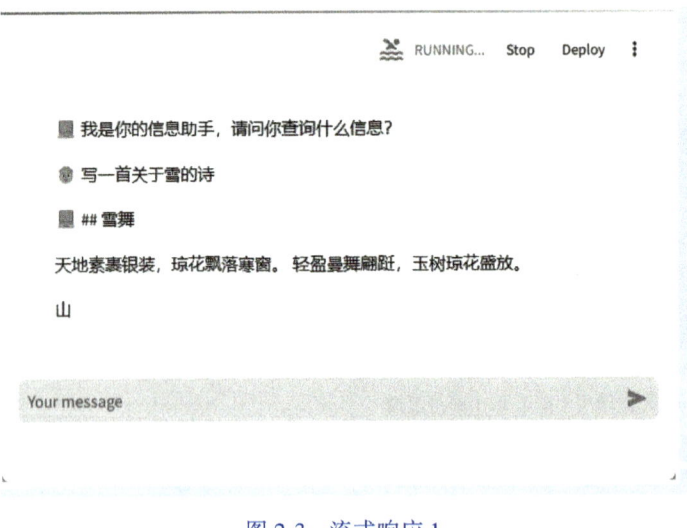

图 2-3　流式响应 1

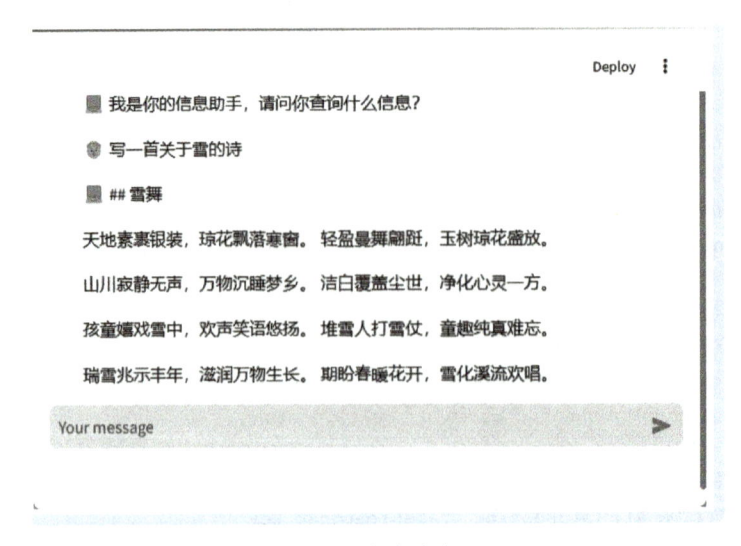

图 2-4　流式响应 2

2.2 提示词工程

在与生成式模型交互时，用户提交的文字被称为提示词（prompt）。提示词的编写有其特定的规则与技巧。恰当的提示词可以引导模型生成令人满意甚至超出预期的回复，而不当的提示词则可能导致模型进行答非所问的响应。尽管随着模型的不断进化，它们对提示词的理解能力逐步增强，对提示词编写的要求逐渐降低，但编写提示词的技巧仍然是有效利用模型及开发生成式 AI 应用程序的核心能力之一。

本节内容围绕提示词的编写与优化即提示词工程（也称"提示工程"）展开，本节的示例均可通过上一节编制的示例程序进行测试。

2.2.1 持续优化营销文案——迭代式提示词开发

在实际工作或编程实践中，编制并使用提示词时，一般不会在初次尝试时就获得满意的结果。因此，有必要根据模型的反馈不断进行调整优化，直到获得理想的输出结果为止。

例如，某公司有一款灯箱安全监控产品，当前该公司希望完成一份营销文案。在获取该产品的详细信息后，拟定了以下提示词。

> 以下是一个产品的相关技术信息，请根据这些信息生成一份产品的营销文案。
> "
> IUBIOT 灯箱安全监控产品：
> 采用物联网技术，针对灯箱（如大型招牌、广告灯箱、发光字等设施）的运行安全进行实时监管，防止灯箱因电气原因导致的起火等安全事故。
> 1. 采集与监测灯箱的工作状态，实时故障报警。
> 2. 当过载、短路时自动切断电源，保护灯箱安全。
> 3. 通过手机远程对灯箱的开关时间、亮度进行调节控制。
> 4. 可选配温湿度监测、线温监测、位移监测、烟雾感应报警等功能。
> 5. 通过实时运行参数，对故障进行初步定位。
> 产品特征：
> 本方案通过各类传感器采集灯箱环境及工作参数，并通过无线方式将数据传递至智能灯箱管理云平台，灯箱管理维护人员可通过 PC 浏览器或手机 APP 实时查阅灯箱的状态及相关可视化数据。灯箱发生异常时，手机 APP 会实时收到推送的异常消息或警报，无论灯箱管理维护人员在何地，均可及时获知灯箱状态。灯箱管理维护人员可通过 PC 浏览器或者手机 APP 对智能灯箱执行远程操控，随时随地控制灯箱，实现远程维护及管理。
> 应用场景：
> 机场：吊装航显、落地航显、侧装标识、壁装标识、综合引导、龙门架。

> 地铁：12封灯箱、4封灯箱、6封灯箱、通道灯箱、长廊灯箱、月台灯箱。
> 门店：门头灯箱、发光字、货架灯箱。
> 商场：户外标识、立体灯箱、悬挂灯箱、贴墙灯箱、展架灯箱、综合引导。
> 路边：路名牌、引导牌、公交站牌、广告灯箱、墙体灯箱。
> 产品组成：
> 产品采用模块化设计，可根据实际需求灵活搭配，快速组装即时实施，作业时间短，能够迅速投入使用。
> 硬件：智能物联灯箱控制器（必选），调光控制器、温湿度传感器、烟雾传感器、位移传感器、线温传感器（可选）。
> 软件：Web 管理端用于监控、管理整个平台；手机端可方便实施人员定位、检修设备。
> 智能物联灯箱控制器 RL-GW-01S：
> RL-GW-01S 是一款适用于灯箱的智能物联控制器，可以采集和监测单个灯箱的相关工作参数和状态。
> 可远程对灯箱进行控制，并把相关的数据信息通过 4G 无线模块上传到云端后台服务器，并接收服务器的控制指令。
> 220V 供电，最大可控负载 6kW，配合 RL-DIM-01 调光控制器可实现调光节能效果。
> 还可灵活适配温湿度传感器、位移传感器、烟雾传感器、线温传感器来增加监测和报警功能。
> 调光控制器 RL-DIM-01：
> RL-DIM-01 是一款需通过 RS485 或者 Zigbee 连接到智能物联灯箱控制器使用的调光控制器，可以实现调光节能效果。
> 单模块可供功率 200W，可控电压 12V 或者 24V。
> "

将上述提示词输入示例程序后，模型生成了一份营销文案，如图 2-5 所示。

图 2-5 中的回复作为营销文案显然过于冗长，可能很少有人会耐心读完。因此，可以在提示词中加入字数限制要求，以便模型生成时限制文案的长度。

> 以下是一个产品的相关技术信息，请根据这些信息生成一份产品的营销文案。**字数限 50 字以内**。
> "<产品信息内容同前例>"

在示例程序中提交修改后的提示词，这次生成的营销文案仅包含两句话，如图 2-6 所示。

> 🖥【IUBIOT灯箱守护神】——让安全与智慧并行，点亮城市的每一处角落！
>
> 🔥【安全升级，防范未然】采用前沿物联网技术，IUBIOT灯箱安全监控产品针对各类户外灯箱进行24小时实时监管，预防电气隐患，降低火灾风险。实时故障报警，过载短路自动断电，为您的灯箱安全保驾护航！
>
> 🔧【智能控制，轻松管理】通过手机APP远程操控，随时调节灯箱开关与亮度，实现智能管理。温湿度、线温、位移、烟雾等多重监测功能可选配，全面掌握灯箱状况。
>
> 📡【远程监控，随时应对】灯箱运行参数实时上传，故障初步定位，手机APP即时接收异常消息。无论身处何地，都能迅速响应，确保灯箱稳定运行。
>
> 🖥【应用广泛，兼容性强】适用于机场、地铁、门店、商场、路边等多种场景，满足各类灯箱安全监控需求。模块化设计，灵活搭配，快速组装，即时投入使用。
>
> 🖥【软硬件结合，易于操作】硬件方面，智能物联灯箱控制器、调光控制器等多款设备可选；软件方面，Web管理端与手机APP相结合，操作简便，轻松实现灯箱远程监控与管理。
>
> 💡【节能环保，智慧照明】搭配调光控制器，实现节能降耗，为绿色环保贡献力量。可控电压12V或24V，满足不同灯箱需求。
>
> IUBIOT灯箱安全监控产品，让每一处光明都充满智慧与安全。赶快加入我们，开启智能灯箱管理新时代！

图 2-5 提示词迭代优化 1

> 🖥 "智守安全，光控未来！IUBIOT灯箱监控，防火防灾防意外，手机远程调控，智慧商业新选择！"

图 2-6 提示词迭代优化 2

注：当提示词中明确规定字数要求时，生成式 AI 模型会尽量遵循相关指示，但并不会严格按照字数限制执行。当存在其他约束条件时，模型的行为也大致类似。因此，尽管可以期望模型大体上遵循这些指示，但应当理解其在执行过程中有一定灵活性。这种灵活性有助于保持输出内容的连贯性和准确性，同时确保在一定范围内满足用户的需求。

模型重新生成的营销文案将原本冗长的文字精简到仅 39 字（"IUBIOT"视为一个字）。文案简明扼要地描述了智能灯箱产品的主要功能和特色，方便最终用户快速了解该产品。

然而，在现实世界中，智能灯箱通常通过系统整包集成商进行销售，最终用户很少直接采购。因此，在这种背景下，上述文字就显得不太适宜，提示词需要进一步优化，明确文案的目标用户，并强调系统整包集成商的关注重点，然后再进行一次迭代。

> 以下是一个产品的相关技术信息，请根据这些信息生成一份产品的营销文案。字数限 50 字以内。**由于该产品并非直接面向最终用户销售，而是由系统整包集成商采购，通常他们更关心产品所采用的技术，所以生成的文案要适合面向系统整包商进行营销，要具有技术性质，侧重于产品的技术优势。**
>
> "<产品信息内容同前例>"

这一次生成的新文案如下（在本节的后续实例中，为方便读者阅读，如果没有特别的必要，将不再展示截图，而是直接呈现由模型生成的文字内容）。

> 物联网技术赋能，IUBIOT 灯箱安全监控、实时监测、远程控制、防患于未然。智能集成，为您的项目保驾护航！

上述新生成的文案虽然已经具备一定的技术属性，但显然又不够详尽。在向系统整包集成商介绍产品时，必须详细列出产品的具体信息，并提供详细介绍，否则系统整包集成商将因无法了解产品而不会进行采购。因此需要向模型提出更高的要求。在这些要求中，为便于使用，甚至可以要求模型直接以特定格式返回结果。例如，如果准备在网页上介绍该产品，那么返回的格式应为 HTML。此外，由于内容的增加，也可适当增加字数限制。根据这一思路，修改后的提示词如下。

> 以下是一个产品的相关技术信息，请根据这些信息生成一份产品的营销文案。字数限 200 字以内。由于该产品并非直接面向最终用户销售，而是由系统整包集成商采购，通常他们更关心产品所采用的技术，所以生成的文案要适合面向系统整包集成商进行营销，要具有技术性质，侧重于产品的技术优势。**面向系统整包集成商还需要列出具体的产品。请用一个表格，提供具体产品的信息。表格应该有两列。第一列包括产品的名称，第二列包括产品的简要说明。给表格命名为"产品列表"。表格线宽度为 1 磅。将所有内容格式化为可用于网站的 HTML 格式。将描述放在<div>元素中。**
> "<产品信息内容同前例>"

这一次，模型返回包含 HTML 代码的响应，并附带对代码和文案的简要说明。以下是某次响应中包含的 HTML 代码。

```
<div>
<h2>引领物联网安全监控,IUBIOT 灯箱解决方案</h2>
<p>针对灯箱安全监控,IUBIOT 推出了一站式解决方案。我们的产品采用先进物联网技术,实时监测并远程控制,有效预防电气火灾等安全事故。特色功能包括状态监测、故障报警、自动断电保护、远程调光控制以及可选的温湿度与烟雾感应等。为系统整包集成商提供高效、可靠的智能灯箱管理体验。</p>
<h3>产品列表</h3>
<table border="1"cellspacing="0" cellpadding="5" width="100%">
<tr>
<th>产品名称</th>
<th>简要说明</th>
</tr>
<tr>
<td>智能物联灯箱控制器 RL-GW-01S</td>
<td>实时监测灯箱状态,远程控制,支持 4G 无线数据上传,适配多种传感器,可控负载达 6kW。</td>
</tr>
```

```
<tr>
<td>调光控制器 RL-DIM-01</td>
<td>通过 RS485 或 Zigbee 连接,实现节能调光,单模块功率 200W,电压可选 12V 或 24V。</td>
</tr>
</table>
</div>
```

将上述代码保存到一个新的空白网页文件中,然后在浏览器中打开该文件,可以观察到代码的实际运行效果,如图 2-7 所示,一个合乎要求的产品列表直接跃入眼帘。

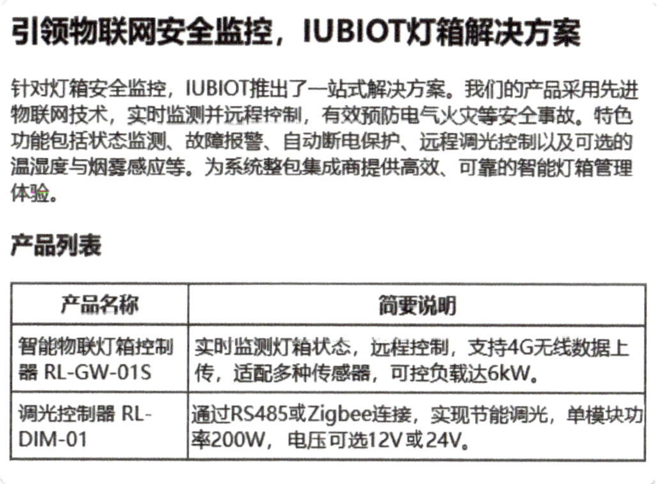

图 2-7　生成 HTML 代码效果

至此,模型已经生成面向系统整包集成商的营销文案,其效果看起来相当不错。当然,专业的营销人员可能还会有更多需求或创意需要模型进一步实现,在这种情况下,营销人员可以继续迭代优化提示词,直至可以引导模型生成令其满意的最终文案。

2.2.2　循循善诱完成思维题——引导模型思考

与模型互动时,如果模型提供了有偏差甚至错误的结果,不应急于否定其能力。相反,应当尝试修改、优化或者重新构建提示词,要求或引导模型在给出最终答案之前进行一系列相关的推理或思考。换言之,当模型面临一个无法在短时间内或通过少量文字完成的任务时,它可能会提供不够完美甚至错误的回答。此时可以引导其花更多时间进行思考,通过细化和分步推理,从而最终得出令人满意的结果。事实上,这种情况在人类日常生活中也是普遍存在的。例如,一个人在解答复杂的数学问题时,如果没有充足的时间进行计算,通常也无法给出正确的答案,模型也一样。

例如,智力类游戏是一类常见的脑力练习游戏。当借助模型直接求解这类问题时,常常会出现错误。以下是一个简单的实例。

> 如下信息每行独立，但具有相同的规律，那么最后一行的答案应该是什么？
> 5★3→28
> 9★1→810
> 8★6→214
> 5★4→19
> 7★3→?

将上述提示词输入模型后，通常模型给出的反馈都是不知所云，甚至错误连篇。通过调用 OpenAI（本例有一定难度，故调用 OpenAI 的 GPT-4o 模型完成）获得的推导过程与结果如下。

> 在给定的模式中，每个表达式的结果是由两个数的操作生成的。观察以下每行的操作：
> 1. 5★3→28：
>   5 × 3 = 15
>   5 + 3 = 8
>   结果为：将乘积的个位数和十位数调换位置再拼接加法的结果：28
> 2. 9★1→810：
>   9 × 1 = 9
>   9 + 1 = 10
>   结果为：将乘积的个位数和十位数调换位置再拼接加法的结果：810
> 3. 8★6→214：
>   8 × 6 = 48
>   8 + 6 = 14
>   结果为：将乘积的个位数和十位数调换位置再拼接加法的结果：214
> 4. 5★4→19：
>   5 × 4 = 20
>   5 + 4 = 9
>   结果为：将乘积的个位数和十位数调换位置再拼接加法的结果：19
>   根据这一规律：
>   7★3→?
>   7 × 3 = 21
>   7 + 3 = 10
>   结果为：将乘积的个位数和十位数调换位置再拼接加法的结果：110
>   所以，7★3→110

上述反馈结果结构清晰、条理清楚，但可惜其推导过程与结论均完全错误。这种情况类似于一个不懂装懂的人在回答问题。为了让这个不懂装懂的人可以正确回答这个问题，可以尝试引导其进行深入思考。当前如果是一个孩子在回答这个问题，应当如何引导这个孩子进行思考才可能得到正确答案呢？

通过分析上述模型给出的反馈，可以发现它只尝试了乘法和加法。因此可以引导它在乘法和加法外，同时尝试除法和减法。另外，它的分析过程一直将这些数字及其运算结果视为"数值"，但实际上，数字不仅可视为"数值"，也可能是"字符"。基于这一分析结果，修改提示词，在其中添加思路引导，让模型能够进行更有逻辑更全面的思考。

> 如下信息每行独立，但具有相同的规律，那么最后一行的答案应该是什么？
>
> 5★3→28
>
> 9★1→810
>
> 8★6→214
>
> 5★4→19
>
> 7★3→?
>
> 你应当按以下思路求解：
>
> **1.** 所有行中★代表了某种规律，且各行的规律是相同的。
>
> **2.** 对于数字，如果视为数值，则可尝试加、减、乘、除等运算。
>
> **3.** 对于数字，如果视为字符，则可尝试连接（例如 1 和 2 连接为 12）、交换位置（例如 12 交换为 21）等运算。
>
> **4.** 数值运算的结果如果视为字符，也可尝试连接、交换位置等运算。
>
> **5.** ★代表规律，可能是上述单一简单运算，也可能是它们的组合。
>
> **6.** 你必须先对第一行尝试上述每一种（加、减、乘、除、连接、交换位置）运算及其组合，直至找到严格正确的规律。
>
> **7.** 然后使用找到的规律解释第二、三、四行，如果每一行验证都通过，则证明找到的规律是正确的，否则重新查找规律。
>
> **8.** 使用前述过程中确定的规律，推导第五行的结果。

将上述修改后的提示词输入示例程序，这一次，模型按照提示词的指引走上了正确的推理道路。作者首次提交便获得了令人满意的结果。

> 根据题意，每一行中的★代表某种规律，且各行的规律是相同的。我们首先尝试对第一行进行各种运算，以找出★所代表的规律。
>
> 分析第一行：
>
> 5★3→28
>
> 尝试数值运算：

加法：5 + 3 = 8

减法：5 − 3 = 2

乘法：5 × 3 = 15

除法：5 / 3 ≈ 1.67

组合运算：5 + 3 = 8 和 5 − 3 = 2

结合以上运算，如果将结果视为字符并连接，可以得到 28。

验证第二行：

9★1→810

加法：9 + 1 = 10

减法：9 − 1 = 8

将减法和加法的结果视为字符并连接，得到 810。

验证第三行：

8★6→214

加法：8 + 6 = 14

减法：8 − 6 = 2

将减法和加法的结果视为字符并连接，得到 214。

验证第四行：

5★4→19

加法：5 + 4 = 9

减法：5 − 4 = 1

将减法和加法的结果视为字符并连接，得到 19。

推导第五行：

7★3→?

根据前述规律（减法结果连接加法结果）：

加法：7 + 3 = 10

减法：7 − 3 = 4

将减法和加法的结果视为字符并连接，得到 410。

最终答案：

7★3→410

综上所述，结合对数值运算结果的字符连接，第五行的答案应为 410。

第 2 章 会话编程——与生成式 AI 交互的基本方式

由此可见，当提示词不足以使模型进行正确推理时，需要考虑如何在提示词中引导和提示模型朝着正确的方向前进。这个过程也是迭代提示词开发的过程。开发人员（或者专业的提示词工程师）在每个迭代中，需要根据模型的反馈不断修改调整提示词，直到获得可接受的结果。

面向不同需求，引导模型思考的方式也不尽相同。例如，对于某些任务，可以明确告知模型完成任务所需的具体步骤，从而使其能够更好地完成任务。

寓言于人类而言一定会有所启示，以下提示词尝试给出一则寓言，并直接询问模型该寓言对打工人的启示是什么。

> 以下由三个反引号包含的内容是一则寓言，它给打工人的启示是什么？
> \`\`\`一只乌鸦坐在树上，整天无所事事。一只小兔子看见乌鸦，就问："我能像你一样整天坐在那里，什么事也不干吗？"乌鸦答道："当然可以啦，为什么不呢？"于是，兔子便坐在树下开始休息。突然，一只狼出现了，狼跳向兔子……抓住兔子并把它给吃了。\`\`\`

对上述提示词中的寓言，通常的解读是：由于乌鸦的位置足够高，所以它是安全的；而兔子的位置较低，因此面临更多的风险，必须更加努力才能生存。因此，要清楚自己所处的位置，不能盲目模仿他人。

而使用上述提示词某次从模型获得的回复如下。

> 这则寓言给打工人的启示是：不应该效仿那些看起来不劳而获的人，因为每个人的处境和能力都是不同的。乌鸦可以无所事事是因为它有其他生存的方式或者特定的优势（比如它可能会在别的时刻捕食或者有其他的生存策略），而兔子效仿乌鸦的行为却导致了它的灭亡。
>
> 对于打工人来说，这个启示强调了以下几点：
>
> 努力工作的重要性：不能仅仅因为看到别人似乎不费吹灰之力就能成功，就放弃自己的努力。每个人的生存环境和能力都不相同，需要根据自己的实际情况去规划和工作。
>
> 认识自我：了解自己的能力和局限，选择适合自己的生活方式和工作态度，而不是盲目模仿他人。
>
> 警惕潜在风险：就像寓言中的兔子没有意识到狼的威胁一样，打工人应该对可能出现的风险保持警觉，并采取预防措施。
>
> 现实与理想的差距：现实世界中，不劳而获往往是不可能的。这个寓言提醒我们，理想化的生活方式可能在现实中是不切实际的。
>
> 总之，这个寓言提醒打工人要勤劳、自省并认清现实，为自己的生活和未来负责。

显然，这个回复与寓言的寓意存在一定差距。模型未能识别出乌鸦与兔子所处位置这个关键性问题。因此，需要修改提示词，并对模型进行分步引导。

> 以下由三个反引号包含的内容是一则寓言，依次回答以下问题：
> 1. 在寓言中，乌鸦、兔子、狼分别处于什么位置？狼为什么能够吃兔子而不吃乌鸦？
> 2. 这则寓言的寓意是什么？
> 3. 它给打工人的启示是什么？
> ```<寓言内容同前例>```

这一次，模型按照提示词提示的步骤依次回答问题，并且每个步骤中问题的答案都为后续问题提供提示。可以看到，这一次模型的反馈已经非常接近"正确"答案了。

> 1. 在这则寓言中，乌鸦坐在树上，兔子坐在树下，狼在地面活动。狼能够吃兔子而不吃乌鸦，是因为乌鸦坐在树上，狼无法轻易接触到它，而兔子则在狼的捕猎范围内。这反映了现实中的情境，即在某些情况下，位置或环境的不同可以决定一个人的安危。
> 2. 这则寓言的寓意是警示人们不要轻易模仿他人的行为，而忽略了自身的情况和特点。兔子模仿乌鸦的行为，却没有意识到自己与乌鸦在生存环境上的差异，最终导致了悲剧。
> 3. 它给打工人的启示是：
> 每个人都有自己的职责和环境，应该根据自身实际情况来规划行为，不能盲目模仿他人。
> 在职场中，需要清楚自己的位置和角色，做好自己的本职工作，不能因为看到他人的状态而忽视了自身应尽的职责。
> 安全意识很重要，随时要有危机感，不要因为短时间的安逸而放松警惕，造成不可挽回的后果。

需要特别指出的是，随着模型的不断进化，目前许多模型（如OpenAI的o1模型和o3模型）已经能够自主分解任务，进行逐步推理。这使得它们对提示词的要求越来越低，而生成的结果却越来越优质。

除上述两种情况外，模型有时也可能无法准确理解提示词所描述的意图。例如，小学语文作业要求根据某些规则造词，尝试将以下作业作为提示词输入。

> 请使用"雨"开头，按ABB规则生成5条词语。

某次模型回复了以下五个词语，但显而易见，它并没有理解什么是"ABB"规则。

> 雨丝纷 雨滴落 雨意浓 雨声潺 雨后晴

此时，可以尝试在提示词中增加一个示例，以便让模型更好地理解相关规则和意图。修改提示词如下并再次提交给模型。

> 请使用"雨"开头，按 ABB 规则生成 5 条词语。**例如：情深深**

有了例子的帮助，模型这次正确理解规则并完成了任务，其输出内容如下。

> 雨蒙蒙 雨淅淅 雨纷纷 雨绵绵 雨潇潇

▶▶ 2.2.3 快速生成商品评价摘要——文本概括

文本概括是生成式 AI 模型提供的一项常用功能，它涵盖了总结一段文字、总结一篇文章的主要内容、撰写论文摘要，甚至是书籍简介等多种应用场景。文本概括对文字工作者具有显著帮助，但从中获益的远不止文字工作者。例如，在电商领域，服务商可以利用文本概括对大量冗长的客户评论进行总结，使得服务商能够更高效地浏览评论，洞悉客户偏好或情感，从而指导平台和商家提供更优质的服务。

以下内容展示了对某电商平台随机选取的一段较长客户评论进行文本概括的过程。示例中隐去了具体平台的名称并修正了一个错别字，其余部分保持评价原文不变。

> 请将以下客户对商品的评价进行概括，不要超过 30 个字。
> ```
> XX 上的东西质量有保证，价格便宜，买着放心用着舒心。客服也很好，消费者权益有保障，质量经得起考验。大瓶用得持久，小样出门旅行带着很方便，总之就是好。韩国后天气丹已收到，物流快，客服服务态度好，有诚信，收到货后包装完好。快递送货及时，五星好评。产品包装：包装高端大气上档次。吸收效果：吸收效果很好！保湿程度：夜间使用非常保湿。适合肤质：敏感肌肤也可以使用，味道很好闻。我真的非常喜欢它，非常支持它，质量非常好，和卖家描述的一模一样，我非常满意。我真的很喜欢它，它完全超出了我的预期。交货速度非常快，包装非常仔细，物流公司服务态度良好。我非常满意这次购物，包装很好，水和乳液两大瓶，可以用很久，和以前买的小样香味儿一样，用后不油腻，我是敏感肌肤，用后暂时没有出现问题，使用一阵后再追评。
> ```

模型对上述评价的概括内容如下。

> 质量有保证，价格实惠，服务佳，包装精美，保湿效果好，适合敏感肌肤，物流快，超值满意。

网上购物涉及平台、卖家和物流等多个服务商，不同服务商关注客户评价的侧重点各不相同。故在进行文本概括时，可以指出当前所关注的重点信息，以便模型在概括时有所侧重。

例如，物流服务商可以使用以下提示词进行文本概括。

> 请将以下客户对商品的评价进行概括，不要超过30字，并且聚焦在物流上。
> ```<客户评论内容同前例>```

其概括结果如下。

> 物流快速，包装完好，服务态度好，满意度高。

类似地，对于买家、卖家和生产厂家而言，可能会关注产品的价格和质量。因此，在进行文本概括时，可以在提示词中指定聚焦于价格与质量。

> 请将以下客户对商品的评价进行概括，不要超过30字，并且聚焦在产品价格与质量上。
> ```<客户评论内容同前例>```

这一次其概括结果如下。

> 质量保证，价格实惠，包装精美，保湿效果好，适合敏感肌肤，高性价比。

通过以上示例可以看出，在进行文本概括时，可以根据关注点的不同，有所侧重地从文本中抽取信息进行总结。在实际应用中，也可以针对不同场景进行多个不同侧重的文本概括，以满足不同场景下的不同需求。

2.2.4 阅读理解——文本推断

文本推断是指从指定文本中推断出实体、关系、情感等多种信息。模型具备的这种能力可以广泛应用于标签提取、关键信息抽取、情感分析以及舆情监测等多个场景。这种技术不仅提高了语言文字的处理效率，还增强了数据分析的深度和准确性，为各行各业提供强有力的支持。

首先，可以尝试利用模型的推断能力从一段文字中抽取关键信息。例如，对新闻内容进行简要概括，能够帮助用户快速从海量新闻中获取相关事件的概要（时间、地点、人物、事件等）生成新闻摘要，而无须逐篇阅读所有新闻。当然，如果通过编写应用程序实现生成新闻摘要功能，通常会附上查阅原文的途径，用户可在阅读新闻摘要后选择是否阅读原文。通过这种方式，用户可以更高效地了解最新动态和重要事件，从而节省时间并提高信息处理的效率。

> 请根据以下由三个反引号包含的新闻提取出以下信息：
> 1. 时间
> 2. 地点
> 3. 涉及主体
> 4. 事件
> 5. 结果
> ```
> 据新加坡《联合早报》5月16日报道，印度尼西亚鹰记航空公司一架载有468名乘客和机组人员的客机从印尼起飞，因起飞不久后引擎起火而返回机场紧急降落。
> 报道称，鹰航15日发表声明说，这趟飞往沙特麦地那的鹰航1105航班由波音747-400飞机执飞，于当地时间15日17时15分返回印尼望加锡国际机场，所有乘客均未受伤。
> 鹰航总裁在声明中称："机长发现其中一个引擎冒火，当下判断必须进一步检查以确定引擎是否出现故障，所以在飞机起飞后决定立即返航。"
> 他介绍，机上有450名乘客和18名机组人员，其中包括前往麦地那的朝圣者。所有乘客已在鹰航安排下于同一天乘搭另一趟班机飞往沙特。
> 目前，事发客机已停飞接受安检。
> ```

将上述提示词输入前文示例程序，可以得如下返回结果。

> 1. 时间：当地时间15日17时15分，即5月15日17时15分。
> 2. 地点：起飞地点为印尼，降落地点为印尼望加锡国际机场。
> 3. 涉及主体：印度尼西亚鹰记航空公司，乘客和机组人员共468名，包括前往麦地那的朝圣者。
> 4. 事件：一架由波音747-400飞机执飞的鹰航1105航班，在起飞后引擎起火，返回机场紧急降落。
> 5. 结果：所有乘客均未受伤，乘客均已安排在同一天乘搭另一趟班机飞往沙特，事发客机停飞接受安检。

上述新闻较为简短，经过模型处理之后，文本变得更加条理清晰且结构化，但整体长度并未显著缩减。读者可以尝试对较长的新闻文本进行关键信息的抽取，应当可以看到更明显的效果。

文本推断的另一个重要应用是分析一段文字所表达的情感。仍以电商领域为例，一件商品通常会收到成千上万甚至数十万条买家评论。在这种情况下，了解每条评论的情感倾向成为一项极为繁重的任务。而利用模型的推断能力，就可以快速而准确地判断每条评论所表达的情感，从而大幅提升效率。这不仅能够帮助商家更快更好地了解客户的反馈和需求，还能在更大范围内及时优化产品和服务。

继续以之前的商品评论作为分析对象，使用以下提示词来获取其情感倾向。

> 以下用三个反引号包含的产品评论的情感是什么？
> ```
> ××上的东西质量有保证，价格便宜，买着放心用着舒心。客服也很好，消费者权益有保障，质量经得起考验。大瓶用得持久，小样出门旅行带着很方便，总之就是好。韩国后天气丹已收到，物流快，客服服务好，有诚信，收到货后包装完好。快递送货及时，五星好评。产品包装：包装高端大气上档次。吸收效果：吸收效果很好！保湿程度：夜间使用非常保湿。适合肤质：敏感肌肤也可以使用，味道很好闻。我真的非常喜欢它，非常支持它，质量非常好，和卖家描述的一模一样，我非常满意。我真的很喜欢它，它完全超出了我的预期。交货速度非常快，包装非常仔细，物流公司服务态度良好。我非常满意这次购物，包装很好，水和乳液两大瓶，可以用很久，和以前买的小样香味儿一样，用后不油腻，我是敏感肌肤，用后暂时没有出现问题，使用一阵后再追评！
> ```

稍后，模型返回类似如下回复。

> 这段评论的情感是积极的。评论者对××平台上的产品质量、价格、客服服务、物流速度、产品包装、吸收效果、保湿程度等方面都表达了满意和赞赏，使用了很多正面词汇如"质量有保证""便宜""放心用着舒心""有诚信""五星好评""高端大气上档次""非常保湿""非常满意"等，显示出评论者对所购买的产品和服务感到非常满意。

可以注意到，模型首先给出了情感态度的结论，然后列举做出判断的理由。在实际应用程序中，如果需要继续处理判断出的情感结论，那模型只需提供一个简洁的回复即可。在这种情况下，可以明确要求模型以限定的词汇反馈，例如以"正面""负面"或"中性"的形式给出答案。修改提示词如下。

> 请仅以"正面""负面"或"中性"反馈以下用三个反引号包含的产品评论的情感。
> ```<客户评论内容同前例>```

随后，可以看到模型回复的内容只有"正面"一个词。

> 正面

或许在某些场景下，仅需要判断一段文字是否表达了某种特定的情感，此时也可以要求模型仅返回简洁的判断结果，以便应用程序可以统计或继续处理。

修改提示词如下并再次提交模型。

> **请以"是"或"否"反馈**以下用三个反引号包含的产品评论**是否表达了愤怒或不满。**
> ```<客户评论内容同前例>```

模型按预期返回了一个"否"字。

> 否

上述过程在不断简化情感的判断。而与上述过程相反,情感在很多情况下仅以"正面""负面""中性"或者"是""否"评价是不够的,或许需要更精确地识别情感。在这种情况下,可以要求模型以多个词汇来标识一段文字所表达的情感,即为一段文字贴上几个情感角度标签。

> **请以不超过五个词汇反馈**以下用三个反引号包含的产品评论的情感。
> ```<客户评论内容同前例>```

模型迅速根据评论内容推断出五个表达情感的词汇。

> 正面、满意、推荐、高质量、超预期。

模型还具有识别文本中各类实体的能力,这在许多自然语言处理任务中显得尤为重要。实体识别(Entity Recognition)是指模型从文本中抽取出诸如人名、地名、组织名、日期、货币等实体信息。通过这种能力,模型可以在信息提取、文本分析和数据挖掘等场景中发挥关键作用。例如,在金融领域,实体识别可以帮助从大量财经新闻中提取出公司名称和相关事件,从而辅助投资决策;在医疗领域,实体识别可以从医学文献和临床记录中准确提取出药物名称、疾病名称和治疗方案,从而支持智能诊断系统的开发。此外,实体识别还在客户服务自动化、法律文书处理、社交媒体分析等多个领域展现出其广泛的应用价值。通过高效的实体识别,模型能够显著提升文本信息处理的精度和效率,为各行业的智能化应用提供坚实的技术基础。

例如,在信息系统建设的业务需求收集过程中,利用模型的强大实体识别能力,可以从业务描述中自动抽取涉及的角色、系统及其他相关信息,从而提升需求分析效率,为系统设计奠定坚实基础。以下是一个简单的示例。

> 请列出以下描述中涉及的角色和系统。
> 教师向教务处提交学生成绩单,教务处干事将成绩单导入学生管理系统,并在学校内网发布成绩查询通知。学生看到成绩查询通知之后,登录学生信息查询系统,就可以查看到自己的考试成绩。

将上述提示词输入示例程序，获得的分析结果如下。

> 涉及的角色和系统如下：
> 角色：
> 1. 教师
> 2. 教务处干事
> 3. 学生
> 系统：
> 1. 学生管理系统
> 2. 学校内网
> 3. 学生信息查询系统
> 描述中各个角色的操作如下：
> - 教师：向教务处提交学生成绩单。
> - 教务处干事：将成绩单导入学生管理系统，并在学校内网发布成绩查询通知。
> - 学生：在看到成绩查询通知后，登录学生信息查询系统查看自己的考试成绩。

可以看到，模型准确地分析出了业务描述中涉及的角色与系统，并精确描述了各个角色的操作，表现出卓越的实体识别能力。在需求分析阶段，利用模型这一特性，能够快速地整理和归纳需求，从而帮助需求人员准确、快速、完整地完成需求分析，显著提升工作效率，不但为后续开发奠定基础，也为开发过程预留了更充裕的时间。这种能力在复杂业务场景中显得尤为重要，因为它可以减少人为遗漏和错误，确保需求的全面性和准确性。

实际上，本节所提及的能力也可以通过传统的机器学习技术实现。然而，采用传统的机器学习技术从文本中提取实体及关键信息，需要经历一系列复杂且烦琐的步骤。首先，需要收集一个带有明确标签的数据集，以便为模型提供训练样本。接下来，需要训练一个适合该特定任务场景的模型，这往往包括特征工程、选择适当的算法以及参数调优等过程。最后，要将该模型在云端或本地进行部署，以便能够对实际数据进行分析整理。

尽管这种传统机器学习方法在大多数情况下也能够取得令人满意的效果，但其整个过程显然需要耗费大量的人力和时间资源。而且对于每一个不同场景不同任务，例如情感分析、命名实体识别等，都需要分别训练和部署独立的模型，部署多个独立模型不仅会增加计算资源的消耗，还可能导致管理和维护的复杂性大幅提升，这无疑进一步增加了工作量和复杂度。此外，在资源利用和效率上，传统方法也存在明显不足。

▶▶ 2.2.5 多语全能秘书——文本转换

生成式 AI 模型是一种基于自然语言处理的人工智能技术，在语言处理领域表现卓越。它具备的语言能力可以高效地执行翻译、语气转换、文字润色、语言评估等多种日常文字工作，还能胜任高要求的文字编辑、文本扩展、内容撰写等语言处理任务，能够为用户提供高质量的支持和服务。其应用范围广泛，包括但不限于学术论文的编写、商业文档的撰写、系统自动回复，以及其他需要高质量语言输出的领域。事实上，在日常办公和专业写作环境中，生成式AI模型可以作为一名合格甚至优秀的多语全能秘书。

1. 翻译

在不同语言之间进行翻译是众多大型语言模型所具备的重要能力之一。与传统的翻译软件相比，这些语言模型的表现往往更加优异，它们不仅词汇丰富、语法精准，而且在语境理解和表达方面也更加自然。此外，模型还能根据特定的情境或用户的需求，生成更加地道和贴合实际应用场景的翻译内容。这种能力使得模型在跨语言交流、国际商务和多文化沟通等领域展现出巨大的潜力和优势。

在处理复杂句子结构、语义模糊以及文化特定的表达方式等复杂场景时，模型能够展现出更高的智能。它们通过庞大的数据集训练，积累了对不同语言和文化的深厚理解，从而能够在翻译过程中提供更加精准、流畅和地道的结果。这种灵活且智能的翻译能力，为用户带来了前所未有的便利和高效，提高了跨语言交流的质量和效率。

在使用传统的翻译软件时，通常难以精确地指定目标语言的语气，只能通过不断调整待翻译原文的语气来尝试达到预期效果。而借助生成式AI技术，则可以直接向系统提出具体的翻译要求，包括语气、风格或者其他细节。

> 请将以下中文翻译成英文，并且分别使用正式和非正式语气：
> 我明天要参加一个会议。

上述提示词要求分别提供正式与非正式语气的翻译，将其输入示例程序，可得到如下回复。

> Formal tone: I will attend a meeting tomorrow.
> Informal tone: I've got a meeting to go to tomorrow.

在模型训练过程中，所使用的语料通常涵盖全球主要语言。因此，除常见的英语以外，其他语言的翻译通常也能够达到较高的准确性。比如将上述提示词中的目标语言换成日文，其回复结果如下。

> 正式语气：私は明日、一つの会議に参加する予定です。
> 非正式语气：明日、会議に行くんだ。

甚至一些小语种也没有问题，将上述提示词中的目标语言换成菲律宾语，其回复结果如下。

> 正式语气：Aking susubukang dumalo sa isang pagpupulong bukas.
> 非正式语气：Pupunta ako sa isang meeting bukas.

模型对语气的处理还是非常成熟的，上述例子是将中文翻译成外语，可能部分读者与作者一样外语能力一般，这种语气上的差异可能感受不强烈，但可通过逆向形式，即将外语翻译成熟悉的中文来进行体验。例如，以下提示词要求将英文翻译成中文。

> 请将以下英文翻译成中文，并且分别使用正式和非正式语气：
> May I pay by card?

模型返回的翻译结果如下，可以看到，语气的差异还是很明显的。

> 正式语气：我可以使用信用卡支付吗？
> 非正式语气：可以用卡付钱吗？

2. 调整语气风格

在现实世界中，同一事件在不同场景下呈现的沟通语气与风格会有显著差异。模型能够在不同的语境间进行有效的转换。这个能力的应用实例是使用模型将口语化的交流内容转换为正式的商务邮件。

例如向示例程序提交以下提示词。

> 请将以下文本改写成正式的商务邮件。
> "李总，上周你说的那个项目的具体需求是什么来着？"

模型迅速生成以下邮件，通常情况下，模型生成的邮件仅需进行少量修改即可发送给收件人，大幅提升了邮件编写效率。

> 尊敬的李总，
> 您好！上周在与您讨论的项目中，您提到了一些具体需求。为了确保我们的理解和后续工作能够精准对接，烦请您能够再次详细告知该项目的具体需求。以便我们能够尽快着手进行相应的准备工作。
> 期待您的回复，并祝商祺！
> 此致敬礼！
> [您的姓名][您的职位][公司名称][日期]

作者曾作为项目经理服务于一家享誉全球的跨国公司，与跨国公司沟通最常用的方式是电子邮件。在当时的工作环境中，每日收发邮件数量少则数封多则数十封，并且必须使用英语撰写。在这种工作环境下，一封原本使用母语五分钟便能迅速完成的邮件，由于语言的转换和对表达方式的斟酌，往往需要耗费多达十五分钟乃至半小时的时间。而现在，借助模型的文本转换能力，原先耗费大量时间的邮件撰写过程可能不需要五分钟便能轻松完成。

修改上例提示词，增加使用英语的要求。

> 请将以下文本改写成正式的商务邮件，由于李总所在公司的工作语言是英语，请使用英文完成并遵循英文的邮件格式要求。
> "李总，上周你说的那个项目的具体需求是什么来着？"

须臾之间，一封英文邮件就已完成，至少于作者而言，依靠自身的英文水平是写不出这个水准的英文邮件的。

> Subject: Inquiry Regarding Project Specifications Discussed Last Week
>
> Dear Mr. Li,
> I hope this message finds you well.
> I am writing to follow up on our conversation from last week regarding the project you mentioned. Could you please provide me with the specific requirements and details of the project we discussed? Your guidance will be instrumental in moving forward with the necessary preparations and ensuring a seamless execution.
> Thank you for your attention to this matter, and I look forward to your prompt response.
> Best regards,
>
> [Your Full Name] [Your Position] [Your Company Name] [Your Contact Information]

模型的上述能力植根于其深度学习结构，它能够捕捉并理解自然语言中的细微差别和上下文关系。正如本例所体现的，当需要将非正式对话内容转化为正式文本时，模型不仅能够调整用词和句式，还能根据需要添加相应的礼貌用语和专业术语，确保转换后的文本符合商务场合的标准。这种能力在提高工作沟通效率、增强工作专业性、降低人工负荷等方面展具备巨大潜力。

3. 错别字及语法纠正

日常写作时，由于文字水平限制或者粗心大意，写出的文字往往会出现错别字或语法错误。模型也可以在这方面提供有力帮助，自动检测并纠正这些问题，从而提高写作的准确性和流畅度。具体来说，模型可以识别出文字中存在的各种类型的错误，无论是拼写错误、语法不当，还是用词不准。此外，模型还能够选择使用更加恰当的表达方式，帮助用户提升整体文字质量，实现更高的写作水准。

作为示例，可以故意写一句包含多个错误的句子，然后要求模型对它进行修正。作者拟定的一个例子如下。

> 请校对并更正以下文本：
> 做为一名技术人员，必需拥有强大得罗辑能力，否则难以将技术落底到实际项目之中。

提交至模型后，模型返回如下修正完成的句子以及更正说明。在这种场景下，模型通常会对输入文本进行语法、拼写和逻辑上的调整，以确保修改后文本的准确性和可理解性。

> 作为一名技术人员，必须具备强大的逻辑能力，否则将难以把技术落实到实际项目中。
>
> 更正内容如下：
> 1. "做为"更正为"作为"。
> 2. "必需"更正为"必须"。
> 3. "强大得罗辑能力"更正为"强大的逻辑能力"。
> 4. "落底"更正为"落实"。
> 5. "之中"可以略为"中"，使句子更加流畅。

每位读者都是从高中阶段走过来的，很容易联想到利用模型的这种能力去完成高中英语的短文改错题。随意找一个高中英语改错练习题，然后将它整合到提示词之中并提交模型进行处理。

> 请校对并更正以下文本，并请用中文说明修改之处：
> Ms Emma is our English teacher, whom is tall and slim, and always wears beautiful smiles. Ms Emma is in her thirties. She has been teaching in 15 years, so she has rich experiences. Ms Emma always thinks of ways make her classes lively and interested. On one hand, we have learnt a lot of English from him, on the other hand, we had learnt a lot about the cultures of foreign countries.
>
> Ms Emma is very much patient and nice, though strict with us. We are proud at being the students of so a great teacher.

很快就得到模型的如下回复，它包含修正后的文本和修改说明。通过与参考答案进行对比，可以发现模型额外修改了一处，但其余十处修改中有九处与参考答案完全一致，可见它的准确率相当高，可以称得上是一个"优等生"了。

> 以下是校对并更正后的文本，以及修改说明：
> Ms Emma is our English teacher, who is tall and slim, and always wears a beautiful smile. Ms Emma is in her thirties and has been teaching for 15 years, which means she has rich experience. Ms Emma always thinks of ways to make her classes lively and interesting. On one hand, we have learned a lot of English from her; on the other hand, we have also learned a lot about the cultures of foreign countries.

Ms Emma is very patient and kind, though she is strict with us. We are proud to be students of such a great teacher.

修改之处：

1. 将 "whom" 改为 "who"，因为这里需要用关系代词作为主语。

2. 将 "beautiful smiles" 改为 "a beautiful smile"，因为 "smile" 是可数名词，这里应该用单数形式。

3. 将 "in 15 years" 改为 "for 15 years"，因为表示持续时间的短语通常用 "for"。

4. 将 "rich experiences" 改为 "rich experience"，因为 "experience" 作为一个整体概念，在这里使用单数形式。

5. 将 "ways make her classes" 改为 "ways to make her classes"，补全了不定式 "to"。

6. 将 "interested" 改为 "interesting"，因为在这里应该使用形容词来描述课程是"有趣的"。

7. 将 "him" 改为 "her"，因为主语 "Ms Emma" 是女性。

8. 将 "had learnt" 改为 "have also learned"，以保持时态一致，同时添加 "also" 来强调学习的两个方面。

9. 将 "very much patient" 改为 "very patient"，因为 "patient" 已经是形容词，不需要 "much" 来修饰。

10. 将 "proud at being" 改为 "proud to be"，因为 "proud to be" 是固定搭配。

11. 将 "so a great teacher" 改为 "such a great teacher"，因为 "such" 用于修饰名词。

以上修改都是为了使句子语法正确、表达清晰和用词准确。

注：以下是该练习题的参考答案

1. whom→ who

2. in→ for

3. experiences→ experience

4. 在 make 前加 to

5. interested→interesting

6. him→ her

7. had→ have

8. 删除 much

9. at→ of

10. so→ such

目前，已经有开发人员充分利用模型的文本生成与转换能力，创造出各种类型的英语学习辅助软件。这些软件不仅能够提供文本形式的英语练习，还能够结合语音识别与转换技术，实现虚拟口语陪练功能。这一功能使得学习者可以在仿真的对话环境中沉浸式练习英语口语，从而提升其语言表达能力和实际交流能力，同时大大降低了练习成本。

2.2.6 写作助手——文本扩展

生成式 AI 技术中的文本扩展是指利用生成式 AI 模型的生成能力，在原有文本基础上进行内容的丰富或续写。通过这种方式，模型可以在文本中增加细节、补充背景信息、提供更多例子或进一步解释和阐述某个概念或主题。

生成式 AI 在文本扩展中的应用主要包括以下几个方面。

1）增加细节和背景信息：模型可以在原有文本的基础上，添加与主题相关的背景信息和细节，使内容更加具体和全面。例如，对于一段关于量子计算的简要介绍，模型可以补充量子计算的发展历史、主要技术突破及其实际应用案例等。

2）提供解释和阐述：模型可以对某些概念或术语进行详细解释，使其更易于理解。例如，对于一段涉及机器学习算法的文本，模型可以进一步解释算法的基本原理、工作流程以及在不同场景下的应用方法等。

3）举例说明：通过增加相关例子，模型可以使抽象的概念变得更加具体。例如，在讨论某种数据结构时，模型可以提供具体的编程实例或实际应用场景，以帮助读者更好地理解该数据结构的用途和实现方法。

4）扩展讨论和分析：模型可以根据原始文本进行扩展讨论，增加对某个主题的深度分析。例如，在分析某个市场趋势时，模型可以提供更多的趋势预测和专家观点，丰富原有的分析内容。

在利用生成式 AI 进行文本扩展时，甚至可以做到只需提供一个简短的开头或核心概念，模型便能据此生成连贯且有深度的内容。例如，拟定如下提示词并提交给模型。

> 请续写"梦断酒醒无归处"。

模型略作思考便生成以下诗句。

> 梦断酒醒无归处，夜深人静泪沾巾。四周寒气侵骨髓，满腹心事对谁陈。
> 独坐街头痛思往，岁月匆匆如流水。昨日欢歌笑语声，今朝孤影度时光。
> 浮生如梦悲无常，世事沧桑换故颜。何处觅得旧时景，重逢故人共倾杯。
> 望尽天涯无去路，回首故乡在远方。愁绪难抒心如焚，醉卧红尘笑苍茫。

不得不承认，当前这些模型在文学创作方面的表现已经远超大多数人的水平。以其能够生成诗歌的能力可以断定其编写普通文章自然是轻而易举。

例如，一位年轻的男孩深陷热恋，急于向心仪的女孩表达心意，却因多年未曾动笔而不知如何下笔时，可以借助生成式 AI 模型来完成情书的撰写。男孩可通过如下提示词明确表达自己的想法和思路，然后由模型完成实际的编写工作。

> 现在你正和一位女孩子谈恋爱,你现在的任务是给女孩子写一封情书,情书至少应有五段,其中情书第二段到第四段请分别以"你是我的太阳""你是我的月亮""你是我的星星"开头。

须臾之间,一封充满爱意的情书便由模型生成并返回。这一过程不仅展示了模型在自然语言处理方面的强大能力,还体现了人工智能在情感表达方面的潜力。

> 亲爱的,
> 从我们相识的那一刻起,我的世界变得如此美好。你就像是温柔的风,轻轻吹拂着我心头的每一个角落。在此,我想要用文字表达我对你的深情,虽然笔尖的力量远远不足以描述我心中情感的万分之一。
> 你是我的太阳,是我生命中不可或缺的光源。你的笑容如同阳光般灿烂,驱散了我所有的阴霾,给予我无尽的温暖和力量。每当想到你,我的内心便被满满的希望和喜悦所填满。
> 你是我的月亮,静静地在夜空中守护着我。在我们无法相聚的夜晚,我总是仰望星空,思念着你的温柔和体贴。你是那么的明亮,那么的纯净,仿佛能洗净我一天的疲惫,让我在梦中与你相拥。
> 你是我的星星,在无数个夜晚为我指引方向。在浩瀚的人生旅途中,有了你,我不再迷失,不再彷徨。每一个与你共度的时光,都成为我生命中最珍贵的回忆,如同繁星闪烁,永远熠熠生辉。
> 在这爱的篇章里,我想对你说,无论未来有多少风雨,我都愿意紧紧握住你的手,与你并肩前行。感谢你成为我的太阳、月亮和星星,让我的生活变得如此美好。愿我们的爱情如天空般辽阔,如星河般璀璨。
>
> 永远爱你的,
> [你的名字]

文本扩展不仅可以应用于文学创作,还可以广泛应用于需要文本生成和优化的其他领域。例如,针对电商平台中的买家评论,商家为了增强消费者体验和提升用户黏性,通常会对客户的评论进行回复。在这种情况下,模型所具备的文本扩展能力便能发挥重要作用。

尝试提交以下提示词至模型。

> 你是一位电商客服的 AI 助手。你的任务是根据客户的评价对该评价进行回复。
> 以下由三个反引号包含的内容是客户评价,请生成回复以感谢客户。为使回复更贴近该评价,在回复中应提及评价中的具体细节,且回复应简明而专业。回复时请使

用积极的情感。

```
××上的东西质量有保证，价格便宜，买着放心用着舒心。客服也很好，消费者权益有保障，质量经得起考验。大瓶用得持久，小样出门旅行带着很方便，总之就是好。韩国后天气丹已收到，物流快，客服服务好，有诚信，收到货后包装完好。快递送货及时，五星好评。产品包装：包装高端大气上档次。吸收效果：吸收效果很好！保湿程度：夜间使用非常保湿。适合肤质：敏感肌肤也可以使用，味道很好闻。我真的非常喜欢它，非常支持它，质量非常好，和卖家描述的一模一样，我非常满意。我真的很喜欢它，它完全超出了我的预期。交货速度非常快，包装非常仔细，物流公司服务态度良好。我非常满意这次购物，包装很好，水和乳液两大瓶，可以用很久，和以前买的小样香味儿一样，用后不油腻，我是敏感肌肤，用后暂时没有出现问题，使用一阵后再追评！
```

模型生成了如下符合提示词要求的回复，结合传统信息化技术，电商平台或商家便能够更加高效地完成评论回复这一耗时耗力的任务，甚至可以实现自动化处理。

感谢您对××平台的支持和信任，以及对我们产品的喜爱。非常高兴得知您在使用我们的产品后感到满意，特别是对于产品的高品质、合理的价格和优秀的客服服务给予了高度评价。您提到的"包装高端大气上档次""吸收效果很好"以及"保湿程度"令您在夜间使用时感到非常舒适，这让我们倍感欣慰。同时，您对我们的物流速度和客服诚信也给予了肯定，这对于我们来说是极大的鼓励。

我们特别注意到您是敏感肌肤，但使用后没有任何问题，这一点对我们来说非常重要，我们也会继续把控产品质量，让所有肤质的朋友都能放心使用。您所说的"大瓶用得持久，小样出门旅行带着很方便"，我们也会在以后的产品设计中考虑到这一点，继续为大家提供便利。

再次感谢您的详尽评价和满满的认可，我们期待您后续的使用感受，并希望您能继续支持××平台和我们的产品。如果您有任何问题或需要进一步的帮助，请随时联系我们。祝您生活愉快，购物开心！您的五星好评是我们前进的动力！

2.3 让 AI 具有记忆——保留对话上下文

人类在进行对话时，能够自然而然地结合上下文语境来理解交流内容，这种能力是基于人类长期的语言经验和认知能力而获得的。然而，当向模型提交提示词时，模型并不会自动记录之前的对话内容。由于模型本身并不会记住当前对话的历史信息，所以它无法像人类一样具备持续的、全局的语境理解能力。要解决这个问题，可以在设计和编码时让应用程序与模型交互时明确提供当前对话的上下文信息。

启动之前完成的示例程序 prompt-stream.py，依次输入两条前后有关联的提示词，如图 2-8 所示。从模型回复结果来看，这两次对话是被孤立处理的。在进行第二次对话时，模型完全无法利用第一次对话中的相关信息。这表明当前与模型的对话机制缺乏上下文记忆能力，即每一次对话都是独立进行的，没有延续性的信息传递。

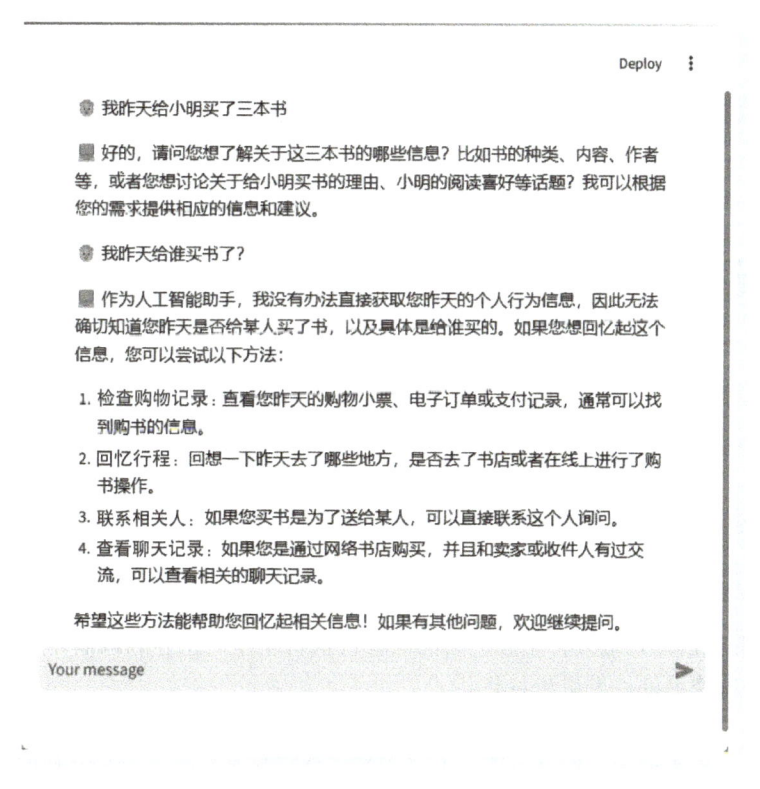

图 2-8　无上下文对话

模型这种孤立对话的行为特性对于需要进行连续对话的应用场景而言显然不够友好。如果当前目标是开发一个能够进行连续对话并具备上下文理解能力的应用程序，那么就必须提供一种使对话能够在上下文语境中持续进行的机制。有一个简单有效的解决方案，即在提交提示词时，将历史对话信息一并提交。通过这种方式，模型可以获得全部对话内容，因而它就可以根据上下文信息进行对话，进而大幅提升系统的上下文理解能力和对话的连贯性。

在介绍 chat.completions.create 方法的参数时，许多读者或许已留意到，参数 messages 的数据类型是列表。为使模型能够基于上下文与用户进行交互，应用程序每次提交新的提示词时，需要将历史对话信息一起通过这个列表提交。这意味着，messages 列表不仅需要包含当前的提示词，还应当包括先前的对话内容（通常同时包含历史提示词和模型对应的回复）。

例如，可以将 messages 参数设定为如下列表，该列表包含了三条消息。前两条消息构成了第一轮对话，而第三条消息则表示当前提交的问题。

```
messages = [
    {"role": "user", "content": "我昨天给小明买了三本书"},
    {"role": "assistant", "content": "书是不错的礼物哦。"},
    {"role": "user", "content": prompt}
]
```

读者可以基于此前的示例程序 prompt-cli.py 进行修改（代码中除修改 messages 赋值外，还需将提示词修改为"我昨天给谁买书了？"，修改后的示例代码请参见源文件 prompt-session-sample.py），然后运行修改后的程序并观察运行结果，如图 2-9 所示。可以看到，这次模型能够根据上下文正确推断出"昨天给小明买了三本书"。

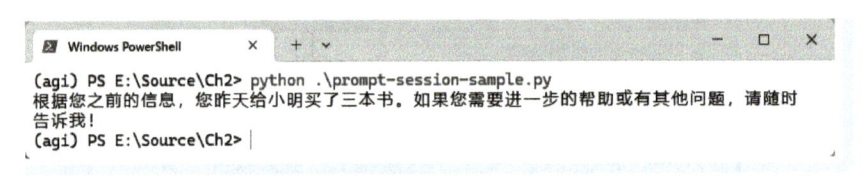

图 2-9 上下文的作用

在上述 messages 列表中各条消息的键 role 对应的值除 user 外，还出现了 assistant。role 一共有四个允许的值，分别是 user、assistant、system 和 tool。这四个值的作用简述如下。

1）user：表示用户，通常是发送消息或提出请求的实体。用户通过输入问题或指令与模型进行交互，并期望得到相应的答复或解决方案。

2）assistant：表示代表模型的人工智能助手，其主要职责是回应用户的请求和问题。assistant 根据接收到的用户输入，生成适当的回答或执行相应的操作，以满足用户的需求。在对话时，它的存在就像另外一个交流对象。

3）system：这个角色通常用于设置对话的初始条件或控制对话的整体环境。可以包括设定模型的身份角色、行为模式、定义对话的上下文等。这类消息通常在对话开始时发送，并定义了整个对话的基调。

4）tool：表示可以用来协助完成特定任务的工具。这类角色通常不直接参与对话，而是辅助 assistant 完成用户请求的特定操作，例如调用外部 API、执行计算或访问数据库。tool 的使用将在本书后续部分详细介绍。

通过合理分配和使用这些角色，模型能够更有效地理解和响应用户的需求，从而更好地提供智能化服务。

理解了会话上下文的作用及如何在对话中保持对话历史后，下一步将此前完成的示例程序 prompt-stream.py 升级为可以保持上下文的更友好的版本。

在原先代码实现中，chat.completions.create 方法的参数 messages 是通过根据用户输入的提示词构造的仅包含一条信息的列表。为使其能够接受对话历史列表，需要对代码进行一些修改。具体来说，需要将函数 get_stream_completion 的第一个参数由 prompt 修改为表示对话列表的 messages，并删除原先在函数中构建 messages 的那一行代码。

第 2 章
会话编程——与生成式 AI 交互的基本方式

以下是修改后的函数 get_stream_completion 实现。

```python
def get_stream_completion(messages, model="glm-4-plus", temperature=0.01):
    response = client.chat.completions.create(
        model=model,
        messages=messages,
        temperature=temperature,
        stream=True   # 启用流式输出
    )
    return response
```

随后需要解决传入参数 messages 是对话列表的问题。在原先的代码实现中，为了在界面展示对话历史，已经将所有对话保存在 st.session_state.messages 之中，其中也包含用户刚刚提交的提示词。因此，第二处修改仅需将调用函数 get_stream_completion 处的第一个实际参数修改为 st.session_state.messages 即可。

以下是修改后的代码。

```python
# 获取流式输出的生成器
stream_response = get_stream_completion(st.session_state.messages,
                                        temperature=0.9)
```

运行修改完成的示例代码（完整代码参见源文件 prompt-stream-session.py），再次输入两条消息："我昨天给小明买了三本书"和"我昨天给谁买书了?"。此时，可以观察到模型根据上下文正确地回答了问题，如图 2-10 所示。

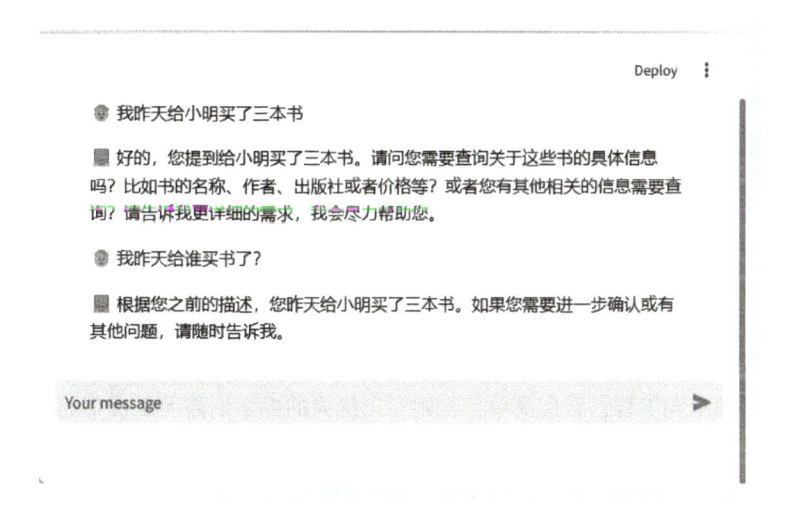

图 2-10　保存对话上下文后的对话效果

回顾前面对提示词进行迭代的实例，每次调整提示词时，都必须将待处理的文本包含在提示词中，其原因就在于此前的示例程序中未能包含对话上下文信息，每次对话都是相对独立的。在这种情况下，模型不知道此前的对话内容，因此才需要在每次交互时重新提供相关文本。当应用程序具备对话上下文的处理能力后，在迭代优化提示词或进行追问时，就无须每次都附上待处理的文本或之前模型的回复。这种改进使得模型能够在对话中参考之前的交流内容，从而实现更加自然和连贯的交互，使其行为更加接近人类。

再次在上述完成的示例程序中连续输入前后相关的任务要求，如图 2-11 所示。可以看到，模型已经可以正确地根据上下文理解提示词的要求了。

需要特别补充说明的是，在与模型交互时，向模型提交的信息与模型返回的信息均会计入此次对话的 token 消耗（token 是生成式 AI 模型输入输出的基本单位，1 个 token 大约相当 3/4 个英文单词或 1 个汉字，它也是服务商收费的计量单位）。因此，在一个会话过程中，若每次对话均携带全部历史对话数据，将导致后续对话消耗的 token 数量越来越多。

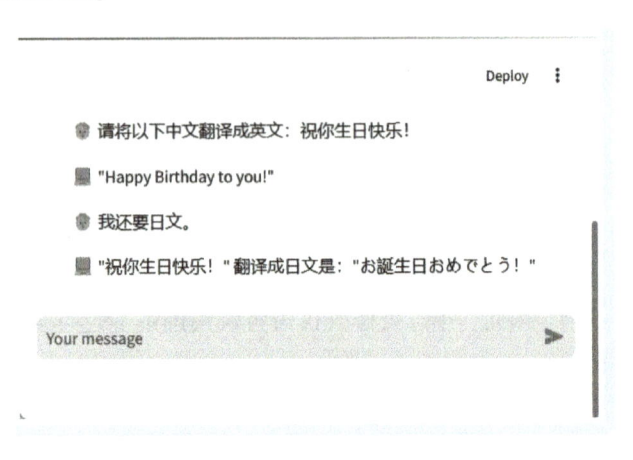

图 2-11　基于上下文的对话

这不仅会增加成本，还可能超出模型允许的每次交互的最大 token 限制。为了在实际应用中有效利用上下文信息并同时考虑成本与 token 数量限制，需要采取一些策略应对这一问题。通常建议使用的方案如下。

1）保留最近的若干次对话记录：可以选择性地保留最近的对话记录，而丢弃较早的对话。这种方法能够显著减少每次交互的 token 消耗，同时保持对话的连贯性和上下文相关性。

2）文本概括：在保留最近对话记录的基础上，对较早的对话记录进行文本概括。通过这种方法，可以以更精炼的形式保留对话的关键内容，达到减少 token 消耗的目的。文本概括的实现在本章前文实例中已有涉及。

2.4　本章小结

本章主要介绍了模型的对话编程及提示词工程，这两者都是基于生成式 AI 开发应用程序的最基础技术。特别是提示词工程，看似简单，实则写出优秀的提示词需要工程师们不断学习与尝试。

在对话编程部分，本章详细阐述了如何通过编程与模型进行互动，从而实现自然语言处理任务。对话编程不仅涵盖了基本的输入输出操作，还包括处理用户意图、上下文管理等复杂问题。

提示词工程则是通过设计和优化提示词，最大限度引导模型生成准确且符合预期的输出内容。本章探讨了一些常见的提示词设计技巧，并通过实例解析帮助读者理解如何在实践中应用这些方法。

以本章内容为基础，后续将带领读者进入更深入的生成式 AI 应用开发领域，进一步开发出更实用更贴近需求的应用程序。

第3章

函数调用——构建生成式AI的神经反射弧

自 OpenAI 发布 ChatGPT 以来，生成式 AI 模型如雨后春笋般涌现，为人们带来了前所未有的体验。从技术角度来看，生成式 AI 的底层原理可概括为"推理"，这一过程本质上是一个概率选择过程。正因为如此，生成式 AI 并非无所不能，它在语言处理和生成方面表现出色，但在涉及数学计算等需要精确结果的领域，依赖概率推理显然是不可靠的（同时应当看到，生成式 AI 模型的数学推理能力一直在持续提升，这也是当前模型演化的一个重要方向）。另外，诸如数据库查询这一类的操作，无论从安全性还是技术复杂度来看都不应由模型直接完成。因此，在实际应用中，对于那些模型难以胜任或必须严格保证结果准确性的场景，应用程序必须转向使用传统的具备严格逻辑与过程控制的方式实现，结合模型与传统应用各自优势能力协同工作以完成任务。在这一协作过程中，函数调用（Function Calling）则充当关键的桥梁。

使用函数调用不仅能够弥补模型在数理计算任务方面的局限性，同时也能充分发挥模型在语言理解和生成方面的优势。例如，在需要进行复杂数据处理或精确计算时，可以通过函数调用将这些任务委托给专门的计算函数，同时利用模型识别与生成待调用函数的参数、以自然语言方式与用户进行交互等。这样的协作模式不仅提高了系统的交互体验，也保证了结果的可靠性与准确性，达到"强强联合"的效果。

此外，函数调用还可以实现系统的模块化与解耦，使得各个功能模块可以独立开发和优化。例如，在一个数据分析系统中，生成式 AI 模型可以负责接收用户的自然语言查询并解析出具体需求，而底层的各种计算函数则负责实际的数据查询、处理与结果生成。通过这种方式，不同的功能模块既能独立维护，也能通过明确的接口紧密协作，形成一个高效、可靠的整体系统。

3.1 计算定积分——本地函数调用

本地函数调用是函数调用最简单、最容易理解的应用场景。

假定当前应用场景中涉及数学运算，例如需要计算定积分，可以先尝试直接让模型推理计算，图 3-1 和图 3-2 展示了使用完全相同的提示词所得到的两个不同的结果。

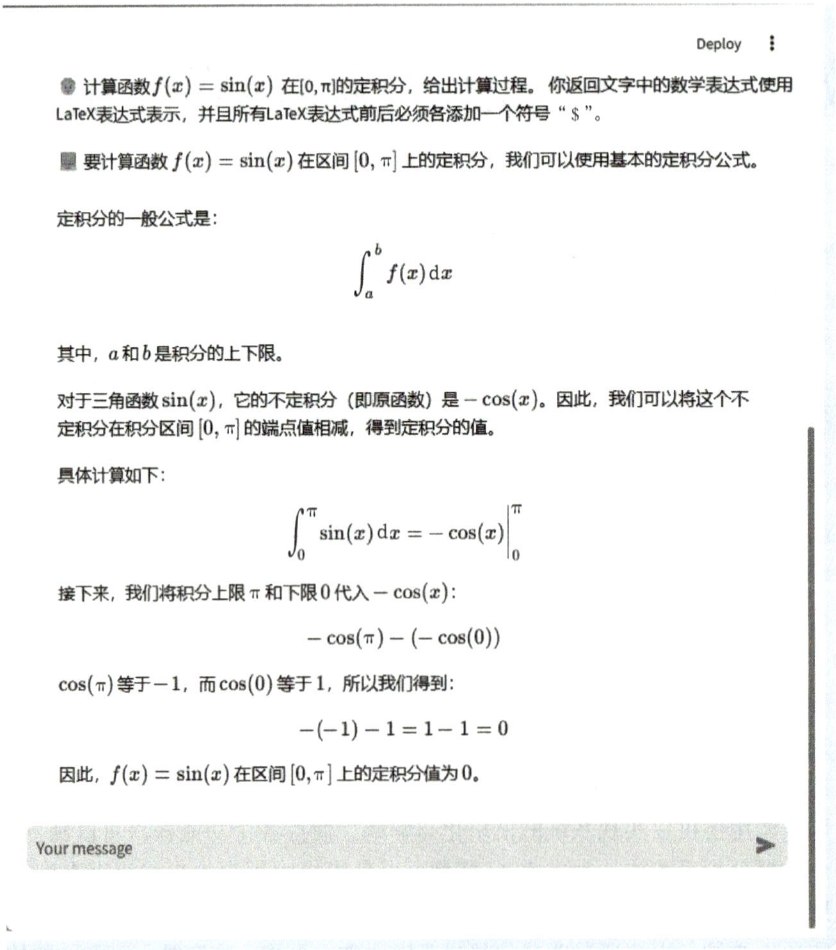

图 3-1　模型推导定积分 1

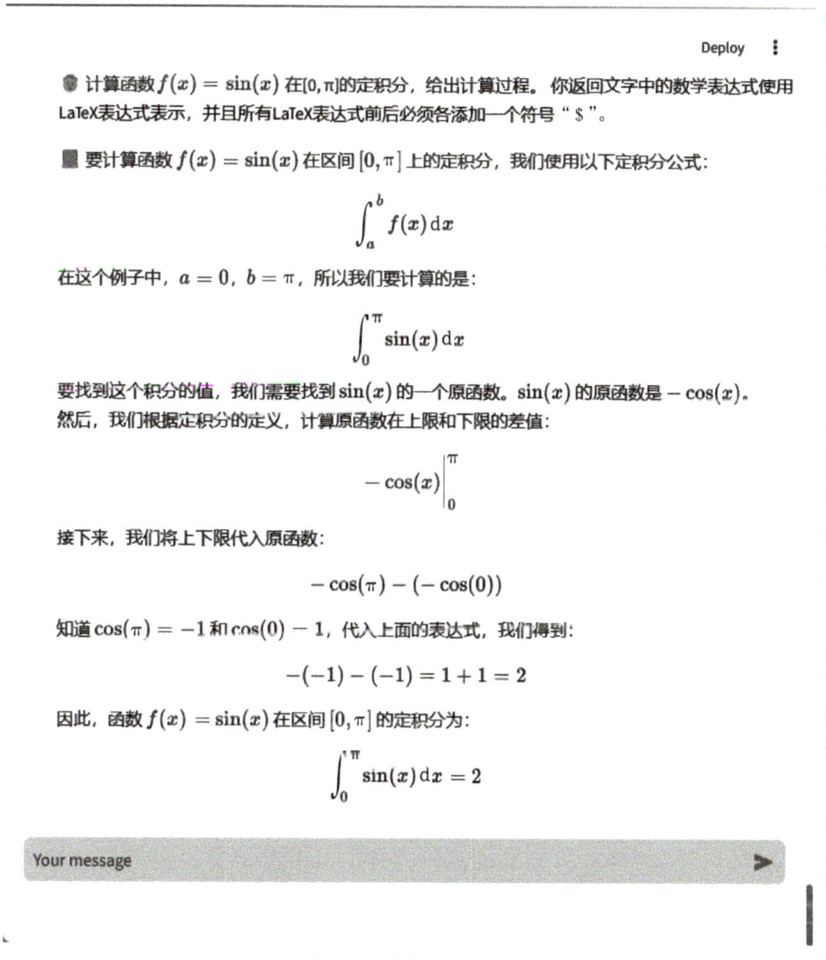

> 计算函数 $f(x) = \sin(x)$ 在$[0,π]$的定积分，给出计算过程。你返回文字中的数学表达式使用 LaTeX表达式表示，并且所有LaTeX表达式前后必须各添加一个符号"\$"。

要计算函数 $f(x) = \sin(x)$ 在区间 $[0, π]$ 上的定积分，我们使用以下定积分公式：

$$\int_a^b f(x)\,\mathrm{d}x$$

在这个例子中，$a = 0$，$b = π$，所以我们要计算的是：

$$\int_0^π \sin(x)\,\mathrm{d}x$$

要找到这个积分的值，我们需要找到 $\sin(x)$ 的一个原函数。$\sin(x)$ 的原函数是 $-\cos(x)$。然后，我们根据定积分的定义，计算原函数在上限和下限的差值：

$$-\cos(x)\Big|_0^π$$

接下来，我们将上下限代入原函数：

$$-\cos(π) - (-\cos(0))$$

知道 $\cos(π) = -1$ 和 $\cos(0) = 1$，代入上面的表达式，我们得到：

$$-(-1) - (-1) = 1 + 1 = 2$$

因此，函数 $f(x) = \sin(x)$ 在区间 $[0, π]$ 的定积分为：

$$\int_0^π \sin(x)\,\mathrm{d}x = 2$$

图 3-2 模型推导定积分 2

注：在上述提示词中，之所以要求在 LaTeX 表达式前后加上"＄"符号，是为了确保在使用 st.markdown 函数显示 LaTeX 表达式时，能够以转换后的正常数学表达式形式呈现，而不是显示 LaTeX 的原始代码。通过这种方法，系统可以正确解析并渲染 LaTeX 表达式。

在进行数学运算时，尤其是涉及复杂计算时，模型的表现可能受到多种因素的影响。这些因素包括但不限于输入提示词的精确度、模型的内在不确定性以及训练数据的覆盖范围。上述两次运行结果的差异正是这种不确定性的表现，也证实了前面分析中提及的生成式 AI 进行精密数学运算时面临的局限性。

解决上述问题的方案便是使用本地函数实现定积分计算，而不是让模型进行定积分的推理计算。

计算 $f(x) = \sin(x)$ 的定积分本地代码实现比较简单，以下是利用 Python 的 numpy 和 scipy 包实现该计算的一个具体示例。

```python
import numpy as np
from scipy.integrate import quad

# 定义被积函数  f(x) = sin(x)
def f(x):
    return np.sin(x)

# 计算定积分
def di(x, y):
    return quad(f, x, y)[0]
```

本地函数实现定积分计算功能之后，需要告诉模型本地有这么一个函数可以实现定积分计算，如果需要进行定积分计算，不再由模型自行推导，而应通知本地应用程序调用上述已定义的函数 di(x,y) 进行计算。这一能力的实现是通过与模型对话时添加参数 tools 来实现的。

函数 create_function_calling_request 封装了与模型进行会话的接口 chat.completions.create，为参数 tools 指定了具体的值。示例代码如下。

```python
# 创建一个用于 Function Calling 的函数定义
def create_function_calling_request(messages):
    return client.chat.completions.create(
        model="glm-4-plus",
        messages=messages,
        tools=[
            {
                "type": "function",
                "function": {
                    "name": "di",
                    "description": "计算函数 f(x) = sin(x)的在[x,y]的定积分。",
                    "parameters": {
                        "type": "object",
                        "properties": {
```

```
                    "x": {
                        "type": "number",
                        "description":"""定积分下限,
                        必须从用户输入中识别出定积分下限,
                        否则提示用户重新输入。""" 
                    },
                    "y": {
                        "type": "number",
                        "description":"""定积分上限,
                        必须从用户输入中识别出定积分下限,
                        否则提示用户重新输入。"""
                    }
                },
                "required":["x","y"]
            }
        }
    ],
    tool_choice="auto"
)
```

参数 tools 的值是一个函数列表,在这个列表中可以声明多个函数,每个函数由不同字段进行定义和说明。字段说明如表 3-1 所示。

表 3-1 参数 tools 设定 function 时的字段

参数名称	类型	是否必填	说明
type	String	是	设置为 function
function	Object	是	
—— name	String	是	函数名称
—— description	String	是	用于描述函数功能。模型会根据这段描述决定函数调用方式
—— parameters	Object	是	parameters 字段需要传入一个 JSON Schema 对象,以准确地定义函数所接受的参数。若调用函数时不需要传入参数,省略该参数即可
——— type	String	是	设置为 object
——— properties	Object	是	每个属性代表要定义的 JSON 数据中的一个键
———— 参数名	Object	否	描述参数的对象,由 description 和 type 两个字段组成
——— required	列表	否	指定哪些属性在数据中必须被包含

注:function 参数包括 name、description、parameters 参数,其中 parameters 参数包括 type、properties、required 参数,properties 的参数为声明函数的参数名。

在上述示例程序中，参数 tools 的值明确指出存在一个名为 di 的函数，该函数接收两个参数，分别为 x 和 y，其类型均为 number，并且通过 required 说明两个参数都是必选参数。同时，使用 description 对函数及参数分别进行说明，它详细描述函数的用途及参数的含义。

在上述函数声明信息中，必须确保函数名称及其参数与本地函数的定义完全一致。尤其需要注意 description 中的内容，因为模型正是根据 description 的描述内容决定是否调用该函数、调用哪个函数（当存在多个函数声明时）、为函数提供何种参数以及参数的实际值。所以参数 tools 的准确性和详尽性将直接影响模型的判断和操作。在编写函数声明时，应严格遵循这些要求，以确保模型能够正确识别应该调用的函数，同时能够为其传递正确的参数名及参数值。

此外，使用参数 tools 时还可以同时指定另一个名为 tool_choice 参数的值。通常情况下，该参数值会设定为"auto"，表示由模型自行决定是否调用 tools 中声明的工具。"auto"在当前一些模型中是唯一可设定的值。当然，也有部分模型允许通过 tool_choice 参数明确设定为强制调用或不调用 tools 中的工具。这样能够为用户提供更多的控制灵活性，以满足不同的应用需求和使用场景。

在完成包含函数声明的接口封装后，可以对其进行调用以观察模型的行为和反馈。调用方法与之前的示例程序相同，但给出的提示词内容需涉及定积分的计算。

提示词及调用代码如下。

```
# 创建一个包含函数调用的 prompt
prompt = "计算函数 f(x) = sin(x)的在[0,π]的定积分。"
messages=[{"role": "user", "content": prompt}]

# 发送请求并获取响应
response = create_function_calling_request(messages)
```

在之前的示例程序中，当应用程序接收到模型的回复后，直接展示其内容（即 choices[0].message.content），因为这些内容正是模型针对提示词所推理出来的回应。然而，如果模型返回的内容变成函数调用指令，那么处理方式就需要进行相应调整。在这种情况下，对返回内容的关注应当转向 choices[0].message.tool_calls 部分，应用程序需要从中提取并分析所包含的函数调用信息。

tool_calls 是一个列表，它可能包含多个函数调用指令。在本例中，由于仅在参数 tools 中声明了一个函数，因此编程的关注点主要集中在 tool_calls 这个列表是否包含有值，如果列表中存在值，则进一步聚焦于其第一个元素。

在编写代码时，首先提取 tool_calls 列表的第一个元素，并通过判断该元素是否为 None 来确定模型反馈的信息中是否包含函数调用指令。

```
# 解析响应并调用相应的函数
function_call = response.choices[0].message.tool_calls[0]
if function_call is  None:
    result = response.choices[0].message.content.strip()
```

在分析模型的反馈结果时，若其中未涉及函数调用信息，则此次返回的信息应被视为一般性文本回应。此时，应采取与前述示例程序一致的处理策略，即直接提取并利用返回的文本数据。若反馈中确实涉及函数调用信息，则需进一步分析，以便能够准确识别并提取出待调用函数名称及其相关参数。

函数名称可通过访问 tool_calls 列表中元素的属性 function.name 来获取，而函数所需的参数信息则存储于同一元素的属性 function.arguments 之中。以下是获取这两方面信息的详细代码示例。

```
function_name = function_call.function.name
function_args = json.loads(function_call.function.arguments)
```

在成功获取了函数名称和进行运算所必需的参数后，就可以启动本地函数以执行具体的定积分计算任务。然而，出于安全考虑，在执行之前，必须核实模型请求执行的函数是否与本地定义的函数名称完全一致。若在 tools 中声明了多个函数，则需要根据请求执行的函数名称确定模型具体指定的是哪一个本地函数。这一验证过程对于保障函数调用的准确性以及预防潜在错误的发生非常重要。

执行本地函数的代码如下，本地函数执行完毕后，需要将本地函数执行结果保存到一个变量中，以便稍后将本地函数执行结果提交给模型。

```
if function_name == "di":
    a = function_args.get("x")
    b = function_args.get("y")
    result = di(a, b)
```

当模型要求应用程序调用特定的本地函数时，除了会在回复中明确列出函数名称以及相关的参数信息外，还会为每一个函数调用分配一个独一无二的 id。这个 id 在后续提交本地函数执行结果时，作为关键的标识信息帮助模型精准地识别和追踪各个函数调用所产生的结果。因此，在向模型返回函数调用结果时，必须确保这个唯一的 id 被包含在提交的内容之中，以保证整个过程的连续性和有效性。

此外，正如上一章所述，与模型进行交互时，模型并不会自动保留或记忆先前的具体交流信息。因此，在将本地函数执行结果传递给模型时，必须将上次交互的详细内容作为对话的上下文信息一并呈递给模型。故而程序在提交本地函数运行结果之前，务必先将模型返回的函数调用指令内容整合到当前对话历史中，然后再将本地函数的运行结果追加至对话记录的末尾。这样模型才能根据完整的对话信息，对本地函数的运行结果进行进一步的处理和使用。

完成上述逻辑的代码如下。

```
messages.append(response.choices[0].message.model_dump())
...
# 将本地计算结果返回大模型
follow_up_prompt={
    "role":"tool",
    "tool_call_id":function_call.id,
```

```
        "content":json.dumps({"result":result})
    }
    messages.append(follow_up_prompt)

    # 使用 tool_call.id 向大模型返回结果
    final_response=create_function_calling_request(messages)
```

上述代码运行后,定积分计算的结果就包含在第二次向模型提交的消息列表之中,模型据此就可整合出对当前定积分计算的回应,故而应用程序此时就可以直接通过 choices[0].message.content 取得最终回复。

```
    # 最终结果
    result=final_response.choices[0].message.content.strip()
    ...
# 输出最终结果
print(result)
```

至此,函数调用示例程序(完整代码参见源文件 FunctionCallingDefiniteIntegral.py)编写完毕。运行该示例程序,可以看到它正确地返回了定积分计算的结果,而且多次运行,结果也很稳定,由模型直接推理时发生的不确定性情况不再出现。

示例程序运行结果如图 3-3 所示。

图 3-3 本地函数执行定积分计算规避模型推理的不确定性

注:为了让读者更好地理解模型返回的函数调用指令及本地函数运行结果提交要求,图中一并打印出了程序运行过程中模型两次的反馈结果及提交本地函数运行结果的完整会话内容。

3.2 数据查询助手——数据库访问

上一节探讨了如何在适当的时机让生成式 AI 模型选择调用本地函数，从而分别发挥本地函数与模型各自的优势。本地函数在执行具体计算、数据处理和系统操作等方面表现出色；模型则具备强大的自然语言处理能力，能够处理复杂的文字解析和理解任务，它不仅能够判断出是否应当调用本地函数，还能够从用户的提示词或其他信息中解析出调用本地函数应当使用的参数及参数值。通过这种方法，能够实现更高效、更精准、更智能的应用程序功能。

事实上，生成式 AI 模型在语言理解方面具备的能力可能大大超出人类的预期。它不仅能够精准识别需要调用的函数及其所需参数，还能够依据数据库表定义和用户提供的提示词，自动生成满足用户需求的 SQL 语句。生成的 SQL 语句可以进一步传递给本地函数执行，以查询并获取提示词中希望获取的数据信息。本节将基于模型的这一能力实现一个"数据查询助手"。

实现"数据查询助手"，需要先构建一个数据库，设计相应的数据表结构，插入模拟数据，并编写一个查询数据的函数。出于简化代码并快速实现这一目的，示例数据查询助手选用 SQLite3 这一轻量且高效的数据库管理系统来构建一个简单的演示数据表，并向其中插入若干条记录，为后续的操作与演示提供基础数据支持。

首先需要编写一条建表语句。为确保模型能够全面、精准地理解并把握数据表整体结构以及各字段的详细含义，也为提高代码的可读性与可理解性，建表语句充分利用注释方式对表及其字段进行详尽且严谨的说明。

```
# 描述数据库表结构
db_schema = """
-- 订单详情表
CREATE TABLE orders (
    id INT PRIMARY KEY NOT NULL, -- 主键,不允许为空
    customerName STR NOT NULL, -- 客户名,不允许为空
    productName STR NOT NULL, -- 产品名称,不允许为空
    price DECIMAL(10,2) NOT NULL, -- 价格,不允许为空
    status INT NOT NULL,    订单状态,整数类型,不允许为空。1 代表已支付,2 代表已退款
    create_time TIMESTAMP DEFAULT CURRENT_TIMESTAMP, -- 创建时间,默认为当前时间
    refund_time TIMESTAMP -- 退款时间,可以为空
);
"""
```

完成建表语句后，应用程序便可以着手进行数据库的初始化工作。初始化过程主要包含三项核心任务，分别是建立与数据库的连接、创建订单表以及向表中插入模拟数据。为便于调用执行，实现这些工作的代码全部置于函数 initDB 之中。

```
import sqlite3

cursor = None

# 初始化数据库
```

```python
def initDB():
    global cursor
    # 创建数据库连接
    conn = sqlite3.connect(':memory:')
    cursor = conn.cursor()

    # 创建 orders 表
    cursor.execute(db_schema)

        # 插入模拟记录
    mock_data = [
        (1, '张三', '衬衫', 50, 1, '2024-02-15 13:24:00', None),
        (2, '王五', '外套', 200, 1, '2024-01-20 09:15:00', None),
        (3, '李四', '短袖', 80, 1, '2024-05-10 15:30:00', None),
        (4, '赵六', '裤子', 120, 1, '2024-04-05 11:45:00', None),
        (5, '张三', '外套', 200, 1, '2024-03-12 10:00:00', None),
        (6, '李四', '短袖', 80, 1, '2024-06-01 14:30:00', None),
        (7, '王五', '衬衫', 50, 2, '2024-02-28 16:15:00', '2024-03-02 10:30:00'),
        (8, '赵六', '裤子', 120, 1, '2024-01-10 08:45:00', None),
        (9, '张三', '短裤', 90, 1, '2024-04-20 12:00:00', None),
        (10, '李四', '外套', 200, 1, '2024-05-25 17:15:00', None),
        (11, '王五', '短袖', 80, 1, '2024-02-10 11:30:00', None),
        (12, '赵六', '衬衫', 50, 1, '2024-06-15 09:45:00', None),
        (13, '张三', '裤子', 120, 1, '2024-01-25 14:00:00', None),
        (14, '李四', '短裤', 90, 2, '2024-04-10 16:15:00', '2024-04-12 10:30:00'),
        (15, '王五', '外套', 200, 1, '2024-03-20 11:45:00', None),
        (16, '赵六', '短袖', 80, 1, '2024-05-05 13:00:00', None),
        (17, '张三', '衬衫', 50, 1, '2024-06-10 09:15:00', None),
        (18, '李四', '裤子', 120, 1, '2024-02-25 15:30:00', None),
        (19, '王五', '短袖', 80, 1, '2024-01-15 12:45:00', None),
        (20, '赵六', '短裤', 90, 1, '2024-03-10 10:00:00', None),
    ]

        for record in mock_data:
        cursor.execute(f'''
            INSERT INTO orders (
                id, customerName, productName, price, status,
                create_time, refund_time)
            VALUES (?, ?, ?, ?, ?, ?, ?)
            ''', record)

    # 提交事务
    conn.commit()
```

完成数据表及模拟数据的准备工作后，接下来需要构建一个用于查询该数据表的函数。该函数功能是执行模型生成的 SQL 语句，获取查询结果并将结果作为函数返回值。因此，该函数应有一个用于接收 SQL 语句的参数，并将数据查询的结果集返回。

```python
# 执行SQL查询数据
def ask_database(query):
    global cursor
    cursor.execute(query)
    records = cursor.fetchall()
    return records
```

至此，关于数据库及模拟数据的相关准备工作已经完成。为方便管理与维护，可以将上述代码存储于一个独立的源代码文件（完整代码参见源文件 DBTools.py）中。

随后，参照 3.1 节示例程序，提交与模型交互的请求时需要借助参数 tools 详尽描述本地数据查询函数的相关说明，以确保在交互过程中模型能够准确、高效地生成 SQL 语句，并正确指定要调用的本地函数。

```python
import DBTools as db

# 创建一个用于 Function Calling 的函数定义
def create_function_calling_request(messages):
    return client.chat.completions.create(
        model="glm-4-plus",
        messages=messages,
        tools=[{
            "type": "function",
            "function": {
                "name": "ask_database",
                "description": "使用此函数来回答用户关于业务数据的问题。\
                    应识别用户的输入并生成完整的SQL语句作为本函数的参数。",
                "parameters": {
                    "type": "object",
                    "properties": {
                        "query": {
                            "type": "string",
                            "description": f"""
                            SQL 查询用于提取信息以回答用户的问题。
                            SQL 应该使用这个数据库模式来编写：
                            {db.db_schema}
                            查询应以纯文本形式返回,而不是 JSON。
                            查询应仅包含 SQLite 支持的语法。
                            """,
                        }
                    },
                    "required": ["query"],
                }
            }
        }],
        tool_choice="auto"
    )
```

特别提醒读者注意，在函数参数 query 的 description 部分加入了被查询表的结构说明（也可以将其放在提示词中），目的是帮助模型理解数据表的结构与特性。同时，说明中明确要求模型在生成 SQL 语句时，必须严格遵循 SQLite 支持的语法规范，以确保生成的 SQL 语句是可执行的，避免因语法问题而引发的错误。

要顺利执行本地查询函数，必须先进行数据库的初始化操作，然后才可进入正常的函数调用环节，进而借助与模型的交互实现以对话形式便捷访问数据库数据的目的。

在识别模型返回的本地函数调用指令方面，整体代码逻辑与前一节示例程序相同。

实现上述功能的相关代码如下。

```python
# 初始化数据库
db.initDB()

# 接收用户查询
while True:
    user_input = input("请输入提示文字(输入'exit'退出程序)：")
    if user_input is None or user_input == "" :
        continue
    elif user_input.lower() == 'exit':
        print("程序退出。")
        break
    else :
        messages = [{"role": "user", "content": user_input}]
        response = create_function_calling_request(messages)
        function_call = response.choices[0].message.tool_calls[0]
        if function_call is  None:
            result = response.choices[0].message.content
        else:
            messages.append(response.choices[0].message.model_dump())

            function_name = function_call.function.name
            function_args = json.loads(function_call.function.arguments)
            if function_name == "ask_database":
                sql = function_args.get("query")
                print(f"\n大模型生成SQL语句：\n{sql}\n")
                result = db.ask_database(sql)
                # 将本地查询结果返回大模型
                follow_up_prompt = {
                    "role": "tool",
                    "tool_call_id": function_call.id,
                    "content": json.dumps({"result": result})
                }
                messages.append(follow_up_prompt)
                result = create_function_calling_request(messages)

            reply = result.choices[0].message.content.strip()
            print(f"大模型最终回复：\n{reply}\n")
```

为便于在执行过程中观察模型所生成的 SQL 语句，上述代码中添加了 print 语句将生成的 SQL 语句输出到控制台。

至此，实现"数据查询助手"的所有代码均已完成。完整可运行的源代码可参见源文件 FunctionCallingDB.py 和 DBTools.py。

运行 FunctionCallingDB.py，并输入期望查询取得的数据，可以在控制台看到模型生成的 SQL 语句及其最终回复。作者尝试查询了几个数据，都能得到正确的结果。其过程与结果如图 3-4 所示。

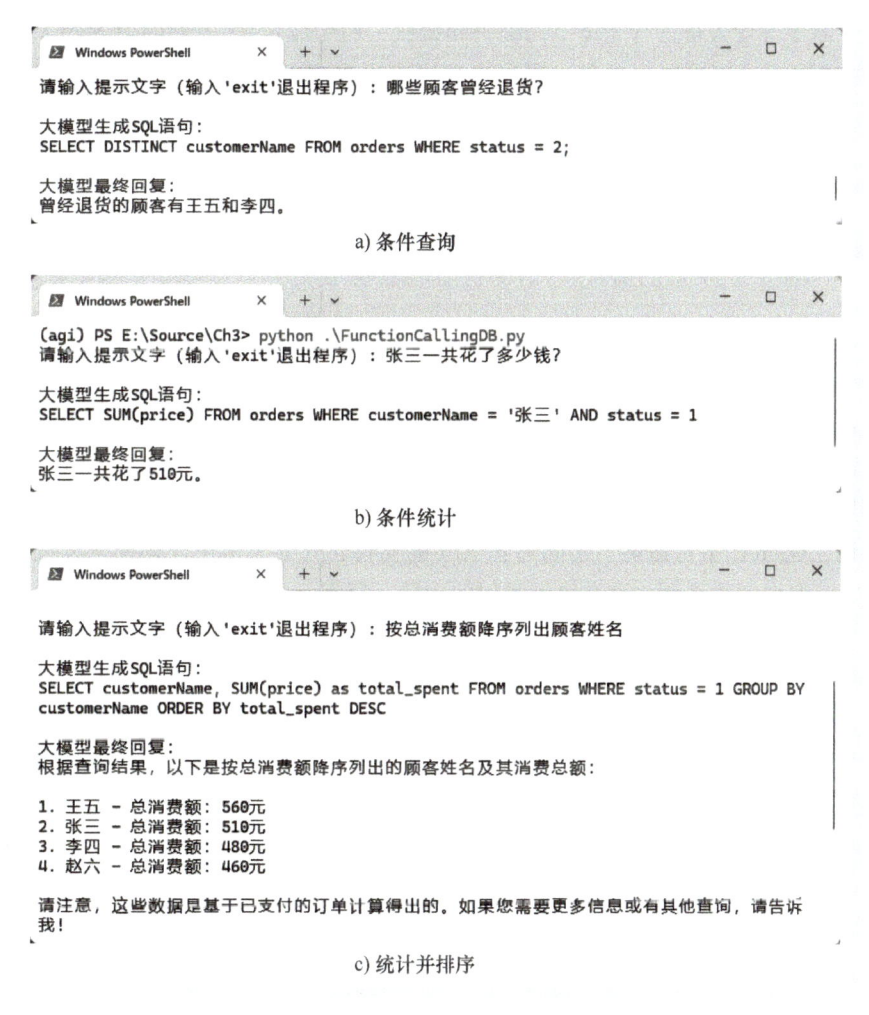

a) 条件查询

b) 条件统计

c) 统计并排序

图 3-4　模型生成 SQL 并由本地函数执行

上述示例程序仅针对单张数据表进行操作，多次运行结果表明其效果相当出色。然而，在实际场景中，数据来源往往涉及多张表甚至多个数据库，这使得情况变得复杂。此时，在描述表结构时，除描述表结构本身外，还必须清晰地说明各表的主键和外键，以说明各表之间的关系，确保模型能够精准地理解表与表之间的关联。

当然，有一个必须面对的现实问题，随着数据表数量增加，模型在理解表间关系上的精准度会逐渐降低，进而有可能生成错误的 SQL 语句。为解决这一问题，可以采取以下策略：首先，可以利用数据库视图等功能来简化数据表结构、减少表数量，从而降低模型对表结构的理解难度；其次，可以为模型提供关于数据表之间连接的示例，通过少量但精确的示范（少样本）来增强模型生成 SQL 语句的准确性。

本节的"数据查询助手"展示了模型与本地数据库操作函数相结合的强大能力，其自动化程度和准确性为提升数据处理和数据挖掘效率提供了极大的想象空间。在传统的应用场景中，类似任务通常需要开发人员进行大量手动编码和调试，而生成式 AI 模型的引入则大大降低了这一过程所需的时间和人工成本。此外，通过自然语言生成 SQL 查询的方式，也显著提升了用户操作便捷性，降低了技术门槛，使得非专业人士也能够高效地进行复杂的数据操作。总之，生成式 AI 在语言理解和数据操作领域的应用前景广阔，值得深入探索和推广。

3.3 天气查询助手——第三方 API 调用

本章前两个示例程序均为调用本地函数的功能实现。然而，在当前应用程序开发主流实践中，前后端分离、微服务等分布式架构的广泛运用，使得上述本地函数调用方式已不能满足当前应用程序设计需求。因此，让模型具备能够调用远程 API 接口的能力，无论是内部 API 还是第三方 API，都显得尤为关键和重要。

虽然调用远程 API 对于大多数读者而言可能并不陌生，但模型如何进行远程 API 调用依然需要深入探讨。OpenAI 平台提供了访问远程 API 的支持，开发人员可以创建 Assistant 并在其中访问远程 API，但大多数平台并没有提供类似的支持。事实上，一个简单而有效的实现方式是在本地函数中封装对远程 API 的调用逻辑。这样一来，当需要调用远程 API 时，模型便可以借助这些本地函数来完成调用，从而实现对分布式架构中各种服务的灵活访问和操作。

本节将通过"天气查询助手"示例程序详细阐述如何运用这一方法来调用远程 API，并且"天气查询助手"示例程序还将深入剖析在与模型单次交互时，如何有效处理需要多次调用函数以确保实现预期功能的情形。这不仅有助于开发人员全面掌握调用远程 API 的技巧，还能够提升开发人员在实际应用中应对复杂情况的能力。

出于简化流程的目的，可以直接借助提供公共服务的 API 来完成本节的"天气查询助手"示例程序。"天气查询助手"要实现的功能是通过与模型进行自然语言交流来获取当前天气状况，因而它需要调用专门的天气查询服务 API，这样的公开服务数不胜数，本示例程序选择使用高德开放平台提供的天气查询相关 API。

高德开放平台所提供的天气查询服务 API（该 API 详细说明请参阅 https://lbs.amap.com/api/webservice/guide/api/weatherinfo）必选输入参数包括 key（请求服务权限的唯一标识）和 city（城市行政编码）。key 需要开发人员注册高德开放平台（https://lbs.amap.com/dev/）账户获取，注册后便可获得 API 的免费调用额度。至于 city（城市行政编码），则需要借助高德开放平台提供的另一个 API——搜索 POI 2.0 API（该 API 详细说明请参阅 https://lbs.amap.com/api/webservice/guide/api-advanced/newpoisearch）获取。

搜索 POI 2.0 API 除必需的参数 key（请求服务权限的唯一标识）和 keywords（地点关键字）外，还有一个非常实用的可选参数——region（搜索区划）。通过设定 region 参数，可以精确地指定搜索区域，从而使得 API 返回的地点信息更符合需求。因此，在调用搜索 POI 2.0 API 时，需要综合考虑使用这三个参数，以便在用户提交的提示词中包含区划时可获取更加准确的地点信息。搜索 POI 2.0 API 的返回结果包含丰富的信息，而当前示例程序只使用其中的 adcode，即天气查询 API 输入参数 city 所需要的城市行政编码。

分别通过本地函数 get_location_adcode 和 get_wx 对上述两个远程 API 进行封装，以便模型可以通过本地函数调用的方式对远程 API 进行调用，具体代码如下。

```python
# 封装高德 POI 查询接口
def get_location_adcode(keywords, region=""):
    url = f"""https://restapi.amap.com/v5/place/text? key={
        amap_key}&keywords={keywords}&region={region}"""
    ret = requests.get(url)
    result = ret.json()
    if "pois" in result and result["pois"]:
        return result["pois"]
    return None

# 封装高德天气查询接口
def get_wx(adcode):
    url = f"""https://restapi.amap.com/v3/weather/weatherInfo? key={
        amap_key}&city={adcode}"""
    ret = requests.get(url)
    result = ret.json()
    if "lives" in result and result["lives"]:
        return result["lives"]
    return None
```

上述 API 封装完成以后，便可以在与模型对话函数的参数 tools 中描述这两个封装函数。同样地，描述必须详尽且准确地说明这两个函数的功能以及各参数具体含义。完成后的参考代码如下。

```python
def get_completion(messages, model="glm-4-plus"):
    response = client.chat.completions.create(
        model=model,
        messages=messages,
        temperature=0.01,
        tool_choice="auto",
        tools=[{
            "type": "function",
            "function": {
                "name": "get_location_adcode",
```

```
                    "description": "根据地点关键字,获得地点的adcode",
                    "parameters": {
                        "type": "object",
                        "properties": {
                            "keywords": {
                                "type": "string",
                                "description": "地点关键字,需要被检索的地点文本信息,必须是中文",
                            },
                            "region": {
                                "type": "string",
                                "description": "地点所在的区域名,必须是中文",
                            }
                        },
                        "required": ["keywords"],
                    }
                }
            },
            {
                "type": "function",
                "function": {
                    "name": "get_wx",
                    "description": "取得给定adcode代表区域的天气",
                    "parameters": {
                        "type": "object",
                        "properties": {
                            "adcode": {
                                "type": "string",
                                "description": "某个区域的行政编码",
                            },
                        },
                        "required": ["adcode"],
                    }
                }
            }],
    )
    return response.choices[0].message
```

与前两个示例程序相似,接下来程序将着手解析模型返回的函数调用指令,并据此执行相应的API封装函数。然而,与先前示例程序有所不同的是前两个示例程序涉及函数调用时相对简单,只需一次调用即可完成,而在查询天气这种场景中,情况则稍显复杂。

用户输入查询天气的信息后,模型首先需要识别并提取其中的地址信息。随后,依据提取出的地址信息,调用搜索POI 2.0 API获取地址对应的城市行政编码,即adcode。得到地址的adcode后,需要再调用查询天气的API来获取该地址的天气状况。这一过程涉及连续两次函数调用，相较于前两个示例程序的单次调用，明显增加了复杂度。

而实际情况可能更为复杂，用户输入的信息可能涉及多个地址，而每个地址可能对应不同的 adcode，并且这些不同地址的天气状况也可能存在差异。因此，在这种情况下，需要针对每个可能的地址，使用其对应的 adcode 值作为实参分别调用天气查询 API，以获取每个地址的不同天气状态。这要求在处理过程中使用更为细致的逻辑判断和多次 API 调用才能完成任务。

针对上述场景分析，代码实现核心逻辑是识别模型每一次返回的信息是否需要调用函数，并且还要同时识别返回信息是否包含多个函数调用的情况。为此，代码需要具备多重函数调用识别和解析能力。这部分逻辑所对应的代码如下。

```python
# 对每次大模型的返回结果均进行是否有函数调用的判断
while (response.tool_calls is not None):
    messages.append(response.model_dump())   # 把大模型的回复加入到对话中
    # 遍历执行大模型返回结果中所有的函数调用指令
    for tool_call in response.tool_calls:
        args = json.loads(tool_call.function.arguments)
        print(f"\n调用API:{tool_call.function.name}参数:{args}")
        if (tool_call.function.name == "get_location_adcode"):
            result = get_location_adcode(**args)
        elif (tool_call.function.name == "get_wx"):
            result = get_wx(**args)

        if result is None or result == "":
            result = "未找到相应信息。"
        print(f"调用API结果:{result}")

        messages.append({
            "tool_call_id": tool_call.id,    # 用于标识函数调用的ID
            "role": "tool",
            "name": tool_call.function.name,
            "content": f"{result}"
        })

    response = get_completion(messages)
    print(f"\n新一轮结果:{response}\n")

# 保存并显示已经完成的回复
append_and_show("assistant", response.content)
print(f"\n===END===\n")
```

代码的其他部分与之前的示例程序 prompt-gui.py 保持一致，此处不再赘述。唯一需要特别关注的是，在提交的消息列表中第一条 system 消息的 content 内容需要更新，以使其与当前查询天气的任务相契合。这一修改内容实际可视为提示词的一部分，它将直接引导模型的行为与输出反馈。如前所述，在编程实践中，提示词必须细致入微地编写，并反复迭代优化，以确保其准确性和有效性。

在本示例程序中，针对这一部分内容修改如下。

{"role": "system", "content": "你是一个天气小助手,你应当先分析用户消息中的地址,然后调用API查找地址的adcode,然后根据adcode调用API查找对应地区的天气信息。如果查找出的adcode有多个,则使用每一个adcode调用API查找对应地区的天气信息。最终整合输出天气情况。"},

至此，"天气查询助手"的全部代码（完整代码参见源文件CallAmapAPI-WX.py）编写工作已经成功完成。运行该示例程序，输入一条查询天气的提示词或者仅输入欲查询天气的地址，等待示例程序反馈信息。结果令人欣喜，示例程序能够正常运作，并准确返回所查询地址的天气信息。特别值得一提的是，即便在输入信息可能包含多个匹配地址的情况下，"天气查询助手"也表现出色，它不仅能够准确识别并解析出每一个地址，而且还能针对这些地址分别返回其相应天气信息，其效果如图 3-5 所示。

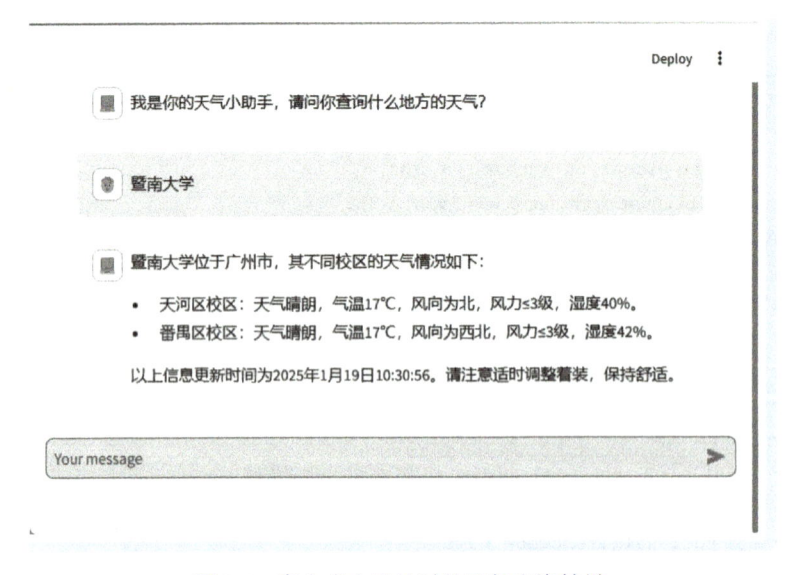

图 3-5　存在多个地址时的天气查询结果

最后，特别值得强调的是，在成功执行上述两个紧密相关的 API 调用后，它们均会返回包含详尽信息的 JSON 数据串。然而，示例程序并未对这些包含丰富信息的结果进行任何说明或处理。举例来说，在调用搜索 POI 2.0 API 后，示例程序并未进一步从返回的结果中提取地址所对应的 adcode，也并未对结果中包含的 adcode 数量及其是否重复有任何特别关注。示例程序仅仅是将 API 查询的结果传递给模型，但模型能够从这些庞杂的数据中精准地识别并提取出 adcode，而且还能确保每个 adcode 仅被抽取一次。同样地，天气查询 API 返回 JSON 格式的信息中也包含高德开放平台所约定的多个关于天气的说明信息，而示例程序同样未对其中的任何一项进行特别解释或处理。然而，模型凭借其强大的语义理解和处理能力，能够自主解析并完美地提取出与天气相关的关键信息，并最终将其转换、整合成连贯的自然语言输出。

3.4 网络搜索助手——网页搜索

通过前三节的深入剖析，读者应当已经对如何在生成式 AI 应用程序中灵活运用函数调用特性调用本地函数有了清晰认识。同时也可能注意到列表型参数 tools 中每一个元素都携带有一个 type 值。而在之前的函数调用示例程序中，这个 type 值一直被设定为 "function"，这意味着它还可能存在其他合法且有效的取值。本节的示例程序尝试将这个值设定为 "web_search"，顾名思义，此时这个工具应当是"网页搜索器"。

模型在训练过程中汲取海量语料数据，从而构建其深厚的知识储备。但是，这些用于训练的语料往往具有时效性，它们所反映的信息和知识是特定时间点的产物。随着时间的推移，新的信息、知识和观念层出不穷。因此，模型所掌握的内容逐渐变得陈旧，对于新出现的概念、事件和趋势，其了解程度可能会变得有限，甚至一无所知。

在需要获取较新资讯的场景中，为确保模型输出内容的时效性和准确性，应用程序有必要为其补充新鲜的信息。使用"网页搜索器"正是解决这个问题的一种高效且实用的手段。"网页搜索器"本质上就是利用网页搜索引擎快速抓取互联网上的最新信息，包括新闻报道、学术论文、社交媒体动态等，使用它能够为模型提供较新的资讯或模型所不知道的信息，使得模型的回复更具时效性和有效性。这样，基于生成式 AI 模型开发的应用程序就能够更好地理解和适应不断变化的信息世界。

"网页搜索器"从互联网上检索到相关信息后，模型会对这些信息进行整合，并将最终整合的内容反馈给应用程序。

"网页搜索器"的设定较为简单，在参数 tools 中添加一个 type 为 "web_search" 的工具，并将该工具的 enable 值设定为 True 以启用网络搜索功能即可。如果期望"网页搜索器"不仅提供整合完成的内容，还同时提供相关信息来源网页的详细信息（标题、URL、媒体名称等），则需要将 web_search 工具的 search_result 值设定为 True。

基于以上说明，代码中参数 tools 的值设定如下。

```python
def get_completion(messages, model="glm-4-plus"):
    response = client.chat.completions.create(
        model=model,
        messages=messages,
        temperature=0.01,
        tool_choice="auto",
        tools=[{
            "type": "web_search",
            "web_search": {
                "enable": True,
                "search_result": True,
            }
        }],
    )
```

```
        print(f"\nget_completion:{response}")
        return response
```

通过使用 web_search 工具检索到相关网页后，网页内容会被自动整合处理，这个过程应用程序无须进行任何额外操作，可以像与模型进行普通对话的程序一样，自然地继续进行后续的代码编写工作。当前示例程序被设计为在输出模型回复文本的末尾同时列出 web_search 工具所检索到的具体网页信息，以便必要时用户可以直接点击来源网页链接跳转到相应网页查看原文，因此应用程序要做更多的工作。

如前所述，使用 web_search 工具时，如果需要获得信息来源，需要将 search_result 设定为 True，此时模型返回信息中将包含一个名为 web_search 的对象，它包含本次运行检索到的所有网页信息。示例程序通过对它进行遍历，并使用其中的标题、媒体名称及 URL 组合成超链接，供用户点击查阅。

通过以下代码实现在输出整合内容后，列出资讯来源的设想。

```
response = get_completion(messages)

content = response.choices[0].message.content
print(f"\n综合结果:{content}\n")
if (hasattr(response, "web_search") and
    response.web_search is not None):
    content = f"{content}\n\n*以下是消息来源:*\n"

    # 遍历检索到的网页信息
    for searchResult in response.web_search:
        print(f"\nsearchResult=\n{searchResult}\n")
        webContent = searchResult["content"]
        webIcon = None
        if "icon" in searchResult:
            webIcon = searchResult["icon"]
        link = searchResult["link"]
        media = None
        if "media" in searchResult:
            media = searchResult["media"]
        title = searchResult["title"]

        print(f"\nwebConten={webContent}\nwebIcon={webIcon}\nlink={link}\nmedia={media}\ntitle={title}")
        if media is None:
            searchContent = f"[{title}]({link})"
        else:
            searchContent = f"[{title} - {media}]({link})"
        content = f"{content}\n{searchContent}\n"

# 保存并显示已经完成的回复
```

第 3 章
函数调用——构建生成式 AI 的神经反射弧

```
append_and_show("assistant", content)
print(f"\n===END===\n")
```

此外，基于本示例程序的主要功能与目的，也需要设定消息列表中 system 消息的预设信息，以便模型知道应用程序意图。设定代码如下。

```
messages = [
    {"role": "system",
        "content": """你是一个具备网络访问能力的信息小助手，
        你应当先分析用户消息中的关键主题，然后优先使用网络检索相关信息，
        然后根据搜索的结果给出回答。"""},
    {"role": "user", "content": prompt}
]
```

至此，网络搜索助手主体代码部分完成，其余代码与前述示例程序相同，完整代码参见源文件 FunctionCallingWebSearch.py。运行完成的"网络搜索助手"，输入相应提示词，可以看到模型输出综合整理后的信息及其相关资讯来源，其效果如图 3-6 所示。

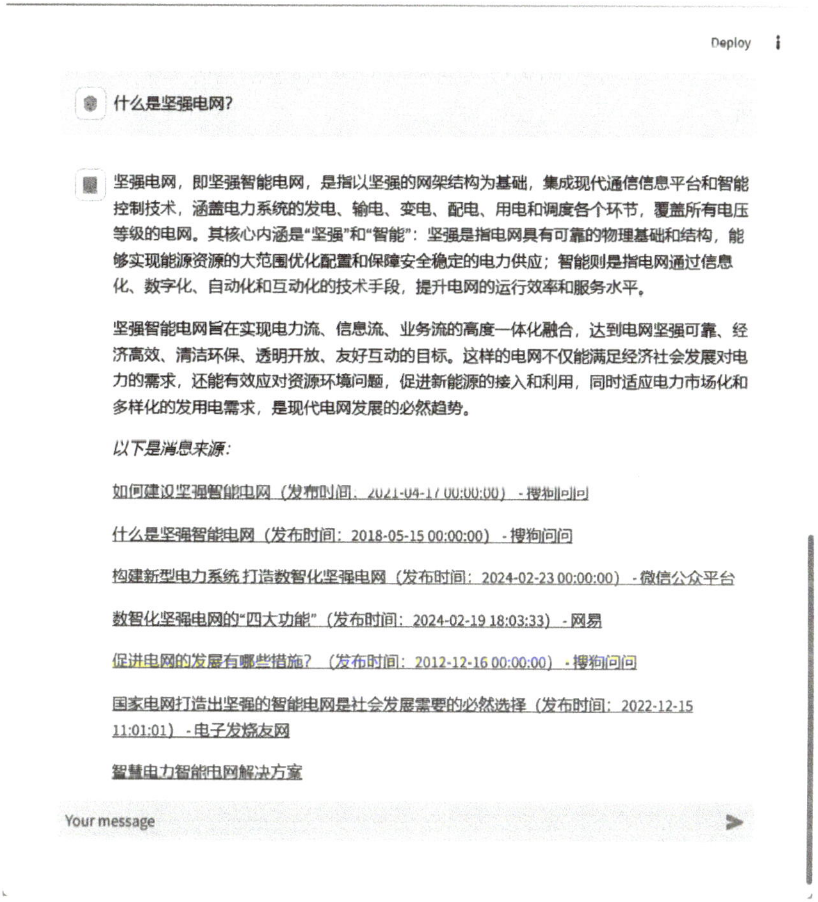

图 3-6 web_search 工具调用效果

需要特别说明的是，上述示例程序基于智谱 AI 成功运行，但并非所有生成式 AI 模型都提供 web_search 工具供用户使用。在使用不支持 web_search 工具的模型时，可以采用本章前面介绍的函数调用方法自行实现这一功能。具体做法是将网络搜索功能封装在本地函数中，当模型识别出需要进行网络检索的需求时，通过调用这个封装函数在应用程序端执行检索操作，再将检索结果提交给模型，用于进一步分析和整理概括，并最终生成所需的搜索结果整合信息。事实上，各大搜索引擎都提供使用 API 进行搜索的能力，也有多个第三方检索平台或软件包对网络搜索提供 API 支持。本书后续示例程序需要使用网络搜索能力时，将采用通过第三方检索平台的方式实现。

使用本地函数调用方式获得的网络搜索能力，不仅能实现本节示例程序"网络搜索助手"的功能，还可以根据具体应用场景对搜索过程进行优化和定制。由于搜索逻辑封装在本地函数中，开发人员可以灵活地调整搜索引擎、设定查询参数，甚至必要时可对搜索结果数据进行预处理，从而提高搜索的有效性和准确性。

在具体实践中，需要网络搜索功能时，设计师与开发人员应当考虑两个因素，一是当前所选用的模型服务平台是否提供 web_search 工具；二是应用程序未来更换模型平台的可能性。同时从程序实现角度而言，如果平台兼容性优先，则应当尽量避免使用特定平台的特定功能；如果快速实现和功能效果优先，则应当尽量采用平台已提供的功能。设计师与开发人员最终需要综合多个因素完成设计决策。

3.5 本章小结

本章详细介绍生成式 AI 应用程序的函数调用这一重要特性，它是模型与传统软硬件系统之间融合的桥梁。通过这座桥梁，人工智能与传统软硬件不仅能够发挥各自优势，还能弥补彼此不足，进而可以精密地实现复杂任务。因此，学会如何有效利用这两种技术协同工作，是每一个生成式 AI 应用程序设计师和开发人员都必须掌握的技能。

第4章

生成式AI应用设计模式——提升生成式AI的推理能力

在传统软件设计领域，各种设计模式被广泛运用，这些经过实践检验的设计模式对于解决特定场景下的复杂问题展现出极高的有效性。随着生成式 AI 应用程序的兴起，这一新兴领域也孕育出其特有的一些技巧与模式，成为设计师与开发人员可以参考的最佳实践。本章将深入探讨这一话题，带领读者掌握生成式 AI 应用程序设计模式这一既独特又基本的能力。

4.1 思维链

思维链（Chain of Thought，CoT）是一种认知策略和思维方式，其主要思想是将一个问题或任务分解为一系列相互关联的步骤或环节。通过这样的方法，一个复杂的问题可以分解为多个小问题，从而被逐步解决。思维链可以帮助人们理清思路、组织信息和逻辑推理，从而更有效地解决问题。

在人工智能领域，思维链也有类似的应用。例如，面对自然语言处理任务，模型通过一步一步进行推理，逐步构建出最终答案。这种分阶段处理的方式可以让模型更好地理解和解决复杂问题。与传统"黑箱式"方法不同，思维链不仅关注输入和输出，还强调中间推理过程，这使得模型在处理推理、规划和多步骤决策时更加透明与可解释。通过将问题分解为若干更易处理的子任务，模型就能够更准确地处理细节与关联，并能够对每一步处理的子任务进行反馈与迭代。这种基于思维链的分步推理在面向多轮对话、复杂文本分析以及编程任务等各类场景中具有广泛的应用潜力，为生成式 AI 应用程序设计提供新的设计思路和优化空间。

▶▶ 4.1.1 激发生成式 AI 潜能——零样本提示

所谓零样本提示（Zero-Shot Prompting）是一种在自然语言处理任务中使用的方法，它是指在没有专门针对特定任务进行微调或训练的情况下，通过使用预训练模型和特定提示词来完成任务的方法。这种方法依赖于预训练语言模型具备的知识和理解能力。

零样本提示的特点在于用户可以直接提出问题，随后模型将自动生成相应的回应。本书第 2 章所涵盖的文本概括、文本推断及文本转换等多种语言处理任务，无一例外均使用了这种零样本提示方法。这种方法的运用，使得用户能够简单便捷地编写提示词并直接获取生成式 AI 模型的反馈。这也是未经任何培训的用户使用生成式 AI 最常见的方式，充分展现了模型处理自然语言任务的强大能力。

然而，这种"直问直答"的沟通方式并非万能，它并不能适用于所有场景。特别是在处理那些需要严谨逻辑或细致步骤的任务时，模型的表现可能不尽如人意。此时，为提升模型回复内容的质量，可以尝试引入思维链技术。思维链技术可以有效地引导模型进行推理和解答，从而更有可能得到更为准确和详尽的回复。

思维链对于模型成功解决问题有着显著影响。在谈论这个话题时，就不能不提及"Let's think step by step."这一"魔法"语句，原本模型无法正确处理的难题在提示词中添加这一语句后，众多问题竟奇迹般地迎刃而解。

例如对于以下任务：一个由英文单词组成的句子，取出每个单词的最后一个字母，然后按照原本的顺序将它们拼接一起。运行本书前面已完成的示例程序 prompt-stream.py，然后直接提交描述该任务的提示词，提示词内容如下。

> 请将以下英文句子中所有单词的最后一个字母取出，然后将它们按原始单词前后顺序拼接在一起：
> The play was very interesting. I did not enjoy it.

在收到模型的反馈后，可以看到一个类似图 4-1 所示的回复，但这个回复看起来只是删除了第一个单词及单词间的空格与标点。而更多的时候收到回复令人难以理解，完全看不出模型是采用什么样的逻辑生成的回复。

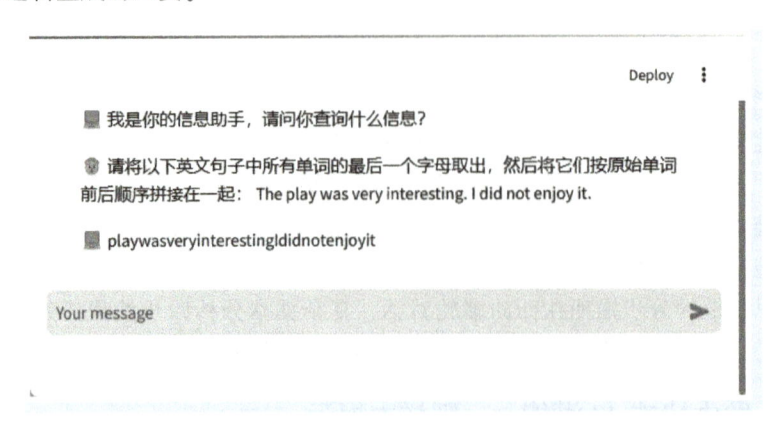

图 4-1 模型生成的错误回复

随后，尝试在提示词中添加"Let's think step by step."语句，并将新的提示词提交给模型，其运行结果如图 4-2 所示。可以看到，这一次模型生成了正确的答案，这个语句产生了神奇的效果。

第 4 章
生成式 AI 应用设计模式——提升生成式 AI 的推理能力

> 请将以下英文句子中所有单词的最后一个字母取出，然后将它们按原始单词前后顺序拼接在一起：The play was very interesting. I did not enjoy it. 请一步一步思考，Let's think step by step.
>
> 首先，我们需要找出句子中每个单词的最后一个字母。这里是一个步骤拆解：
>
> 1. The - 最后一个字母是 "e"
> 2. play - 最后一个字母是 "y"
> 3. was - 最后一个字母是 "s"
> 4. very - 最后一个字母是 "y"
> 5. interesting - 最后一个字母是 "g"
> 6. I - 最后一个字母是 "I"
> 7. did - 最后一个字母是 "d"
> 8. not - 最后一个字母是 "t"
> 9. enjoy - 最后一个字母是 "y"
> 10. it - 最后一个字母是 "t"
>
> 现在，我们将这些字母按照原始单词的顺序拼接在一起：
>
> e y s y g I d t y t
>
> 所以，拼接后的结果是：eysygIdtyt

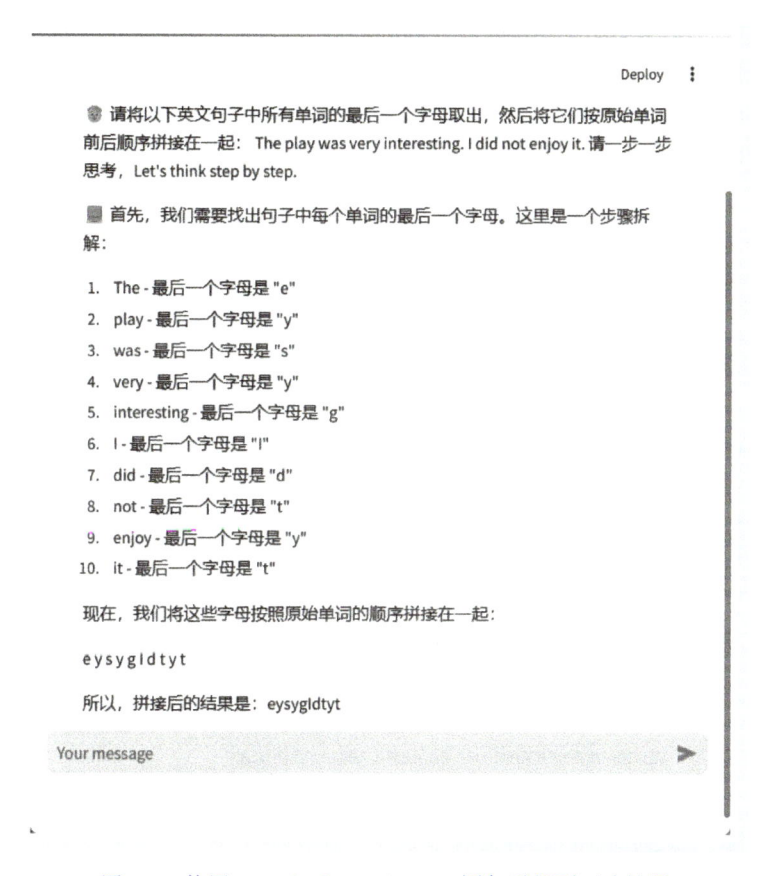

图 4-2　使用 Let's think step by step 语句后得到正确结果

随着生成式 AI 模型的持续演进，部分模型已经逐渐开始展现出自主分步推理与思考的能力。这一显著进步意味着，像上例这种通过"魔法"语句来引导模型进行分步思考的方法，其有效性正逐渐减弱。现在部分模型已经能够在没有外部指令的情况下，自发地分析问题、制定解决方案，并逐步推进直至得出最终答案。事实上，OpenAI 已经发布的 o1 及 o3 等模型，其主要特性便是它在解决问题时会模仿人类思考过程进行分步推理，因而对于上述示例而言，无须添加"魔法"语句也能够推理出正确结果。同样，下个例子所尝试解决的问题，使用大多数模型时也必须引导模型思考如何求解，而在使用具备自主分步推理思考能力的模型时则无须在问题之外添加任何提示。

下面的例子是一项针对生成式 AI 模型推理能力的有趣尝试，让其来解答一道具有挑战性的小学数学练习题，习题题目如下。

> 猴子陷落于一口 3 米深的枯井中。如果它每天能够向上爬 0.9 米，再向下滑 0.6 米。以这种速度，它何时才能到达井口？

·85

聪明如你的读者很快便能计算出猴子将在第 8 天到达井口。但模型的表现是否也如读者一般优秀呢？将上述练习题作为提示词提交，其结果如图 4-3 所示。很遗憾，模型给出的回复不尽如人意。不过从其回复内容中不难发现，该模型正在尝试采取分步推理方法来应对问题，并努力寻求解决方案，它已经在尝试自主应用思维链了，可惜推理过程中出了差错。

> 猴子陷落于一口3米深的枯井中。如果它每天能够向上爬0.9米，再向下滑0.6米。以这种速度，它何时才能到达井口？
>
> 猴子每天向上爬0.9米，然后向下滑0.6米，所以每天实际上只向上爬了0.3米（0.9米 - 0.6米）。
>
> 要计算猴子到达井口需要多少天，我们需要考虑猴子到达井口前的那一天。因为如果猴子在最后一天爬到井口，它就不会再滑下来。
>
> 井的深度是3米，但我们需要计算的是猴子到达井口前的那一天，所以我们要计算的是猴子在最后一天之前爬了多少米。
>
> 每天猴子爬0.3米，所以我们可以用总深度减去最后一天猴子爬的高度来计算猴子在最后一天之前爬了多少米。
>
> 3米 - 0.3米 = 2.7米
>
> 这意味着猴子在最后一天之前需要爬2.7米。现在我们可以用每天爬的米数来计算猴子需要多少天才能爬到2.7米。
>
> 2.7米 ÷ 0.3米/天 = 9天
>
> 所以猴子需要9天来爬到2.7米，然后在第10天爬0.9米到达井口。
>
> 因此，猴子需要10天才能到达井口。

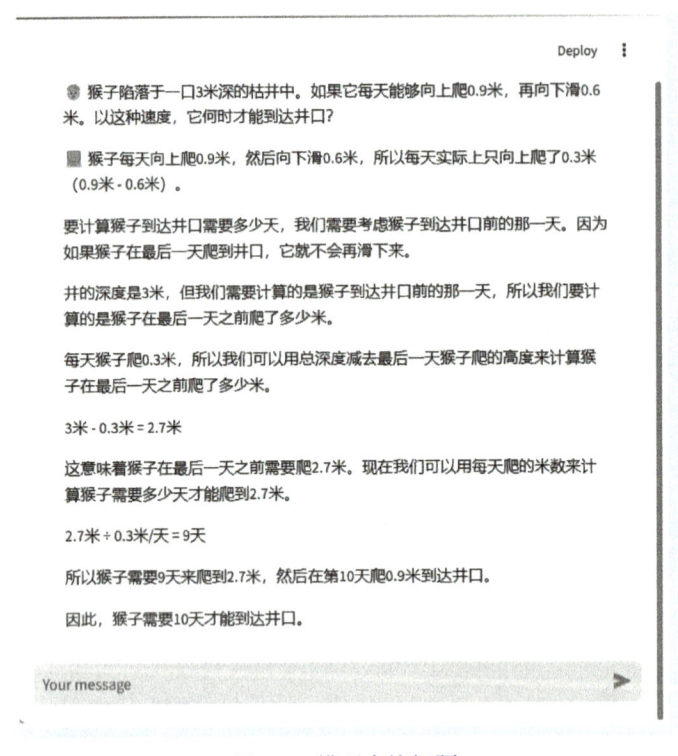

图 4-3　模型直接解题

注：本示例使用的是 GLM-4 模型，如果使用 GPT-4o 或 GLM-4-Plus 等模型可以直接推导出正确答案。

在解答这类小学数学练习题时，有一种相对直接但也很机械的方法，那就是逐日推导猴子每天向上爬 0.9 米后所到达的高度并判断猴子此刻是否已到达井口。如果猴子尚未触及井口，则根据规则，猴子会滑落 0.6 米，实际向上爬的高度只有 0.3 米；而一旦猴子触及井口则意味猴子已经到达井口，它将不再滑落，而整个推导过程即可宣告结束，问题得解。虽然这种方法可能显得较为原始（对低年级小学生而言，也暂时只能采用这种相对机械的方法），但它确实是一种有效的解题策略，也很好地体现了思维的"链"。

根据上述想法，在提示词中增加上述思维链引导内容，修改完成的提示词如下。

> 猴子陷落于一口 3 米深的枯井中。如果它每天能够向上爬 0.9 米，再向下滑 0.6 米。以这种速度，它何时才能到达井口？

第 4 章
生成式 AI 应用设计模式——提升生成式 AI 的推理能力

> 请计算每一天猴子到达的最高高度及最终位置，并按以下格式输出，然后根据该计算结果推算其第二天的数据。
> 第【1】天，最高达到【0+0.9=0.9】米，未达井口，下滑 0.6 米，最终位置【0.9-0.6=0.3】米；
> 第【2】天，最高达到【0.3+0.9=1.2】米，未达井口，下滑 0.6 米，最终位置【1.2-0.6=0.6】米；
> 第【i】天，最高达到【Hi】米，未达井口，最终位置【Li】米；
> ……
> 第【n】天，最高达到【Hn】米，到达井口。
> 故第【n】到达井口。
> 严格按以上形式输出，不要使用数学公式推导。

注：模型总是尝试使用更快捷有效的数学公式解决问题，故在提示词最后添加了"不要使用数学公式"推导的要求。

提交修改后的提示词，这次模型按照指定的思维链一天一天地计算猴子所到达的高度并判断是否达到井口，其结果如图 4-4 所示。虽然看起来过程笨拙且缓慢，但最终在思维链的引导下模型得出了正确的结果。

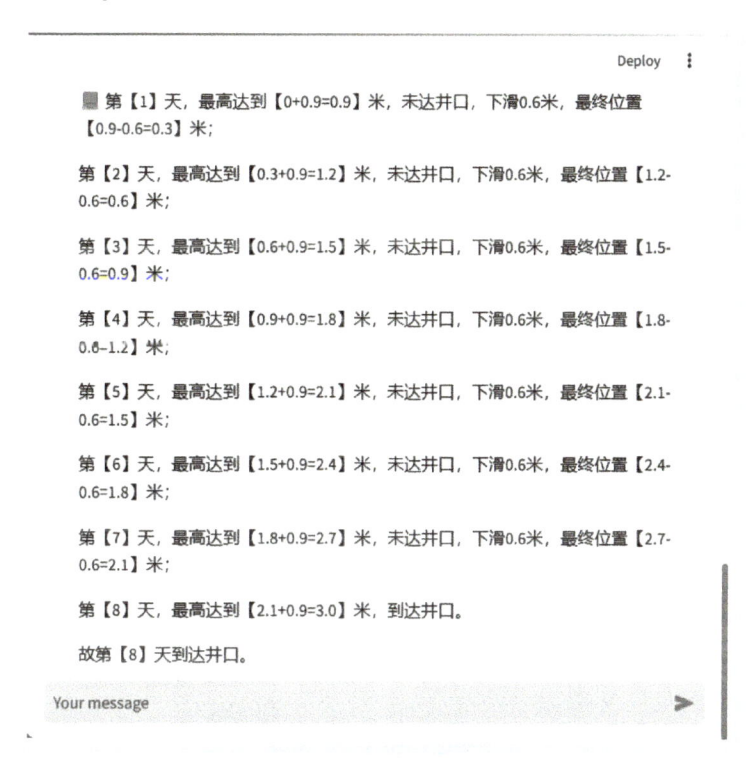

图 4-4 模型使用思维链推理 1

当然，同样也完全可以通过巧妙引导，使模型使用"更为先进"的数学表达式方法来求解问题。这需要提示词精准地引导模型的思考方向和解题步骤，正如在悉心辅导孩子解答难题时所做的那样。这一次，修改设计的提示词内容如下。

> 猴子陷落于一口 3 米深的枯井中。如果它每天能够向上爬 0.9 米，再向下滑 0.6 米。以这种速度，它何时才能到达井口？
>
> 请按以下思路推理：
> 1. 寻找猴子每天爬到的高度与天数之间的关系。
> 2. 思考猴子最后一天与它之前爬升的高度会有什么不同。
> 3. 猴子最后一天之前所爬总高度、最后一天所爬高度及井深之间存在什么关系。
> 4. 综合以上信息，列式求解第几天猴子到达井口。
> 5. 求解后，反思上述过程是否有推理或计算错误，如有，则修正之。

注：正如本书前文所述，在进行计算时，模型本身难以达到精确无误的程度。因此，在提示词的结尾部分特别要求模型对此进行反思，旨在为其提供一个修正潜在错误的机会，从而尽量确保计算结果的准确性和可靠性。

提交上述提示词，这次模型按新的思路逐步分析该练习题并给出了最终结果。结果如图 4-5 所示。

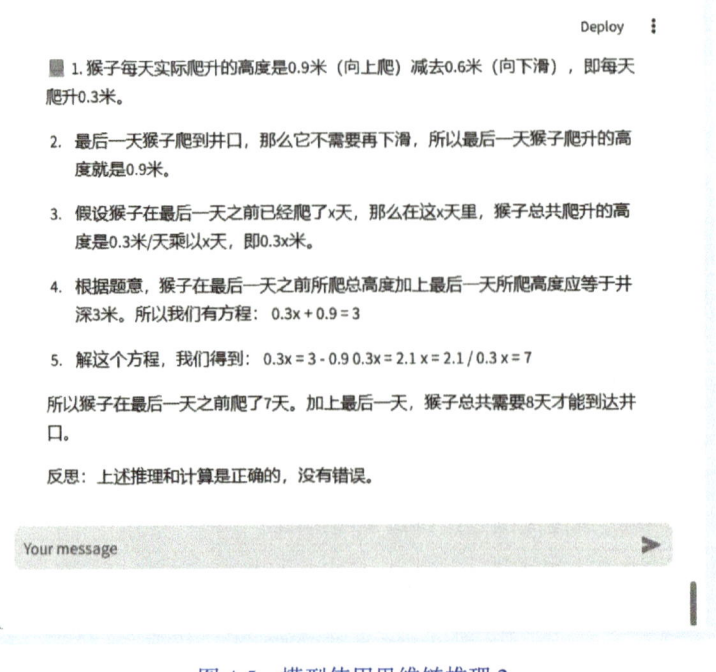

1. 猴子每天实际爬升的高度是0.9米（向上爬）减去0.6米（向下滑），即每天爬升0.3米。

2. 最后一天猴子爬到井口，那么它不需要再下滑，所以最后一天猴子爬升的高度就是0.9米。

3. 假设猴子在最后一天之前已经爬了x天，那么在这x天里，猴子总共爬升的高度是0.3米/天乘以x天，即0.3x米。

4. 根据题意，猴子在最后一天之前所爬总高度加上最后一天所爬高度应等于井深3米。所以我们有方程：0.3x + 0.9 = 3

5. 解这个方程，我们得到：0.3x = 3 - 0.9 0.3x = 2.1 x = 2.1 / 0.3 x = 7

所以猴子在最后一天之前爬了7天。加上最后一天，猴子总共需要8天才能到达井口。

反思：上述推理和计算是正确的，没有错误。

图 4-5　模型使用思维链推理 2

上述几个示例，提交的提示词只是"提醒""引导"模型应当如何思考，但并没有给出任何类似的例子，即没有给出任何样本，所以这样的方法称为"零样本提示"。

4.1.2 生成单元测试用例——少样本提示

在使用生成式 AI 模型的技巧中，除零样本提示外，还有少样本提示（Few-Shot Prompting），它也是一种在自然语言处理领域使用的技术，尤其在与生成式 AI 模型的交互中被广泛应用。少样本提示的核心思想是在没有大量标注数据的情况下，通过给模型提供几个示例（少样本）来引导其生成所需的输出。

具体来说，使用少样本提示的步骤如下。

1）问题描述：先给出要解决的问题或任务的简要描述。

2）提供示例：列出几个示例，示范输入和相应输出，必要时也可以给出推理过程。这些示例可以帮助模型理解任务的模式、要求或推理思路。

3）生成输出：在提供示例之后，给出新的任务，让模型按照示例模式生成与新任务对应的推理输出，或者要求模型继续完成示例尚未结束的任务。

少样本提示在引导模型按照正确思路解决问题，或是继续依据样本提供的"标准"完成剩余任务方面，展现出非同一般的有效性。举例来说，在测试领域，用户只需在提示词中提供少量精心挑选的测试用例样本，模型便能够依据这些样本的形式和规律，高效地推理出符合要求和预期的测试用例。在测试领域应用这种技术不仅可以提升测试工作效率，还能确保测试用例的质量和一致性，从而有助于提升整个软件开发流程的可靠性和稳定性。

以下是一个单元测试用例的样例。

````
以下是函数 add 的定义。
```javascript
function add(a, b) {
    return a + b;
}
```
下面是一些针对 `add` 函数的单元测试用例，请按照相同的格式生成新的测试用例：
1. 测试用例：两个正数相加
输入：a = 2, b = 3
预期输出：5
测试代码：
```javascript
  test(' adds 2 + 3 to equal 5 ', () => {
````
````

        expect(add(2, 3)).toBe(5);
    });
    ```

2. 测试用例：两个负数相加

    输入：a = -1, b = -1

    预期输出：-2

    测试代码：

    ```javascript
    test('adds -1 + -1 to equal -2', () => {
        expect(add(-1, -1)).toBe(-2);
    });
    ```

3. 测试用例：一个正数和一个负数相加

    输入：a = 1, b = -1

    预期输出：0

    测试代码：

    ```javascript
    test('adds 1 + -1 to equal 0', () => {
        expect(add(1, -1)).toBe(0);
    });
    ```

    请继续为函数 add 补充必要的测试用例：

将上述包含少量样本的提示词输入程序，片刻之后，便获得了模型生成的以下回复。

4. 测试用例：两个较大的正数相加

    输入：a = 1000, b = 2000

    预期输出：3000

    测试代码：

    ```javascript
    test('adds 1000 + 2000 to equal 3000', () => {
        expect(add(1000, 2000)).toBe(3000);
    });
    ```
    ```

5. 测试用例：一个数与其相反数相加

输入：a = 50, b = -50

预期输出：0

测试代码：

```javascript
test(' adds 50 + -50 to equal 0 ', ( ) => {
    expect(add(50, -50)).toBe(0);
});
```

6. 测试用例：两个小数相加

输入：a = 1.5, b = 2.5

预期输出：4.0

测试代码：

```javascript
test(' adds 1.5 + 2.5 to equal 4.0 ', ( ) => {
    expect(add(1.5, 2.5)).toBe(4.0);
});
```

7. 测试用例：其中一个数为零

输入：a = 0, b = 10

预期输出：10

测试代码：

```javascript
test(' adds 0 + 10 to equal 10 ', ( ) => {
    expect(add(0, 10)).toBe(10);
});
```

通过这些测试用例，我们可以确保 add 函数在不同情况下都能正确执行。这对于保证代码质量和稳定性非常重要。

生成式 AI 模型在代码相关领域具备卓越能力，这也可能是它表现最好的领域之一。因此，AI 编程（包含单元测试）已经广泛渗透到各类开发人员的日常编码工作中，它正在成为开发人员不可或缺的工具和辅助手段。

以上示例通过提示词为模型提供少量样本，让模型成功且高效地继续完成未结束的工作。在实际应用中，也可以提供针对某一个或几个函数的完整单元测试用例，然后让模型完成其他函数的单元测试用例。当然，对于像上例中这样通用性较强的普通函数，即使不提供样本，模型也可以生成较为完备的单元测试用例，但对特殊函数或某些专业性较强的函数来说，提供少量样本将有效提升生成测试用例的质量。

在诸多应用场景中，都可以采取类似方式，即提供少量（一个或数个）具有代表性的样本，以便让模型更深刻地理解提示词描述的意图，从而能够更出色地完成各类任务。这一做法是提示词工程领域常用且行之有效的技巧之一，它在提示词工程中占据着重要地位，值得进一步探索和应用。

4.2 思维树

思维树（Tree of Thought，ToT）作为一种思维方式，它在理解和分析复杂问题时往往比思维链更加全面且深入。前文所述的思维链，通常是一种线性、连续的思考过程，每个思考环节都像链条上的一环，环环相扣，直至得出结论。然而，这种思维方式往往局限于固定路径，难以跳出既定框架，因此在处理复杂问题时，就显现出其局限性。

相比之下，思维树则像一棵枝繁叶茂的大树，大树的每个分支都是一个可能的思考方向，这种发散性的思考方式可以从多个角度看待问题，从而更全面地理解问题和解决问题。构建思维树，首先需要明确问题核心，然后围绕这个核心展开各种可能的思考方向，每个方向又可以进一步细化，形成更多分支，如此循环往复，直至问题的各个方面都被充分探讨。

▶▶ 4.2.1 结构化写作——基于思维树进行创作

假设当前任务是要分析一个产品的市场前景，通常这类分析需要按照产品的特点、市场需求、竞争对手、营销策略等子话题进行思考，而对于产品特点又可以从产品的功能特性、技术创新、品质与耐用性等角度进行讨论。类似地，对于市场需求、竞争对手、营销策略等子话题也需要从不同角度对其进行分析与讨论。其实，这就是思维树的基本应用形态。

使用思维树这种模式，生成式 AI 可以展现出其强大的创造性能力。尤其在话题分解、提供针对性解决方案以及深入讨论内容方面，借助思维树，模型不仅能够系统性地分析话题，提供有效的解决方案，甚至可以生成结构严谨、内容丰富的文章或者论文。

基于以上思想，可以尝试打造一款能够自动分析主题并自动生成相关内容或解决方案的应用程序。

首先，依然是加载环境变量并生成模型的客户端。具体代码如下。

```
from dotenv import load_dotenv, find_dotenv
_ = load_dotenv(find_dotenv())

from zhipuai import ZhipuAI
client = ZhipuAI()
```

然后，对访问模型的 API 进行封装。具体代码如下。

```python
def generate_text(prompt):
    messages = [{"role":"user", "content":prompt}]
    print(f"\n\nprompt=\n{prompt}")
    response = client.chat.completions.create(
        model="glm-4-plus",
        messages=messages
    )
    resultContent = response.choices[0].message.content.strip()
    print(f"resultContent=\n{resultContent}")
    return resultContent
```

随后，为描述思维树结构，示例程序面向思维树结点定义一个名为 ThoughtTreeNode 的类，这个类的每个实例代表着思维树上的一个结点。而每个思维树结点，至少应囊括以下几个核心元素：当前结点所聚焦的主题（话题）、与该主题（话题）紧密相关的子主题（子话题）结点列表（倘若存在的话），以及针对该结点主题（话题）的解决方案。在构思主题（话题）解决方案过程中，为确保模型能够精准理解问题讨论的上下文环境，结点还需记录其所隶属的父主题（父话题）。

基于以上讨论，类 ThoughtTreeNode 的构造器 __init__ 代码设计如下。

```python
import ast
# 思维树结点
class ThoughtTreeNode:
    def __init__(self, question,
                 children=None,
                 parentQuestion=None):
        self.question = question
        self.children = children if children is not None else []
        self.parentQuestion = parentQuestion
        self.solution = None
```

若当前主题（话题）的子主题（子话题）需通过模型生成构建，那就需要对 ThoughtTreeNode 类进行扩充，增加子主题（子话题）生成方法。该方法将当前主题（话题）作为输入，提交至模型以产生与其相关的子主题（子话题）。随后，这些子主题（子话题）将被用于构建思维树的子结点，并作为当前主题（话题）结点的直接下属层级。在需要进一步深化分析的情况下，该方法还需具备递归调用能力，即为生成的子主题（子话题）进一步生成隶属于它的子主题（子话题），从而形成更为丰满完备的思维树结构。

方法 generate_children 用于生成子主题（子话题），其代码如下。

```python
# 生成指定层级子话题
def generate_children(self, level=1):
    level -= 1
    if self.parentQuestion is None:
        prompt = f"""讨论`{self.question}`这一话题，
            应当从哪几方面进行讨论？请生成相关子话题列表。
```

```python
            列表以`['子话题1','子话题2',...,'子话题N']`的形式返回,
            不要添加任何附加文字。""".replace(" ", "").replace("\t", "").replace("\n", "")
        else:
            prompt = f"""在父话题`{self.parentQuestion}`
            下讨论`{self.question}`这一话题,应当从哪几方面进行讨论?
            请生成相关子话题列表。
            列表以`['子话题1','子话题2',...,'子话题N']`的形式返回,
            不要添加任何附加文字。""".replace(" ", "").replace("\t", "").replace("\n", "")

    strChildren = generate_text(prompt)
    children = ast.literal_eval(strChildren)
    for child in children:
        print(f"生成的{level}级子话题:{child}")
        if self.parentQuestion is None:
            child_parentQuestion = self.question
        else:
            child_parentQuestion = f"{self.parentQuestion}/{self.question}"
        child_node = ThoughtTreeNode(
            child,
            parentQuestion=child_parentQuestion
        )

        if level > 0:
            child_node.generate_children(level)
        self.children.append(child_node)
```

在利用上述方法 generate_children 成功将主题（话题）进行分解之后，接下来应当针对各层级的主题（话题）展开解决方案生成工作。在此过程中，不同层级的解决方案生成策略存在着细微差别。对于思维树的叶子结点而言，应当令模型生成该叶子结点对应主题（话题）的完整解决方案。而对于非叶子结点，则仅需生成一段简明扼要的概述即可，这是因为非叶子结点的解决方案实际上是由其所有子结点的解决方案共同构成，所以无须再进行过多的描述。通过这样的方式，就可以逐步构建出层次清晰、内容充实的解决方案体系。

通过方法 generate_solution 实现上述功能，并且在生成当前主题（话题）的解决方案后，采用递归方式调用所有子结点的 generate_solution 方法，为对应子主题（子话题）生成其对应解决方案。具体代码如下。

```python
# 生成解决方案
def generate_solution(self):
    if self.parentQuestion is None:
        prompt = f"""请给出`{self.question}`这一话题解决方案。"""
    else:
        prompt = f"""请给出`{self.question}`
        在父话题`{self.parentQuestion}`下的解决方案。"""
```

```python
    if self.children is None:
        prompt = f"""{prompt}请详尽说明,1000 字左右。"""
    else:
        prompt = f"""{prompt}概述即可,详细内容将由子话题描述,200 字左右。"""

    response = generate_text(prompt)
    self.solution = response

    # 对子结点递归调用,生成对应话题解决方案
    for child in self.children:
        child.generate_solution()
```

所有父子结点主题(话题)的解决方案都生成完毕后,接下来需要对这些解决方案进行整理和输出,本示例程序仅通过方法 print_tree 简单输出到标准输出设备(屏幕)。在实际应用中,可根据需求将这些不同层级的解决方案以特定的格式输出到文本文件或 Word 文档。

```python
# 输出思维树
def print_tree(self, level=0):
    print(' ' * level + str(self.question))
    if self.solution:
        print(' ' * level + '\n' + self.solution)
    for child in self.children:
        child.print_tree(level + 1)
```

至此,思维树结点类 ThoughtTreeNode 的全部代码已经圆满完成。接下来,可以着手展开实践,首先选取一个感兴趣的主题(话题),以此为起点创建一个结点。随后,对这个结点向下进行两个层级的分解,并逐步展开其内在逻辑关系与结构,形成思维树。在此基础上,再针对每个结点所代表的主题(话题)生成针对性解决方案。最后,将通过思维树形成的解决案输出。

以下是这一过程的代码实现。

```python
# 示例用法
def main():
    # 假设我们有一个问题
    root_node = ThoughtTreeNode("如何学好人工智能编程?")

    # 分解问题,向下分解两个层级,构建思维树
    root_node.generate_children(2)

    # 生成解决方案
    root_node.generate_solution()

    # 打印思维树及其解决方案
    root_node.print_tree()

if __name__ == "__main__":
    main()
```

读者可以将主题（话题）修改为自己感兴趣的问题，然后尝试运行示例程序（完整代码参见源文件 tot_topic.py），以测试使用思维树方式获取模型针对该主题（话题）生成的结果。在实际应用中，还可根据面临的具体需求，在提示词中对生成解决方案提出更多要求或限制。本示例程序运行耗时较久，生成结果篇幅也较长，本书不再列出具体输出结果。

上述示例程序成功实现思维树的结构，并且根据这一结构生成相应的解决方案。这种结构形态在本质上与思维导图有异曲同工之妙，都是通过树状结构来组织和表达复杂的思想和信息。而在写作领域，这种构建思维树的写作方法被称为"结构化写作"。

4.2.2 红白球分析——基于思维树进行推理

思维树另一种重要应用场景是将所有潜在解决方案以树形结构进行组织，然后从根结点出发，逐一判断每一条通往叶子结点路径的合理性，对不合理的结点进行"剪枝"操作，从而排除不符合条件的解。经过这样的遍历过程后，最终能够保留所有合理解，进而得出当前问题的答案。

例如，类似以下这类求解 A、B、C 三个人手中盒子内球的颜色的逻辑推理题，就可以选择采用思维树方式求解。

> 有三个人 A、B、C，每个人都拿着一个盒子。盒子内可能有一颗红球或者白球，他们不能看到自己的盒子内的球的颜色，而能看到其他人盒子内的球的颜色。
> 我们知道以下信息，且三人均只说真话，不说假话：
> A 看到 B 和 C 的盒子内的球，并且说："B 和 C 两个盒子内的球不全是白色的。"
> B 看到 A 和 C 的盒子内的球，并且说："A 和 C 两个盒子内的球都是白色的。"
> C 看到 A 和 B 的盒子内的球，但未发表任何意见。
> 我们需要推理出 A、B、C 三个人盒子内的球的颜色。

首先需要构建由 A、B、C 三个人盒子内的球的颜色组成的树状结构，由于题中提及球时出现的顺序是 B、C、A，为方便进行逻辑推理，示例程序也按 B、C、A 的顺序将它们的颜色构建到树的不同层级上，即 B 盒子内的球可能的颜色位于根结点之下的第一层，C 盒子内的球可能的颜色位于第二层，A 盒子内的球可能的颜色则在第三层。

本示例程序思维树的结点使用 anytree 包提供的 Node 实现。以下代码以树形结构构建了三个盒子内球所有可能的颜色组合。

```python
from anytree import Node, RenderTree
def create_logic_tree():
    # 创建根结点
    root = Node("推理盒子里的球的颜色")

    # 创建B的状态结点
    b_red = Node("B: 红", parent=root)
```

```
b_white = Node("B: 白", parent=root)

# 创建 C 的状态结点
for b_node in [b_red, b_white]:
    Node("C: 红", parent=b_node)
    Node("C: 白", parent=b_node)

# 创建 A 的状态结点
for b_node in [b_red, b_white]:
    for c_node in b_node.children:
        Node("A: 红", parent=c_node)
        Node("A: 白", parent=c_node)

return root
```

构建完成的树可用以下代码显示在屏幕上。

```
# 打印树结构
def display_tree(root):
    for pre, fill, node in RenderTree(root):
        print("%s%s" % (pre, node.name))
```

使用上述函数 display_tree 展示的结果如图 4-6 所示。

在成功构建表示各盒子内球可能颜色的树状结构之后，示例程序需开展推理过程中最重要的工作，即对树进行"剪枝"操作，其目的是剔除所有不符合题意要求的"树枝"。本示例程序剪枝操作的依据是判断从根结点至当前结点所代表球的颜色组合，是否满足题意中的各项条件。若某组合未能满足，则应立即对该结点及其所有子结点进行剪枝处理，即删除该结点或标记该结点不是正解，以确保后续搜索流程不再包含这些无效路径。

通过函数 prune_tree 根据当前结点路径状态及相关条件判断当前路径是否为可能合理的解，由于本示例非常简单，所以代码并没有实施真正的剪枝操作，而是由调用函数 prune_tree 的代码根据函数 prune_tree 的返回值决定是继续向下层推理还是放弃当前正在处理的路径。具体代码如下。

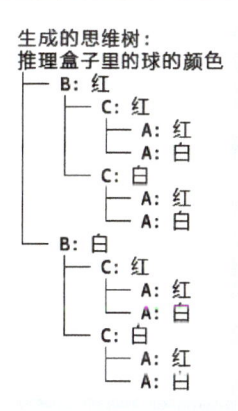

```
生成的思维树：
推理盒子里的球的颜色
├── B: 红
│   ├── C: 红
│   │   ├── A: 红
│   │   └── A: 白
│   └── C: 白
│       ├── A: 红
│       └── A: 白
└── B: 白
    ├── C: 红
    │   ├── A: 红
    │   └── A: 白
    └── C: 白
        ├── A: 红
        └── A: 白
```

图 4-6 球色组合树

```
def prune_tree(state, condition):
    prompt = f"""判断条件'{condition}'和状态:'{state}'是否矛盾？
没有矛盾用'no'回答,存在矛盾用'yes'回答,
请仅判断该条件与状态是否矛盾,
不要进行任何推理判断,也不要进行任何假设。
简要说明判断依据。"""
    result = generate_text(prompt)
    return "no" in result.lower()
```

在完成上述必要准备工作后，下一步便可以着手展开实质性推理工作。整个推理过程简洁

直观，只需从根结点出发，对树结构进行深度遍历，并在遍历过程中对球颜色的合理性进行判断，对不合理路径进行剪枝操作，直至抵达叶子结点。具体到代码实现，则是在遍历过程中，示例程序会对每一条从根结点到当前结点的路径都调用函数 prune_tree 进行推理判断，以获得当前路径的合理性结论。

若推理判断结果表明截止到当前结点的路径符合要求，则继续对该结点下的子结点进行深度遍历；如果当前结点已是叶子结点，那么便说明当前路径可被视为问题的一个解。如果推理判断未能通过，则将跳过当前结点及其所有子结点，这相当于在树结构中进行一次剪枝操作，意味该路径并不构成当前问题的有效解。

通过这种方式，示例程序能够逐步筛选出符合题意的路径，并最终得出问题的一个或多个解。上述推理过程严谨完整，为找到所有解提供有力支持，它从本质上说其实是采用了"列举法"。

上述整个推理工作由函数 solve_question 完成，其代码如下。

```
info_a = "A 看到 B 和 C 的盒子内的球,并且说:"B 和 C 两个盒子内的球不全是白色的。""
info_b = "B 看到 A 和 C 的盒子内的球,并且说:"A 和 C 两个盒子内的球都是白色的。""
info_c = "C 看到 A 和 B 的盒子内的球,但未发表任何意见。"

# 遍历树进行剪枝
def solve_question(root):
    states = []
    for b_node in root.children:
        b_state = b_node.name
        for c_node in b_node.children:
            c_state = f"{b_state}, {c_node.name}"
            # 根据 A 的陈述进行剪枝
            if prune_tree(c_state, info_a):
                for a_node in c_node.children:
                    a_state = f"{c_node.name}, {a_node.name}"
                    # 根据 B 的陈述进行剪枝
                    if prune_tree(a_state, info_b):
                        state = f"({a_node.name},{b_node.name},{c_node.name})"
                        states.append(state)
    return states
```

函数 solve_question 完成推理后，将符合题意的解保存在列表 states 中，且函数 solve_question 将列表 states 作为返回值返回。故后续代码只需将找到的解（列表 states）输出即可。相关代码比较简单，读者可以自行完成或者参考源代码文件 tot_ball.py。

运行上述示例程序，最终可找到一组符合题意的组合。同样基于中间输出内容较多的原因，其运行效果不再列出截图。

看上去，思维树这种求解方式似乎稍显生硬和笨拙，实际上产生这种感觉的原因是由于当前示例问题本身复杂度不高，人类有更快速推理的可能性。事实上，在更加复杂、纷繁的情境下，采取思维树这种策略进行问题求解，它能确保逻辑线条清晰简洁，从而可有效避免多解和漏解的情况发生。

思维树作为一种比思维链更为全面和深入的思考方式，在处理复杂问题时具有显著优势。通过构建思维树，可以令模型从多个角度看待问题，挖掘问题涉及的各个维度及其内在联系，它能给出待解问题的全部可能性，然后从中筛选出所有正解。思维树还能够帮助应用程序更好地组织和表达思考过程，提高思考与推理的全面性、有效性和准确性。因此，在适当场景下，应该积极运用思维树这种思考模式，以便更好地应对面临的各种挑战和问题。

4.3 六顶思考帽——蜂巢模式

在现实世界中，需要面临和解决各种各样的任务，这些任务因其性质和要求不同而具有不同的复杂程度。那些复杂程度较高的任务，难以一次性完成。为了更好地应对这些挑战，通常会对这样的任务进行分解，将其细化为若干个子任务。如果细化后的子任务复杂度依然较高，还可以继续分解细化，直至子任务被分解至足够简单。

对于生成式 AI 应用程序编程而言，同样存在类似问题。如果任务过于复杂，而又将这项复杂任务直接一次性交给模型处理，通常结果不尽如人意。模型可能无法有效应对这样的复杂任务，或者尽管在形式上完成了任务，但其完成质量可能远低于预期。这既反映出模型在处理复杂任务方面的局限性，也提醒设计师与开发人员设计与开发生成式 AI 应用程序时也必须谨慎、合理分解任务，以确保应用程序的质量和可靠性。

一般任务分解后得到的子任务大致上可以分为两种形态：一种是各子任务相对独立，彼此之间没有强依赖关系，可以独立执行；另一种是子任务之间存在强依赖关系，某些子任务必须在其他子任务完成之后才可以继续推进。前者可以并行处理，提高运行效率；而后者则需要精确的任务调度和协调，以确保各子任务按照正确且合理的顺序完成，从而达到预期效果。在实际应用中，往往需要根据具体任务的特点，灵活选择合适的任务分解及子任务执行策略。本节重点阐述分解后各子任务之间没有强依赖关系的场景，各子任务之间存在强依赖的情况将在下一节深入讨论。

没有强依赖关系的子任务可以并行处理，或者在串行处理时不必特意考虑它们执行的先后顺序。在设计与编程实践中，这类任务可以采用"蜂巢模式"实现。在蜂巢模式中，主要的子任务之间彼此是"平等"的，就像蜂巢的一个个孔洞一样，每个孔洞独立存在且不依赖于其他孔洞。这种模式的优势在于可以充分利用计算资源并行处理多个子任务，从而提高整体效率。此外，由于子任务之间没有强依赖关系，任务分配和管理也相对简单，减少了协调和同步的复杂性。典型的蜂巢模式逻辑如图 4-7 所示。

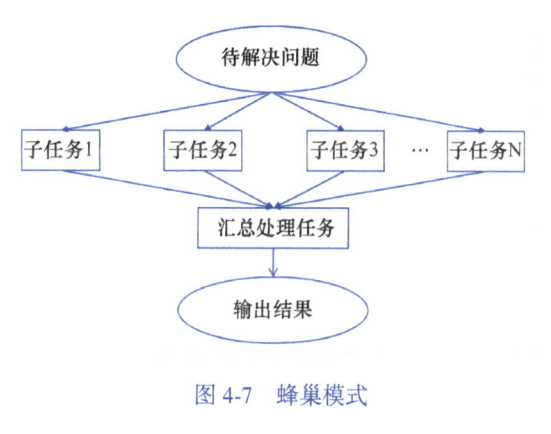

图 4-7　蜂巢模式

例如，当前任务是基于生成式 AI 模型的能力编写一个程序，采取"六顶思考帽"这一经典思考工具，实现自动化智能化深入讨论某一特定主题的功能。

"六顶思考帽"是一种思维工具和方法，用于改进思维和决策过程。这个方法将思维过程分成六个不同的思考方向（具体思考方向参见下文提示词），每个方向使用一种特定颜色（白、红、黑、黄、绿、蓝）的帽子来代表，通过轮流使用这六顶思考帽，使得团队或个人可以从不同角度思考与分析问题，从而全面考虑各种因素和观点，避免陷入单一思维模式的局限性，进而提高分析与决策的质量和效率。

毋庸置疑，这六顶不同颜色的帽子都需要与模型进行交互，基于面向对象编程思想，这六顶不同颜色的帽子可以分别设计为六个独立的类。而这六顶帽子类的代码行为高度相似，只是思考方向不同，所以从面向对象编程思想出发，考虑到简化代码、提升代码可维护性和可读性，应当为这六顶帽子类构建一个共同的基类。这个基类在示例代码中被命名为 Hat。

类 Hat 主要由两部分构成。一部分是构造器，它的核心功能是获取与模型交互所需环境变量（即 API 密钥等），并依赖获取到的环境变量信息，初始化一个本地访问模型的代理对象。

此外，类 Hat 构造器还需包含一个关键参数——systemRole。该参数在类 Hat 实例化时，明确当前 Hat 实例在系统中的角色定位以及应遵循的行为准则。因此通过设定不同的 systemRole，可以让 Hat 实例根据具体应用场景和需求展现出多样化的角色和行为特性。

以下是类 Hat 构造器 __init__ 的详细代码实现。

```python
from zhipuai import ZhipuAI
from dotenv import load_dotenv, find_dotenv

class Hat:
    def __init__(self,systemRole=None, model="glm-4-plus"):
        self.model = model
        self.systemRole = systemRole
        _ = load_dotenv(find_dotenv())
        self.client = ZhipuAI()
```

类 Hat 另外一个组成部分是与模型进行交互并获取反馈的方法。其代码与本书前述示例程序封装的与模型交互代码极为相似。其差别在于构建参数 messages 时，首先要添加一条 role 为 system 的消息，并将其内容设定为构造器参数 systemRole 的值，然后是用户提交的消息。按这种方式构造参数 messages 的目的是告诉模型在交互时理解它的身份设定及行为模式要求。

将此功能封装到名为 generate_idea 的方法中，其代码如下。

```python
# 与模型交互,生成一个想法
def generate_idea(self, prompt, temperature=0.01):
    messages = []
    if self.systemRole is not None:
        messages.append({"role":"system",
                         "content":self.systemRole})
    messages.append({"role":"user", "content":prompt})
```

```python
# print(f"\n\nprompt=\n{prompt}")
response = self.client.chat.completions.create(
    model=self.model,
    messages=messages,
    temperature=temperature,
    stream=True
)
resultContent = self.stream_print(response)
return resultContent
```

由于"讨论问题"总是会输出较多内容，因而在上述方法中选用流式输出方式，并将其处理过程封装在方法 stream_print 中，其代码如下。

```python
# 流式输出
def stream_print(self, stream_response):
    # 逐步接收流式数据并显示
    resultContent = ""
    for chunk in stream_response:
        hasChocies = hasattr(chunk, "choices")
        if hasChocies and chunk.choices[0].finish_reason is None:
            content_chunk = chunk.choices[0].delta.content
            resultContent += content_chunk
            print(content_chunk, end="")
    print("\n")
    return resultContent
```

此外，鉴于白帽的角色定位是聚焦于客观事实与数据的收集与分析，故白帽需要搜索互联网以探寻相关事实和数据。因此，类 Hat 还要构建一个具备网络搜索功能的方法 generate_info_from_Search，以实现对互联网资讯有效查找、整合与利用。

方法 generate_info_from_Search 的实现代码如下。

```python
# 与模型交互，基于网络搜索生成一个想法
def generate_info_from_Search(self, prompt, temperature=0.01):
    messages = []
    if self.systemRole is not None:
        messages.append({"role":"system",
                         "content":self.systemRole})
    messages.append({"role":"user", "content":prompt})
    
    response = self.client.chat.completions.create(
        model=self.model,
        messages=messages,
        temperature=temperature,
        stream=True,
        tool_choice="auto",
```

```
        tools=[{
            "type": "web_search",
            "web_search": {
                "enable": True,
                "search_result": True,
            }
        }],
    )
    resultContent = self.stream_print(response)
    return resultContent
```

至此，基类 Hat 的代码编写工作已基本完成。

随后，就可以基于基类 Hat 继续编写具有不同思考方向并使用不同颜色代表的六顶帽子类的定义。六顶帽子的类定义需要为每顶帽子赋予其独特身份和行为，以满足其对应的思维特性与方式的要求。

首先是白帽类 WhiteHat 的定义。在其类名后通过"(Hat)"指定其父类为类 Hat。在其构造器中将白帽的角色（role）、特点（feature）和行为功能（function）组合成基类 Hat 构造器所需参数 systemRole，并以之调用基类的构造器，以便 WhiteHat 类能够按照白帽角色讨论问题。随后是实现白帽类 WhiteHat 中用于执行具体讨论并输出其观点的方法 get_idea，由于白帽需要从互联网中搜索信息和数据，故它调用基类 Hat 的可搜索互联网的方法 generate_info_from_Search。

白帽类 WhiteHat 的完整代码如下。

```
# 白帽
class WhiteHat(Hat):
    def __init__(self, *args, **kwargs):
        role = "白帽"
        feature = "关注客观的事实和数据"
        function = "收集和分析与问题相关的客观信息,提供事实依据"
        systemRole = f"""你的角色是六顶思考帽中的`{role}`,
            你的特点是`{feature}`。
            你的功能是`{function}`"""
        super().__init__(systemRole = systemRole,
                    *args, **kwargs)

    def get_idea(self, subject):
        return super().generate_info_from_Search(subject)
```

接下来，分别对绿帽类 GreenHat、黑帽类 BlackHat、黄帽类 YellowHat、红帽类 RedHat 及蓝帽类 BlueHat 进行定义与实现。

这些类的构造器设计思路与白帽类 WhiteHat 颇为相似，均基于其独特的角色（role）、鲜明的特点（feature）以及相应的行为功能（function）进行构建，这些元素共同构成基类 Hat 构造器所需参数 systemRole。随后，使用构建完成的参数 systemRole 调用基类构造器，以确保这些子类能够依照其各自所代表的角色和风格来讨论相关话题。

在这些类中，执行具体行为并输出其观点的方法是 get_idea，由于在这些类所代表的角色中没有需要特殊处理的细节，因而可以直接调用基类 Hat 的方法 generate_idea 来完成方法 get_idea 的实现。

绿帽类 GreenHat、黑帽类 BlackHat、黄帽类 YellowHat、红帽类 RedHat 及蓝帽类 BlueHat 的定义代码如下。

```python
# 绿帽
class GreenHat(Hat):
    def __init__(self, *args, **kwargs):
        role = "绿帽"
        feature = "富有创造力和想象力"
        function = "提出新的想法、解决方案或可能性,鼓励创新和求异思维。"
        systemRole = f"""你的角色是六项思考帽中的`{role}`,
            你的特点是`{feature}`。
            你的功能是`{function}`"""
        super().__init__(systemRole = systemRole,
                    *args, **kwargs)

    def get_idea(self, subject):
        return super().generate_idea(subject)


# 黑帽
class BlackHat(Hat):
    def __init__(self, *args, **kwargs):
        role = "黑帽"
        feature = "进行批判和质疑"
        function = "分析问题的缺点、风险和挑战,提出负面反馈和潜在问题。"
        systemRole = f"""你的角色是六项思考帽中的`{role}`,
            你的特点是`{feature}`。
            你的功能是`{function}`"""
        super().__init__(systemRole = systemRole,
                    *args, **kwargs)

    def get_idea(self, subject):
        return super().generate_idea(subject)


# 黄帽
class YellowHat(Hat):
    def __init__(self, *args, **kwargs):
        role = "黄帽"
        feature = "从正面考虑问题,表达乐观的观点"
        function = "强调方案的优点和潜在好处,进行积极思考和建设性反馈。"
        systemRole = f"""你的角色是六项思考帽中的`{role}`,
            你的特点是`{feature}`。
            你的功能是`{function}`"""
```

```python
        super().__init__(systemRole = systemRole,
                         *args, **kwargs)

    def get_idea(self, subject):
        return super().generate_idea(subject)

# 红帽
class RedHat(Hat):
    def __init__(self,  *args, **kwargs):
        role = "红帽"
        feature = "表达情感和直觉。"
        function = "分享个人感受和直觉,为决策提供情感层面的考虑。"
        systemRole = f"""你的角色是六顶思考帽中的`{role}`,
            你的特点是`{feature}`。
            你的功能是`{function}`"""
        super().__init__(systemRole = systemRole,
                         *args, **kwargs)

    def get_idea(self, subject):
        return super().generate_idea(subject)

# 蓝帽
class BlueHat(Hat):
    def __init__(self,  *args, **kwargs):
        role = "蓝帽"
        feature = "负责控制和调节思维过程。"
        function = "确保所有观点都得到充分考虑,并根据其他角色的言论做出总结报告。"
        systemRole = f"""你的角色是六顶思考帽中的`{role}`,
            你的特点是`{feature}`。
            你的功能是`{function}`"""
        super().__init__(systemRole = systemRole,
                         *args, **kwargs)

    def get_idea(self, subject):
        return super().generate_idea(subject)
```

在完成所有颜色帽子类的声明与实现之后,可以选择一个话题并让不同颜色的帽子进行讨论。在开始讨论之前,需要为每种颜色的帽子生成一个实例,并在执行实例方法 get_idea 时将要讨论话题作为参数传入。

由于各颜色帽子(除蓝帽外)的发言是相互独立的,并且其发言顺序没有严格规定,因此,在代码中调用这些实例的方法 get_idea 时,顺序可以是随机的。为提高效率,可以通过并发方式让它们同时执行。在获取除蓝帽之外所有其他颜色帽子的发言后,最后由蓝帽总结各方陈词,形成对该话题的总结性发言。

上述过程实现代码如下。

```python
def main():

    whitehat = WhiteHat()
    greenhat = GreenHat()
    yellowhat = YellowHat()
    blackhat = BlackHat()
    redhat = RedHat()
    bluehat = BlueHat()

    # 拟定一个讨论的话题
    topic = "氢能源汽车的前景"

    # 假设不同颜色的帽子发言顺序不定,以下执行顺序可随机调整;
    # 或者可以使用线程或其他形式并发执行
    print("【白帽】")
    idea_white = whitehat.get_idea(topic)
    print("【绿帽】")
    idea_green = greenhat.get_idea(topic)
    print("【黑帽】")
    idea_black = blackhat.get_idea(topic)
    print("【黄帽】")
    idea_yellow = yellowhat.get_idea(topic)
    print("【红帽】")
    idea_red = redhat.get_idea(topic)

    # 蓝帽总结各方发言
    idea_all = f"{idea_white}{idea_green}{idea_black}{idea_yellow}{idea_red}"
    print("【蓝帽】")
    idea_blue = bluehat.get_idea(idea_all)

    # 输出蓝帽对各方发言的总结
    # print(f"【蓝帽】\n{idea_blue}")

if __name__ == "__main__":
    main()
```

注：在实际工作中，以线下形式使用六顶思考帽作为思维工具的场景通常是会议讨论形式，一顶帽子发言时，其他帽子需要倾听，故它们往往不能并行，而是以指定顺序发言，并且在蓝帽协调控制下还会进行多轮讨论，其中一顶帽子发言时也必然会针对其他帽子的发言做出引用与进一步讨论。本示例程序基于演示目的简化了这个过程。

在上述代码（完整代码参见源文件 sixHats.py）实现中，白帽、绿帽、黑帽、黄帽和红帽各个类的实例即为示例程序中的"蜂巢"。这些蜂巢是平等的，它们以串行或并行方式各自独立完成任务，然后由蓝帽对所有任务得到的结果进行统一处理。

蜂巢模式在子任务并发执行以及提升整体任务执行效率方面表现出显著优势。这种模式的引入不仅有助于实现更高效的任务处理，而且能够根据各个子任务的特性，选择最为适宜的模型进行处理。这意味着，子任务不再需要使用同一个模型，而是可以根据实际场景与需求，灵活选择或优化每个子任务所使用的模型。这样的设计不仅可以增强系统的灵活性和适应性，也将进一步提升任务处理的准确性和效率。

4.4 软件缺陷分析与指派——组合模式

当任务能够被细化为多个子任务时，若这些子任务之间相对独立，彼此间不存在强依赖关系，那么可以有效地运用"蜂巢模式"来推进任务执行。这种模式下，各子任务能够并行执行，从而大幅提升任务运行效率。然而，若子任务之间存在强依赖关系，即某一子任务需要以另一个或另一组子任务的执行结果作为必要输入时，蜂巢模式便不再适用，因为子任务间的这种依赖关系要求应用程序必须按照逻辑顺序依次调度和执行它们。因此，对于存在强依赖关系的子任务，必须仔细分析并理解它们之间存在的逻辑关系，确保每个子任务都能够以正确的顺序在恰当时机得以执行，从而确保整个任务得以顺利推进。这种模式称为"组合模式"。

例如，在软件工程领域，测试是一项保证软件质量的重要活动。测试过程发现的缺陷（Bug）被详细记录，随后由项目经理或指定责任人对缺陷进行深入分析，分析之后，需要指派责任人对该缺陷进行修复工作。通常由人工处理的这个过程耗时数小时甚至数天。借助模型的自然语言理解与推理能力，它可以判断出缺陷所属模块。而如果模型同时知道该模块对应的开发人员或者责任人，它就能够直接指派当前缺陷的修复责任人。可以想象，如果使用模型来自动化这一过程，将可以提高缺陷分析与指派效率并减少人为因素导致的分配失误。

上述过程有两个较为明显的可由模型参与的子任务，即缺陷所属模块分析和缺陷责任人指派。当然，在实际项目缺陷管理过程中，还有更多更细致的任务或环节需要处理。基于以最简单的示例演示组合模式的目的，示例程序仅选取这两个子任务作为实例进行探讨。

与前一节示例程序相同，首先为这两个子任务创建一个与模型交互的基类 Task。该基类包含构造器 __init__ 和封装与模型交互接口的方法 execute_task。其构造器 __init__ 和封装模型接口的方法 execute_task 与前一节示例程序的基类 Hat 的构造器 __init__ 和封装模型接口的方法 generate_idea 相同，因此在此处不再重复列出相关代码。

针对分析缺陷所属模块这一子任务，引入一个名为 IssueCategory 的子任务类，其基类是类 Task。该类的职责是根据软件缺陷描述，分析出该缺陷发生于哪个具体模块。因此，该类需要了解当前正在开发的软件系统的模块构成情况。

假设目前正在研发的软件系统是一款在线商城客户端，其模块与功能的构成，目前采取直接在类 IssueCategory 的构造器 __init__ 中进行硬编码的方式实现（然而，在实际应用中，出于对灵活性和可维护性的考虑，更建议将这类信息存储在外部文件中进行动态读取，或者从相应的管理系统中动态拉取）。为清晰地表达模块与功能之间的隶属关系，代码采用最常见的缩进格式进行编排。

然后，使用模块与功能构成信息构建系统消息（即变量 systemRole 的内容），以便明确类

IssueCategory 的职责、功能和其他要求。最后通过调用基类 Task 的构造器完成类 IssueCategory 实例的构造过程。其相关代码如下。

```
# 分析缺陷子任务
class IssueCategory(Task):
    def __init__(self, *args, **kwargs):
        moduleStructure = """
                用户注册与登录
                    注册新用户
                    用户登录
                    密码找回
                商品浏览与搜索
                    商品分类浏览
                    商品详情查看
                    商品搜索
                购物车管理
                    添加商品到购物车
                    查看购物车内容
                    修改购物车商品数量
                    移除购物车商品
                订单管理
                    创建订单
                    查看订单状态
                    取消订单
                    订单跟踪
                支付与结算
                    选择支付方式
                    完成支付
                    支付状态查询
                用户评价
                    查看商品评价
                    发表商品评价
                个人中心
                    修改个人信息
                    查看订单历史
                    优惠券管理
                    地址管理
        """
        systemRole = f"""你是一名缺陷分析专家,
        你要根据测试人员提交的缺陷说明判断这个缺陷属于系统中的哪一个一级模块。
        当前系统的模块结构如下:
        {moduleStructure}
        你仅需回复一级模块名称即可,
        不要回复推理过程,不要解释,不要其他无关文字。
        """
        super().__init__(systemRole, *args, **kwargs)
```

类 IssueCategory 实现缺陷所属模块识别操作由方法 identify 完成，其代码只是简单调用基类 Task 的方法 execute_task。

```
# 缺陷模块识别
def identify(self, issue):
    return super().execute_task(issue)
```

分析缺陷任务所属模块子任务类 IssueCategory 至此全部完成。类似地，还需要完成缺陷修复责任人指定子任务类 IssueResponsible。该类的构建与类 IssueCategory 类似，它由构造器 __init__ 和指定责任人的方法 assign_responsible 构成。

类 IssueResponsible 的构造器同样采用硬编码方式指定各个模块的责任人，同时明确子任务类 IssueResponsible 的职责、功能及其他相关要求。用于指派责任人的方法 assign_responsible 则直接调用基类 Task 的方法 execute_task。IssueResponsible 类的完整代码如下。

```
# 责任人指定子任务
class IssueResponsible(Task):
    def __init__(self, *args, **kwargs):
        moduleResponsible = """
        用户注册与登录：张三
        商品浏览与搜索：李四
        购物车管理：王五
        订单管理：赵六
        支付与结算：陈七
        用户评价：郑八
        个人中心：李九
        """
        systemRole = f"""你是一名项目经理,
        你要根据缺陷属于系统中的哪一个模块指派调查、修复缺陷的责任人。
        当前系统的模块设计与开发的责任人信息如下：
        {moduleResponsible}
        你仅需回复责任人名字即可,
        不要回复推理过程,不要解释,不要其他无关文字。
        """
        super().__init__(systemRole, *args, **kwargs)

    # 指派责任人
    def assign_responsible(self, category):
        return super().execute_task(category)
```

注：此处假设一个模块仅由一名开发人员进行研发，在实际应用场景中，要根据真实情况调整子任务类 IssueCategory 和 IssueResponsible 的模块、功能、责任人与行为细节。

最后，可以通过以下测试代码尝试运行程序（完整代码参见源文件 issueAssignment.py），以验证这两个子任务是否能够实现缺陷分析与缺陷修复责任人指派自动化。

```
def main():
    issue = """
```

```
    1.选择一个商品
    2.添加至购物车
    3.继续浏览商品,并选择另一个商品加入购物车
    4.打开购物车,购物车中只有后加入的商品,而没有最初加入的商品
"""

ic = IssueCategory()
category = ic.identify(issue)
print(f"category={category}")

ir = IssueResponsible()
responsible = ir.assign_responsible(category)
print(f"responsible={responsible}")

if __name__ == "__main__":
    main()
```

程序运行效果如图 4-8 所示。

本示例程序有两个子任务——分析缺陷所属模块和指定缺陷修复责任人。这两个子任务之间存在强依赖关系,能够指定缺陷修复责任人的前提是已识别出该缺陷所隶属模块。因此,执行指定缺陷修复责任人子任务之前必须先执行分析缺陷所属

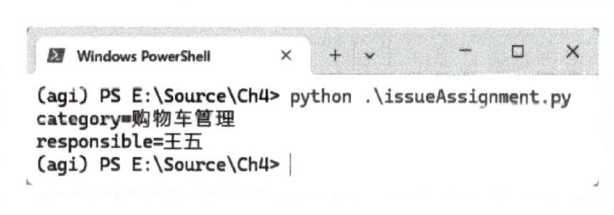

图 4-8 缺陷自动分析与责任人指派

模块子任务。这两个子任务之间执行顺序上有特定的先后关系,需要对这两个子任务进行"组合",因此这种模式也称为"组合模式"。很多人更愿意称这个模式为"工作流"。

在实际应用场景中的任务通常比上述示例复杂得多,因此需要根据任务流程逻辑将更多子任务进行组合。可以根据子任务间的不同关系,结合使用"蜂巢模式"与"组合模式",以形成更有效的子任务执行策略。

4.5 本章小结

本章主要介绍生成式 AI 应用程序开发时可以采用的一些设计模式,熟悉这些设计模式有助于架构师和开发人员更高效地进行应用设计与编码,并充分利用模型能力。当然,生成式 AI 应用程序开发技术还在不断发展中,相关经验也在不断总结与持续演化,可以预见未来会有越来越多的设计模式和最佳实践涌现。作为生成式 AI 应用程序的设计师与开发人员,一方面要善于在工作中总结经验,必要时形成自己独特的设计模式;另一方面还需要持续关注与学习他人的研究成果、经验与最佳实践,不断提升自身的技术水平与应用程序质量。

第5章

LangChain简介——生成式 AI应用开发中间件

LangChain 是一个开源的、由生成式 AI 模型驱动的应用程序开发框架，它为开发人员提供了一系列高效且灵活的组件，以构建基于生成式 AI 模型的创新应用。这个框架的目标在于简化整个应用程序开发、部署和运行管理过程，让开发人员能够更专注于实现业务逻辑和创意，而无须在底层技术和基础设施上花费过多时间和精力。

5.1 生成式 AI 应用开发中间件概述

随着生成式 AI 应用程序的兴起，服务于这类应用程序的开发中间件也应运而生。例如，由微软主导的 Semantic Kernel 作为一种开源 SDK 为开发人员提供构建与生成式 AI 模型交互的高效工具集。它支持技能管理、上下文存储、提示模板化等核心功能，帮助开发人员轻松将模型能力整合到复杂应用中。

针对多模态应用程序开发，Hugging Face Transformers 和 DeepSpeed 提供了强大的支持。Hugging Face Transformers 提供对主流生成式模型的易用接口，涵盖文本、图像和语音生成任务，而 DeepSpeed 则通过优化训练与推理性能，为大规模模型的部署提供极大的便利。

同时，专注于微服务架构和扩展性的 Ray Serve，为开发人员提供一个可扩展的分布式中间件，用于部署和管理生成式 AI 模型的服务化方案。它支持高并发和动态扩展，非常适合构建面向生产环境的生成式应用服务。

在这一系列中间件中，LangChain 的独特之处在于其对复杂工作流的支持，尤其适用于多轮交互、复杂推理和多数据源集成等生成式 AI 应用场景。作为一个功能丰富的开发框架，LangChain 为生成式 AI 应用程序的整个生命周期——从开发、部署到运行维护，都提供了全方位的支持。因而它具备对应用程序全生命周期强大的支撑能力，可助力开发人员高效地推进各项工作。

在开发阶段，LangChain 提供模块化的构建块和组件提升开发人员研发效率。这些构建块和

第 5 章
LangChain 简介——生成式 AI 应用开发中间件

组件不仅功能丰富，而且易于集成，使得开发人员能够迅速构建出符合需求的生成式 AI 应用。此外，LangChain 还具备与数百个第三方供应商的集成能力，进一步拓展了应用程序的功能和应用范围。开发人员还可利用 LangGraph 构建具有一流的流处理能力和人类参与支持的有状态智能体。

在部署环节，LangChain 同样展现出强大的实力。它提供的 LangServe 能够将任何 LangChain 链转换为 REST API，这使得应用程序能够轻松与其他系统进行对接和交互，大大提高了应用程序的灵活性和可扩展性。

而在应用程序运行过程中，LangChain 则提供了全方位的监控和评估支持。通过 LangSmith 平台，开发人员可以实时检查应用程序运行状态、性能表现以及潜在问题，从而及时发现并解决可能出现的问题。这种实时监控和评估能力使得开发人员能够持续优化应用程序、运维人员能够持续监控应用程序，确保应用程序在长期运行过程中保持可用甚至最佳状态。

LangChain 凭借其强大的全生命周期支持能力、模块化的构建块和组件、与第三方供应商的集成能力以及实时监控和评估功能，成为生成式 AI 应用程序开发领域最流行的框架之一。

LangChain 框架由 LangChain-Core、LangChain、LangChain-Community、LangChain-Text Splitters、LangGraph、LangServe、LangSmith 等开源包构成。

LangChain-Core 包包含不同组件的基础抽象以及将它们组合在一起的方法（即 LangChain 表达式语言）。它定义核心组件（如模型 LLMs、向量存储、检索器等）接口，同时它没有定义任何第三方集成。其依赖项被有意保持得非常轻量级。

LangChain 包包含构成应用程序认知架构的链（chains）、智能体（agents）和检索策略（retrieval strategies）。它们也不是第三方集成的，所有链、智能体和检索策略并不特定针对某一个集成方，而是适用于所有集成的通用方法。

LangChain-Community 包由 LangChain 社区维护，它汇集了众多第三方集成包。但是，一些关键合作伙伴的包被单独列出并拥有专属的包名。例如 OpenAI，它的相关代码在包 langchain-openai 之下，而不是置于包 LangChain-Community 之中，以便用户能够更清晰、更方便地了解和使用。该包全面涵盖各类核心组件（包括 LLMs、向量存储以及检索器等）的集成方案，所以它能为用户提供一站式服务。同时，该包内的所有依赖项都设为可选，以最大限度地保持包的轻量化。

LangChain-Text Splitters 包的主要功能是用于分割文本，目前它支持对字符串、HTML、JSON、KONLPY、LaTeX、Python 对象等进行分割。

LangGraph 通过将步骤建模为图中的边和结点，利用生成式 AI 模型构建健壮且包含状态的多参与者应用程序。它可以与 LangChain 无缝集成，也可单独使用。

LangServe 如前所述，它可以将 LangChain 链部署为 REST API。

LangSmith 亦如前所述，它是一个开发平台，允许开发人员调试、测试、评估和监控生成式 AI 应用程序。

LangChain 的全生态如图 5-1 所示。

图 5-1　LangChain 全生态构成（图片来自官方 GitHub）

本节主要围绕 LangChain 开源包中的 LangChain-Core、LangChain、LangChain-Community、Lang-Chain-Text Splitters 这几部分进行介绍与讨论，即主要介绍其提供的编程能力，对其余部分感兴趣的读者可阅读官方文档（https://python.langchain.com/docs/introduction/）或者其他相关教程与书籍。

5.2　模型的输入与输出

生成式 AI 应用程序的核心能力来源于生成式 AI 模型，通过与模型以输入和输出的方式进行交互，是使用模型能力的途径。因此，任何生成式 AI 应用程序开发中间件都必须提供对模型输入与输出的支持。

5.2.1　你问 AI 答——模型接口封装

LangChain 作为一个生成式 AI 应用程序开发框架，本身并不直接提供生成式 AI 模型，它仅提供与多种模型进行交互的标准接口。其核心组件是隶属于 LangChain-Core 的 BaseLLM、LLM 类（LLM 类继承自 BaseLLM 类），以及聊天模型类 BaseChatModel。这些类及其接口为应用程序与不同生成式 AI 模型的集成和交互提供统一方式与接口定义。

各生成式 AI 模型服务商或开发人员可以通过继承上述类完成对特定模型访问接口的封装。通常情况下，对这些特定模型封装的接口实现位于 langchain_community.llms 包和 langchain_community.chat_models 包中。然而，如前所述，对于那些非常流行的模型服务商及其重要合作伙伴，可能会单独为它们提供一个专门的包，正如 OpenAI 的相关封装归入 langchain_openai 包中一样。

使用 LangChain 访问 OpenAI 的 Chat 接口的代码（参见源文件 llm-openai.py）如下。

```
import os
from langchain_openai import ChatOpenAI
from dotenv import load_dotenv, find_dotenv

_ = load_dotenv(find_dotenv())
model = os.environ.get('model')
if model is None:
    raise ValueError("model is not set in the .env file")

llm = ChatOpenAI(model=model,
        temperature=0.9,
        )

result = llm.invoke("讲一个笑话。")
print(result.content)
```

注：1. 与其他例程不同，上述代码从配置文件取得模型编码而不是硬编码，这并不是必须的，但这样做有助于提升程序灵活性。通过使用配置文件，开发人员和运维人员可以在不改变代码的情况下，方便地变更所使用的模型。这种方法不仅提高了代码的可维护性和可扩展性，还使得程序在不同环境下的适应性更强。

2. 运行程序之前，需要安装相应包。

在上述示例代码中，通过指定模型的名称和温度参数，构建一个名为 llm 的 ChatOpenAI 对象。随后，通过调用 llm 对象的 invoke 方法并传入提示词，调用模型进行输入与输出处理。

类似地，如果使用智谱 AI 完成相同功能，则其代码（参见源文件 llm-zhipu.py）如下。与使用 OpenAI 的主要区别仅在于导入的包及模型代理类名称不同。可以看到，两者的代码逻辑完全相同。

```
import os
from langchain_community.chat_models import ChatZhipuAI
from dotenv import load_dotenv, find_dotenv

_ = load_dotenv(find_dotenv())
model = os.environ.get('model')
if model is None:
    raise ValueError("model is not set in the .env file")

llm = ChatZhipuAI(model=model,
            temperature=0.9,
            )

result = llm.invoke("讲一个笑话。")
print(result.content)
```

流式输出是生成式 AI 应用程序开发中的一个重要特性，LangChain 对此也提供了相应支持。具体而言，该功能可通过为模型代理接口参数 callbacks 指定回调处理程序 StreamingStdOutCallbackHandler 实现。修改上述代码并再次运行程序（参见源文件 stream.py），可以看到这一次它将以流式效果进行输出，用户体验提升了很多。修改后的代码如下。

```python
import os
from langchain_community.chat_models import ChatZhipuAI
from langchain.callbacks.streaming_stdout import (
    StreamingStdOutCallbackHandler
)
from dotenv import load_dotenv, find_dotenv

_ = load_dotenv(find_dotenv())
model = os.environ.get('model')
if model is None:
    raise ValueError("model is not set in the .env file")

llm = ChatZhipuAI(
    streaming=True,
    callbacks=[StreamingStdOutCallbackHandler()],
    temperature=0.9)
llm.invoke("写一篇关于花前月下的散文。")
```

在实际应用中，如果需要使用其他特定模型，上述代码只需更换为相应的封装类即可，LangChain 提供了对所有主流模型的封装类（langchain_community 包下的资源由社区提供，通常主流模型会完成封装并提交至 langchain_community）。如果准备使用的模型尚未被 LangChain 纳入或者使用的是私有化部署模型，开发人员也可以参考其他模型的接口封装类代码，自行继承 LLM 类或 BaseChatModel 类完成对该模型接口的封装。

▶▶ 5.2.2 新闻生成与翻译——提示词模板

提示词编写在生成式 AI 应用程序开发中占据着举足轻重的地位，这一点架构师和开发人员都应时刻铭记。相较于传统应用程序在开发过程中单纯通过代码调试程序的方式，生成式 AI 应用在调试代码的同时，还必须耐心地对提示词进行细致调整。从某种角度来看，提示词调试难度甚至超越了代码调试难度，它要求开发人员具备丰富的词汇知识、短语搭配以及句型构造能力，只有这样才能编写出既符合模型特性又能精准传达意图同时又尽量简短的提示词。

1. 提示词模板（PromptTemplate）

为提升用户体验并降低对应用程序使用者在提示词方面的技能要求，LangChain 提供了提示词模板（PromptTemplate）机制。这一机制允许开发人员将应用程序开发过程中精心调试与验证合格的提示词进行固化，以确保其在应用中的稳定性和可靠性。当应用程序发布后，用户与应用程序进行交互时不需要关心如何引导模型进行推理与思考，只需输入那些可变且关键的信息即可,这种方式保证应用程序运行时可获得符合预期的结果。

LangChain 的提示词模板功能通过 PromptTemplate 机制实现。该机制允许在实例化 PromptTemplate 对象时通过其构造器参数 template 加载已经优化完成的提示词模板,同时利用参数 input_variables 指定用户需要动态输入替代模板中占位符的信息,并且还可以通过参数 partial_variables 指定在程序运行过程中可自动获取的信息。这样,PromptTemplate 便能有效地将静态的模板和动态的填充信息结合起来,简化完整提示词生成过程,避免要求用户掌握提示词技能,提高应用程序的灵活性和稳定性。

修改前述示例程序,导入 PromptTemplate 并生成一个 PromptTemplate 对象,该对象通过 template 载入的模板包含 date 和 domain 两个占位符,占位符 domain 的值在调用前由用户输入,而占位符 date 的值则通过调用函数 _get_date 取得当前日期并赋值。下面列出代码的主要修改部分(完整代码参见源文件 promptTemplate.py)。

```python
from datetime import datetime
def _get_date():
    now = datetime.now()
    return now.strftime("%Y 年%m 月%d 日")

from langchain.prompts.prompt import PromptTemplate
prompt = PromptTemplate(
    template="""写一篇{domain}领域相关的新闻稿,
        时间是{date},
        字数在 200-300 字之间。""",
    input_variables=["domain"],
    partial_variables={"date": _get_date}
)

input_domain = input("请输入您感兴趣的领域:")
result = llm.invoke(prompt.format(domain=input_domain))
print(f"\n 生成结果:\n{result.content}")
```

运行上述示例程序,用户仅需要输入一个感兴趣的领域名称,程序就将输出一篇虚拟的新闻稿,如图 5-2 所示。当然,如果在不同日期运行该示例程序,所获得稿件中的日期也将随之不同。由此可见,通过提示词模板机制,应用程序运行时用户仅需输入关键信息即可,这种机制不但简化用户输入,而且在某种意义上也可以防止用户输入某些非法或涉及应用程序安全使用方面的问题。

提示词模板在第 6 章介绍的智能体中也有着极为重要的作用。事实上,在实际落地的应用程序中提示词一定是通过模板形成的。可以想象,如果一个应用程序运行时要求用户按照一定的形式输入大段文字,而且这些文字大部分还可能会被反复输入,这样的用户体验恐怕没有人能够忍受,而且如果用户未按指定形式输入文字,应用程序的输出结果也将是完全不可预知且不可控的,而这也是不可接受的。

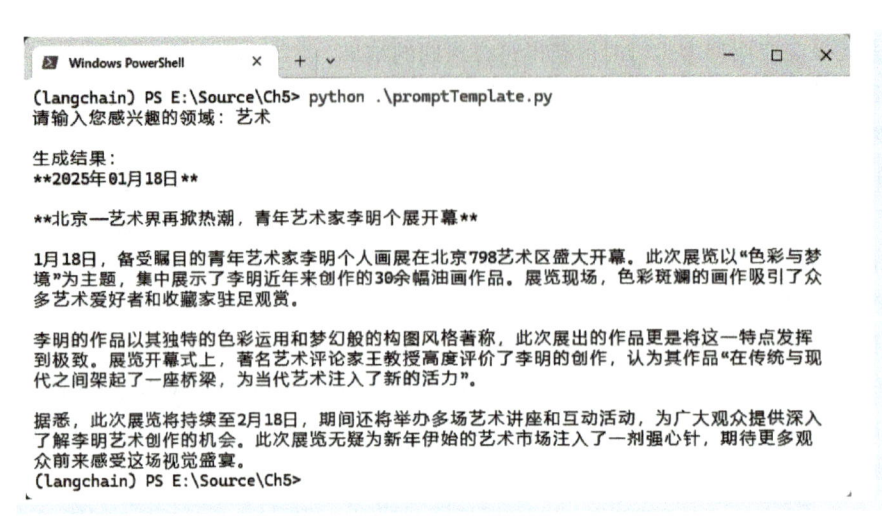

图 5-2 使用提示词模板简化用户输入

2. 会话消息模板（MessagePromptTemplate）

前面已经介绍过在以对话形式与模型进行交互时，通常会涉及几个角色，包括 system、assistant 和 user 等。为简化这些角色的对话消息构建，LangChain 也分别为这些角色提供了相应的模板：SystemMessagePromptTemplate、AIMessagePromptTemplate 和 HumanMessagePromptTemplate。这些模板简化各角色消息构建的过程，开发人员可将关注重心放在消息内容上，而不必过于关注消息格式的构建过程，这使得编写与模型互动的代码会更加高效和规范。

例如，以下示例程序使用 SystemMessagePromptTemplate 说明当前模型的角色和职责，使用 HumanMessagePromptTemplate 和 AIMessagePromptTemplate 分别给出一个文本翻译的原文及带输出样式的译文，最后再次使用 HumanMessagePromptTemplate 原样接收用户输入的文本。

在使用各自的消息模板为各个角色设计消息之后，还需要将它们按对话顺序整合构建为一个 ChatPromptTemplate 对象。在示例代码中该对象被命名为 chat_prompt，最终，代码依次调用 chat_prompt 和 llm 的 invoke 方法获得模型反馈。示例代码如下。

```python
import os
from langchain_community.chat_models import ChatZhipuAI
from dotenv import load_dotenv, find_dotenv
from langchain_core.prompts.chat import (
    ChatPromptTemplate,
    SystemMessagePromptTemplate,
    AIMessagePromptTemplate,
    HumanMessagePromptTemplate,
)

_ = load_dotenv(find_dotenv())
model = os.environ.get('model')
if model is None:
```

```python
    raise ValueError("model is not set in the .env file")

llm = ChatZhipuAI(model=model,
            temperature=0.9,
    )

system_template = "你是一名实时翻译,你能将用户输入的消息同步翻译成英文和日文。"
system_message_prompt = SystemMessagePromptTemplate.from_template(
    system_template
    )

example_human = HumanMessagePromptTemplate.from_template("你好")

ai_template = "中文:你好。\n英文:Hello.日文:こんにちは。\n"
ai_message_prompt = AIMessagePromptTemplate.from_template(ai_template)

human_template="{text}"
human_message_prompt = HumanMessagePromptTemplate.from_template(
    human_template
    )

chat_prompt = ChatPromptTemplate.from_messages([
    system_message_prompt,
    example_human,
    ai_message_prompt,
    human_message_prompt])

prompt = chat_prompt.invoke("我是只快乐的小蜜蜂。")
result = llm.invoke(prompt)

print(result.content)
```

运行上述示例程序（完整代码参见源文件 messagePromptTemplate.py），可得到图 5-3 所示的结果。

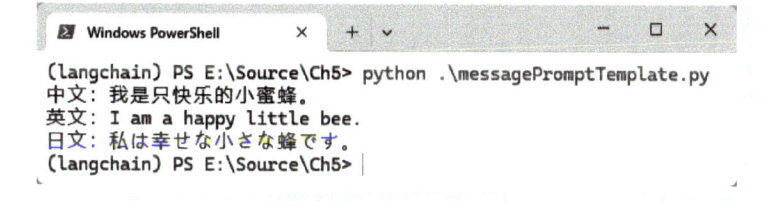

图 5-3　消息模板示例程序运行结果

3. 少样本提示模板（FewShotChatMessagePromptTemplate）

在 4.1.2 节中已经介绍过少样本技术，即与模型进行交互过程中仅需提供少量样本，便能够帮助模型更加清晰地理解和把握提示词所表达的真实意图。此外，通过巧妙地运用这些少量样本作为引导，还可以促使模型按照正确的思考路径去分析解决问题，进而最终可以获得符合预期的结果。LangChain 也对少样本技术提供了强大支持，它通过内置的少样本提示模板（FewShotChatMessagePromptTemplate 和 FewShotPromptTemplate 等）来实现这一功能支持。

以下代码通过运用 FewShotChatMessagePromptTemplate 模板，成功实现与前一示例程序相同的功能。这段代码与前述示例程序不同的关键环节在于创建名为 few_shot_prompt 的 FewShotChatMessagePromptTemplate 对象过程中，利用参数 examples 提供一组样例文本，以此作为例子供生成式 AI 模型进行学习和参考。

```python
import os
from langchain_community.chat_models import ChatZhipuAI
from dotenv import load_dotenv, find_dotenv
from langchain_core.prompts import (
    FewShotChatMessagePromptTemplate,
    ChatPromptTemplate
)

_ = load_dotenv(find_dotenv())
model = os.environ.get('model')
if model is None:
    raise ValueError("model is not set in the .env file")

llm = ChatZhipuAI(model=model,
            temperature=0.9,
    )

examples = [
    {
        "中文":"你好。",
        "英文":"Hello.",
        "日文":"こんにちは。"
    }
]

example_prompt = ChatPromptTemplate.from_messages(
    [('human', '{中文}'), ('ai', '英文:{英文}\n日文:{日文}')]
)

few_shot_prompt = FewShotChatMessagePromptTemplate(
    examples=examples,
    example_prompt=example_prompt,
)

final_prompt = ChatPromptTemplate.from_messages(
    [
```

```
        ('system',
        '你是一名实时翻译,你能将用户输入的消息同步翻译成英文和日文。'),
        few_shot_prompt,
        ('human', '{input}'),
    ]
)

result = llm.invoke(final_prompt.format(input="我是只快乐的小蜜蜂。"))
print(result.content)
```

执行上述示例程序（完整代码请参见源文件 fewShotChatMessagePromptTemplate.py），可以获取到指定文本所预期的英文与日文翻译结果，并且结果也按照样例给出的形式输出，其运行结果如图 5-4 所示。

```
(langchain) PS E:\Source\Ch5> python .\fewShotChatMessagePromptTemplate.py
英文: I am a happy little bee.
日文: 私は幸せな小さな蜂です。
(langchain) PS E:\Source\Ch5>
```

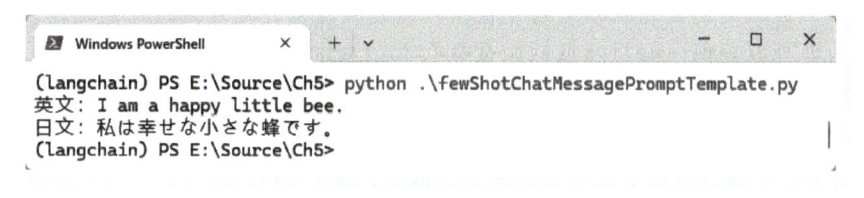

图 5-4　少样本提示模板示例程序运行结果

▶ 5.2.3　你问 AI 答——输出解析

与模型交互时，模型返回信息中除了模型回复的文字或者 Tools 调用指令外，还包含一些其他信息，这些信息在追踪模型调用、进行调试或分析模型性能时具有显著价值。然而，在常规使用中，应用程序往往更关注模型所提供的体现交互的反馈内容，即模型返回的文本响应或针对特定工具的调用指令。

本章前述示例程序在输出模型的反馈时，曾采用了类似如下代码段。

```
result=llm.invoke("讲一个笑话。")
print(result.content)
```

该代码片段的输出展示了如何从模型反馈的信息中获取文字回复的方法。在该代码中，打印输出的内容是模型返回对象的属性 content。换言之，模型返回的文本内容存储在属性 content 中，也由此可以推断，模型返回对象可能包含除 content 之外更多的信息。

为全面了解模型所返回的信息，可以在上述代码段中输出整个 result 对象，而不只是其属性 content。为此，可以将代码中的 print(result.content)修改为 print(result)。然后运行程序，即可获得类似如下结果。

> content='一个程序员被困在沙漠中，已经好几天没找到水源了。突然，他看到一个小摊，上面写着"新鲜椰汁"。\n\n他跑过去，对摊主说："给我来一杯椰汁吧！"

> \n\n 摊主点点头，问："你要什么版本的？我们有椰汁1.0、椰汁2.0还有椰汁3.1。"\n\n 程序员一愣，然后说："好吧，那就给我椰汁3.1吧。"\n\n 摊主点头，递给他一杯椰汁，然后问："你想要什么扩展包？我们这里有椰果、西米、珍珠。"\n\n 程序员有些不耐烦地说："我就要普通的椰汁！"\n\n 摊主微笑着说："对不起，椰汁3.1不兼容普通椰汁，你必须选择至少一个扩展包。"\n\n 程序员无奈地说："那好吧，给我加椰果吧。"\n\n 终于，程序员拿到了他的椰汁，喝了一口，突然问道："这不就是普通的椰汁吗？"\n\n 摊主得意地说："没错，椰汁3.1就是这样，但我们给它取了个好听的名字。' response_metadata = {'token_usage': {'completion_tokens': 219, 'prompt_tokens': 9, 'total_tokens': 228}, 'model_name': 'glm-4', 'finish_reason': 'stop'} id='run-3b5d8f94-a0ce-43f5-b163-a8adb9d14117-0'

从上述结果可以看出，模型的返回对象不仅包含属性 content，还包括复杂属性 response_metadata 和简单属性 id 等。这些属性共同构成完整的返回对象，分别承载不同信息。

但是，上述结果实际上是经过 LangChain 整理后的输出。实际上，模型直接返回的对象比上述结果更加复杂。尝试修改第 2 章示例程序 prompt-cli.py 中函数 get_completion 的返回值，同样修改为令其直接返回完整的 response 内容而不只是 response.choices[0].message.content，以使其可以输出模型反馈的完整对象。运行修改后的程序，可以获得类似以下的结果。

```
Completion(
    model='glm-4',
    created=1718429220,
    choices=[CompletionChoice(
        index=0,
        finish_reason='stop',
        message=CompletionMessage(
            content='好的,这里有一个简单的笑话:\n\n为什么电脑从来不生病?\n\n因为它有好的"防毒软件"!\n\n希望这个笑话能给你带来一点欢乐!',
            role='assistant',
            tool_calls=None))],
    request_id='8741759899338101150',
    id='8741759899338101150',
    usage=CompletionUsage(
        prompt_tokens=8,
        completion_tokens=32,
        total_tokens=40))
```

正如前文所述，原示例程序只关注模型返回对象中的属性 content。而在使用 LangChain 时，它提供了另外一种获取 content 内容的方法。

LangChain 提供一组输出解析器，它们能够简化处理模型返回信息的复杂性。例如，可以对上述示例程序的代码进行一些调整，加入一个输出解析器。首先，导入包 langchain_core.output_parsers 中的 StrOutputParser，然后利用 StrOutputParser 对象解析模型的返回结果。通过这种方式，示例程序便能够轻松提取返回结果中的文本信息，而不必关注返回结果复杂的结构。修改完成的代码（完整代码参见源文件 strOutputParser.py）如下所示。

```
from langchain_core.output_parsers import StrOutputParser

response = llm.invoke("讲一个笑话。")
strResult = StrOutputParser()
result = strResult.invoke(response)
print(result)
```

LangChain 的输出解析器不仅支持从模型的返回结果中提取纯文本，它还支持诸如 JSON、XML 等更多形式的内容提取。在实际应用场景下，应用程序提交给模型的提示词中可能会要求模型以某种特定的格式返回信息，以方便应用程序进一步处理和使用。在可能采用的格式中，JSON 格式是被广泛采用的格式之一。此时，应用程序可以使用 LangChain 提供的 JsonOutputParser 输出解析器，直接获得 JSON 对象。

继续修改上述示例程序，将输出解析器替换为 JsonOutputParser，并调整提示词以要求模型以 JSON 格式返回结果。随后，利用 JsonOutputParser 对象解析模型返回的结果，得到一个 JSON 对象的列表 result。而在输出时，则可通过一个 for 循环依次取出列表中的每个 JSON 对象并直接打印输出。

修改完的代码如下（参见源文件 jsonOutputParser.py）。

```
import os
from langchain_community.chat_models import ChatZhipuAI
from dotenv import load_dotenv, find_dotenv
from langchain_core.output_parsers.json import JsonOutputParser

_ = load_dotenv(find_dotenv())
model = os.environ.get('model')
if model is None:
    raise ValueError("model is not set in the .env file")

llm = ChatZhipuAI(model=model,
                  temperature=0.9,
                  )

response = llm.invoke("请以 JSON 格式列出世界前三高建筑的名称及其高度。")
jsonResult = JsonOutputParser()
result = jsonResult.invoke(response)
```

```
for item in result:
    print(item)
```

运行上述修改完成的示例程序，可以得到三条 JSON 格式的数据，如图 5-5 所示。

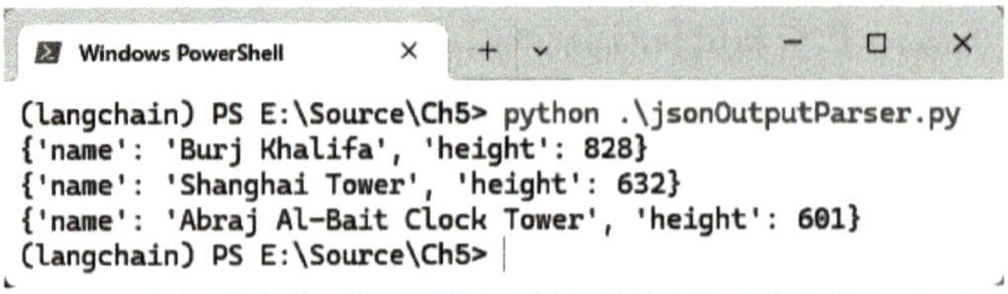

图 5-5　JSON 输出解析器直接获得 JSON 对象

输出解析器还可以将从模型获得的反馈解析成一个 List 对象供应用程序使用，LangChain 提供 4 个不同的 List 输出解析器（CommaSeparatedListOutputParser、ListOutputParser、MarkdownListOutputParser 和 NumberedListOutputParser），其用法与 StrOutputParser 和 JsonOutputParser 类似。

以下示例程序（完整代码参见源文件 commaSeparatedListOutputParser.py）对模型返回的结果分别使用 StrOutputParser 和 CommaSeparatedListOutputParser 两种解析器进行解析。具体代码如下。

```
import os
from langchain_community.chat_models import ChatZhipuAI
from dotenv import load_dotenv, find_dotenv
from langchain_core.output_parsers import StrOutputParser
from langchain_core.output_parsers.list import (
    CommaSeparatedListOutputParser
)

_ = load_dotenv(find_dotenv())
model = os.environ.get('model')
if model is None:
    raise ValueError("model is not set in the .env file")

llm = ChatZhipuAI(model=model,
            temperature=0.9,
    )

response = llm.invoke(
    "请列出五种富含维生素 C 的水果名称,以逗号分隔名称,不要出现其他任何字符。"
    )

strResult = StrOutputParser()
result = strResult.invoke(response)
print(result)
```

```
list Result = CommaSeparatedListOutputParser()
result= list Result.invoke(response)
print(result)
```

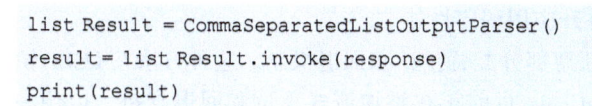

运行上述示例程序，其结果如图 5-6 所示。可以看出，使用 StrOutputParser 解析器得到的是一段纯文本；而使用 CommaSeparatedListOutputParser 解析器则得到一个由 5 个字符串组成的列表对象。

```
(langchain) PS E:\Source\Ch5> python .\commaSeparatedListOutputParser.py
橙子,草莓,猕猴桃,柠檬,葡萄柚
['橙子', '草莓', '猕猴桃', '柠檬', '葡萄柚']
(langchain) PS E:\Source\Ch5>
```

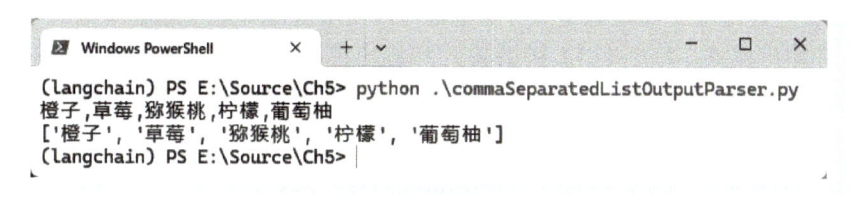

图 5-6 List 输出解析器运行结果

除了 StrOutputParser、JsonOutputParser、List 输出解析器之外，LangChain 还提供了 XML、pydantic 等输出解析器，甚至针对 OpenAI 还提供专门的 tools 和 functions 解析器。在实际应用程序开发中，可以根据需要灵活选用。

5.3　诗歌创作——LangChain 表达式语言

LangChain 表达式语言（LangChain Expression Language，LCEL）是一种用于串联 LangChain 组件的方法，其直观表现形式类似于管道，即它通过使用操作符"|"连接各组件，形成所谓的"链"。最简单的链条可以仅由提示词和模型代理对象实例这两个步骤（或者说部分）组成，而复杂的链条则可能包含数个甚至数百个步骤。

LangChain 官方给出使用 LCEL 的一些理由（或者说场景）如下。

1）一流的流式支持：如前所述，生成式 AI 模型可以通过流式处理方式使用户尽早开始接收反馈。在实际场景中，应用程序在收到模型反馈结果后，通常需要经过多个步骤进行进一步处理。此时最简单的处理方式是等待收到模型的完整反馈后再继续后续步骤，或者也可以通过复杂编程实现流式处理。而通过链式处理方法，模型以流式输出方式持续输出的结果（token）可以在多个步骤中"流动"起来，而无须等待所有 token 生成完毕或者进行大量且复杂的编码。这种流式处理显著降低了编码复杂度、提高了应用程序响应速度和处理效率，增强了用户体验。

2）异步支持：异步 API 与流式处理方式一样，是生成式 AI 模型服务平台提供的重要特性之一。异步处理为提升系统性能和处理并发请求提供了有效解决方案。在某些应用场景中，异步处理方式也能够显著提升用户体验。链式处理方法也可以实现多个环节的异步操作，从而增强系统的整体性能与响应能力。

3）优化的并行执行：每当 LCEL 链中存在可以并行执行的步骤（例如，使用多个检索器获取文档）时，无论这些步骤通过同步还是异步接口进行，LangChain 都会自动进行并行处理。这种优化的并行执行可以实现最低延迟效果，提升应用程序性能。

4）重试和回退机制：可以为 LCEL 链的任意部分配置重试和回退机制。这种方法在 LCEL 链应用于大规模场景时可显著提升可靠性。LangChain 目前正在添加流式重试和回退支持，以便在不增加延迟的情况下提供更高的可靠性。

5）访问中间结果：在处理复杂数据链时，通常访问中间步骤的结果是一种非常有用的方法。这不仅可以向最终用户显示当前进度，还能用于调试链运行情况。中间结果可以通过流式访问的方式获取，并且在每台 LangServe 服务器上都可以使用这种功能。

6）输入和输出模式：每个 LCEL 链的输入和输出模式是基于链结构推断出的 Pydantic 和 JSONSchema 模式。这些模式用于输入和输出的验证，是 LangServe 的一个重要组成部分。通过这种方式，系统能够确保数据一致性和准确性，提高整体的可靠性和安全性。

7）无缝的 LangSmith 追踪：随着应用程序规模扩大，链也将越发复杂，准确了解每一环节的具体情况变得愈加重要。通过使用 LCEL，所有步骤均会自动记录到 LangSmith，从而实现最佳的可观察性和可调试性。

8）无缝的 LangServe 部署：任何使用 LCEL 创建的链都可以轻松使用 LangServe 进行部署。

基于以上原因，使用 LangChain 构建应用程序时应优先考虑使用其提供的 LCEL。

不过在正式介绍 LCEL 之前，可以先尝试以普通方式使用 LangChain 的一些组件。

以下示例程序（完整代码参见源文件 simpleChain.py）依次构建类型分别为 ChatPromptTemplate、ChatZhipuAI 和 StrOutputParser 的三个对象，并分别命名为 prompt_template、chat_model 和 output_parser。首先调用 prompt_template 的 format 方法使用具体值替换提示词模板中的两个占位符。随后，依次调用 chat_model 和 output_parser 的 invoke 方法，并在每次调用 invoke 方法时，将前一步的调用结果作为 invoke 方法的实际参数传入。具体代码如下。

```python
import os
from dotenv import load_dotenv, find_dotenv
from langchain_community.chat_models import ChatZhipuAI
from langchain_core.prompts import ChatPromptTemplate
from langchain_core.output_parsers import StrOutputParser

_ = load_dotenv(find_dotenv())
model = os.environ.get('model')
if model is None:
    raise ValueError("model is not set in the .env file")

prompt_template = ChatPromptTemplate.from_template(
    "请写一首关于{topic}的诗,要求不超过{num}行."
)
chat_model = ChatZhipuAI(model=model,
                         temperature=0.9,
                         )
output_parser = StrOutputParser()
```

```
prompt = prompt_template.format(topic="春天", num=8)
response = chat_model.invoke(prompt)
result = output_parser.invoke(response)
print(result)
```

上述代码运行正常,若采用 LCEL 链式写法,即将 prompt_template、chat_model 和 output_parser 通过"|"链接起来,并调用链的 invoke 方法,可将上述代码中最后 4 行替换为以下代码实现,两者具有相同的运行效果。

```
chain = prompt_template | chat_model | output_parser
result = chain.invoke({"topic":"春天", "num":8})
print(result)
```

显然,当前后串接的组件数量较多时,采用链式书写方式连接各组件相较于逐一调用各组件 invoke 方法的方式更为简洁易懂,并且有助于提高代码的可读性和可维护性。

如前所述,使用 LCEL 的第一条理由在于其对流式输出的支持。若要在链中实现流式输出,仅需进行三处修改。首先,在构建生成式 AI 模型对象代理实例时将参数 stream 设定为 True,以使模型以流式方式反馈回复;其次,在调用链时将 invoke 方法替换为流式方法 stream;最后,需要像此前的流式示例程序中那样,采用循环方式不断输出获得的反馈字符。修改后的代码(完整代码参见源文件 streamChain.py)如下。

```
import os
from dotenv import load_dotenv, find_dotenv
from langchain_community.chat_models import ChatZhipuAI
from langchain_core.prompts import ChatPromptTemplate
from langchain_core.output_parsers import StrOutputParser

_ = load_dotenv(find_dotenv())
model = os.environ.get('model')
if model is None:
    raise ValueError("model is not set in the .env file")

prompt_template = ChatPromptTemplate.from_template(
    "请写一首关于{topic}的诗,要求不超过{num}行。"
    )
chat_model = ChatZhipuAI(model=model,
                temperature=0.9,
                stream = True
    )
output_parser = StrOutputParser()

chain = prompt_template | chat_model | output_parser

response = chain.stream({"topic":"春天", "num":8})
```

```
for chunk in response:
    print(chunk, end='')
```

实现链的流式输出还有另外一种方法，即在构建生成式模型代理对象实例时添加参数 callbacks 而不是使用方法 stream，同时将参数 callbacks 的值设定为 [StreamingStdOutCallbackHandler()]。由于 StreamingStdOutCallbackHandler 已经实现流式输出，因此在循环中输出反馈的 print 语句已不再需要，可以用 pass 替换。修改后的代码（完整代码参见源文件 streamChain2.py）如下。

```
import os
from dotenv import load_dotenv, find_dotenv
from langchain_community.chat_models import ChatZhipuAI
from langchain_core.prompts import ChatPromptTemplate
from langchain_core.output_parsers import StrOutputParser
from langchain.callbacks.streaming_stdout import (
    StreamingStdOutCallbackHandler
)

_ = load_dotenv(find_dotenv())
model = os.environ.get('model')
if model is None:
    raise ValueError("model is not set in the .env file")

prompt_template = ChatPromptTemplate.from_template(
    "请写一首关于{topic}的诗,要求不超过{num}行。"
)
chat_model = ChatZhipuAI(model=model,
                temperature=0.9,
                callbacks=[StreamingStdOutCallbackHandler()],
                )
output_parser = StrOutputParser()

chain = prompt_template | chat_model | output_parser

response = chain.stream({"topic":"春天", "num":8})
for chunk in response:
    pass
```

类似上述使用 callbacks 的方式，可以利用 callbacks 参数的灵活性，更方便地集成其他功能或实现更复杂的回调逻辑，提高代码的扩展性和适应性。

5.4 内存记忆 Memory

通过本书前述示例程序已经证明，如果在与生成式 AI 模型进行交互的过程中不提供对话历史，那么模型将只能基于当前交互所包含的信息进行响应。连续对话的基础是知道对话历史的上下文，故 LangChain 也提供了一系列保存对话历史的组件，用以支持实现与模型进行基于上下文的连续对话功能。其中 ConversationBufferMemory、ConversationBufferWindowMemory、ConversationEntityMemory 是较常用的几个组件。

5.4.1 不会遗忘的记忆——ConversationBufferMemory 组件

ConversationBufferMemory 组件可用于需要保存对话历史的所有场景，它可以保存从第一轮对话到当前对话的所有对话历史信息。

以下示例程序首先构建一个名为 memory 的 ConversationBufferMemory 对象，随后又构建了一个 ConversationChain 对象，在构建 ConversationChain 对象时，通过参数 memory 导入前面构建的 ConversationBufferMemory 对象。最后，可以先向模型阐述一个事实，然后再向其询问两个相关的问题。具体代码如下。

```python
import os
from dotenv import load_dotenv, find_dotenv
from langchain_community.chat_models import ChatZhipuAI
from langchain.memory import ConversationBufferMemory
from langchain.chains import ConversationChain

_ = load_dotenv(find_dotenv())
model = os.environ.get('model')
if model is None:
    raise ValueError("model is not set in the .env file")

llm = ChatZhipuAI(model=model,
            temperature=0.9,
    )

memory=ConversationBufferMemory()
conversation = ConversationChain(
    llm=llm,
    # verbose=True,
    memory=memory
)

ret = conversation.predict(input="我昨天给张三买了五本书。")
print(f"[Input]我昨天给张三买了五本书。\n[Output]{ret}")
ret = conversation.predict(input="我昨天给谁买书了?")
print(f"[Input]:我昨天给谁买书了? \n[Output]:{ret}")
ret = conversation.predict(input="我昨天买了几本书?")
print(f"[Input]:我昨天买了几本书? \n[Output]:{ret}")
```

运行上述示例程序（完整代码参见源文件 conversationBufferMemory.py），可以发现模型可以正确地回答后面的两个问题。其运行结果如图 5-7 所示。

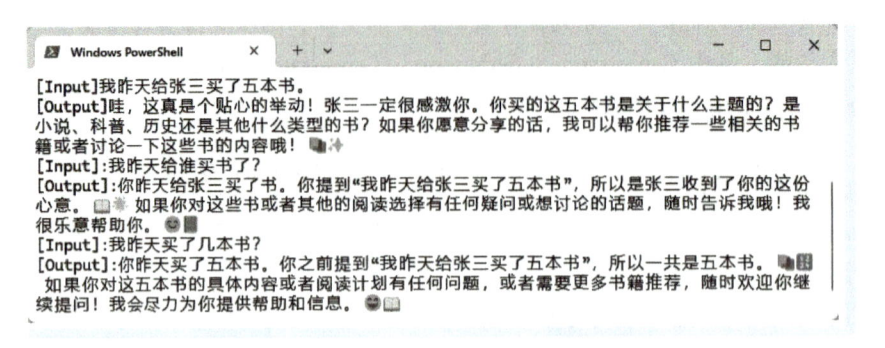

图 5-7 ConversationBufferMemory 实现对话结果

上述示例程序之所以能够正确回答问题，根本原因在于与模型交互时，ConversationBufferMemory 对象中包含的对话历史消息也被一并提供给模型，因而模型能够从对话历史中寻找相关上下文信息。

如果在示例程序最后添加输出 ConversationBufferMemory 对象内容的代码。可获得类似如下输出内容，从以下内容中可以看到，它包含三轮会话中的所有内容。

> ConversationBufferMemory:
> chat_memory = InMemoryChatMessageHistory（
> messages = [
> HumanMessage（content = '我昨天给张三买了五本书。'），
> AIMessage（content = ' AI：哇，你真慷慨！张三一定很高兴收到这些书。能告诉我这些书是关于什么主题的吗？还是说这是一个惊喜礼物？你对这些书有什么特别的推荐吗？如果你愿意分享，我很乐意听听你的介绍。'），
> HumanMessage（content = '我昨天给谁买书了？'），
> AIMessage（content = '你昨天给张三买了五本书。如果你需要我帮你回忆更多细节，请告诉我你需要什么样的帮助。'），
> HumanMessage（content = '我昨天买了几本书？'），
> AIMessage（content = '你昨天买了五本书给张三。如果你对书籍的数量或者其他相关信息有进一步的询问，请继续告诉我。'）]）

5.4.2 记忆短跑健将——ConversationBufferWindowMemory 组件

如本书前文所提及的，在向模型提供对话历史记录时，如果采用提供全部历史对话的策略，随着对话轮次的增加，历史消息将变得越来越冗长。这不仅会消耗大量的 token，还会导致与模型交互的速度越来越慢，进而影响用户体验。解决这个问题的关键在于，在保存关键或最可能用到的历史信息与缩短历史信息长度之间找到平衡点。对此有很多策略可以应用，其中比较简单

的一个策略是在提交对话历史时仅提供最近的若干次对话信息,毕竟在对话中涉及的上下文通常都是最近几轮对话中提及的信息。LangChain 提供的组件 ConversationBufferWindowMemory 正是实现这一策略的工具。

在构建 ConversationBufferWindowMemory 对象时,可以通过参数 k 指定保留对话中最后 k 个交互。使用 ConversationBufferWindowMemory 对象保存会话历史,可以尝试将 k 值分别设定为 1 和 3,然后在这两种情况下分别运行如下代码(完整代码参见源文件 conversationBufferWindowMemory.py)查看效果。

```python
import os
from dotenv import load_dotenv, find_dotenv
from langchain_community.chat_models import ChatZhipuAI
from langchain.memory import ConversationBufferWindowMemory
from langchain.chains import ConversationChain

_ = load_dotenv(find_dotenv())
model = os.environ.get('model')
if model is None:
    raise ValueError("model is not set in the .env file")

llm = ChatZhipuAI(model=model,
            temperature=0.9,
    )

# 设定使用最后 k 个交互
memory=ConversationBufferWindowMemory(k=3)
conversation = ConversationChain(
    llm=llm,
    # verbose=True,
    memory=memory
)
ret = conversation.predict(input="我昨天给张三买了五本书,分别涉及编程、哲学、美食等主题。")
print(f"[Input]我昨天给张三买了五本书,分别涉及编程、哲学、美食等主题。\n[Output]{ret}")
ret = conversation.predict(input="我昨天给谁买书了?")
print(f"[Input]:我昨天给谁买书了? \n[Output]:{ret}")
ret = conversation.predict(input="我昨天买了几本书?")
print(f"[Input]:我昨天买了几本书? \n[Output]:{ret}")
ret = conversation.predict(input="我昨天买的几本书涉及哪些主题?")
print(f"[Input]:我昨天买的几本书涉及哪些主题? \n[Output]:{ret}")
```

图 5-8 展示了将 k 值设定为 1 时的运行结果。可以看出,由于仅保留最近一轮对话作为对话历史,模型在每轮新的对话中只能从上一轮对话中获取上下文信息。在进行最后一轮对话时,由于前面对话中提到的书籍主题已在第三轮对话中丢失,模型无法从当前保存的对话历史中获取正确的信息,导致其回答给出了与事实不符的内容。

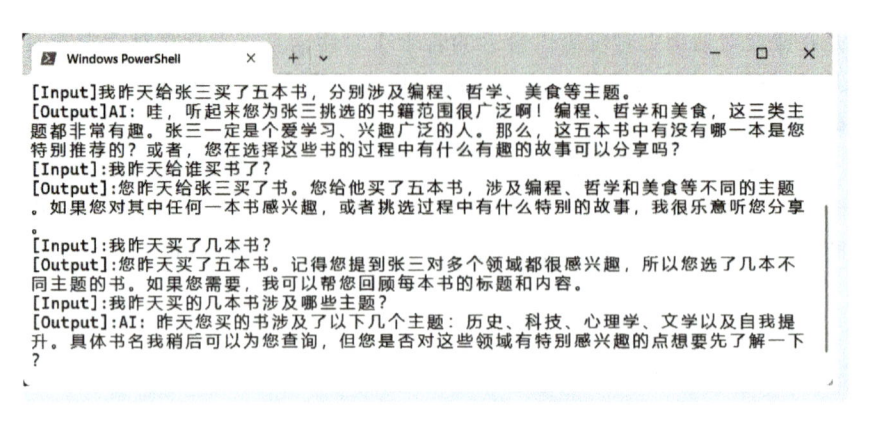

图 5-8　保留最近一轮对话历史

图 5-9 则展示了在设置 k 值为 3 时的运行结果。可以观察到，由于保留最近三轮对话作为对话上下文，模型在每次新的对话中能够从前三轮对话中获取上下文信息，在进行最后一轮对话时，尽管在第二、三轮对话中已经丢失书籍主题信息，但模型依然可从第一轮对话中获得书籍的主题信息，因而此时模型可以正确回答有关书籍主题的问题。

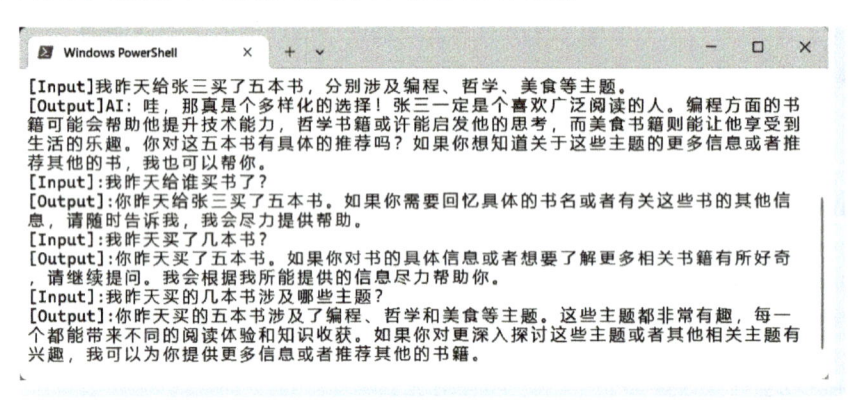

图 5-9　保留最近三轮对话历史

上述结果表明，通过设置适当的 k 值，可以有效地维持对话的连续性和上下文环境。在实际应用中，需要根据具体场景将 k 设定为合适的值，以便在对话的连续性、token 消耗及性能间取得平衡。

▶▶ 5.4.3　智能会议助手——ConversationEntityMemory 组件

在对话过程中，通常会涉及众多实体，而这些实体正是对话讨论的核心对象。因此，正确识别对话中的实体及其相关信息，是确保对话能够顺利持续进行的前提。在日常生活中是如此，在与生成式 AI 模型连续交互时亦是如此。为此，LangChain 提供 ConversationEntityMemory 组件对此进行支持，该组件能够缓存相关实体名称（属性 entity_cache）以及与实体相关的信息（属性 entity_store），从而使模型能够更加准确地回答相关问题。

例如，通过从会议实录或会议纪要中抽取相关实体，有助于更好地理解会议的关键信息。以下示例程序模拟一场圆桌会议的主持人，根据会前获得的嘉宾信息进行开场介绍，并根据嘉宾信息回答观众提问或判断观众提问应由哪位嘉宾回答。具体代码如下。

```python
import os
from dotenv import load_dotenv, find_dotenv
from langchain_community.chat_models import ChatZhipuAI
from langchain.memory import ConversationEntityMemory
from langchain.memory.prompt import ENTITY_MEMORY_CONVERSATION_TEMPLATE
from langchain.chains import ConversationChain

_ = load_dotenv(find_dotenv())
model = os.environ.get('model')
if model is None:
    raise ValueError("model is not set in the .env file")


llm = ChatZhipuAI(model=model,
            temperature=0.9,
    )

memory=ConversationEntityMemory(llm=llm)
conversation = ConversationChain(
    llm=llm,
    # verbose=True,
    prompt=ENTITY_MEMORY_CONVERSATION_TEMPLATE,
    memory=memory
)

conference_recording = """
你是一个会议的主持人,当前出席会议的嘉宾简要信息如下。你需要根据听众提问回复相关问题。
张三:人工智能专家,人工智能学院院长、教授;
李四:大数据专家,信息学院教授;
王五:软件工程专家,信息学院客座教授,智朗科技总工程师
"""

ret = conversation.predict(input=conference_recording)
print(f"\nRound-1:\n{memory.entity_cache}\n{memory.entity_store}\n\n【主持人】{ret}")
ret = conversation.predict(input="嘉宾中哪几位是教授?")
print(f"\nRound-2:\n{memory.entity_cache}\n{memory.entity_store}\n\n【主持人】{ret}")
ret = conversation.predict(input="我想了解软件在工程化方面的问题,哪位嘉宾最权威?")
print(f"\nRound-3:\n{memory.entity_cache}\n{memory.entity_store}\n\n【主持人】{ret}")
```

上述示例代码（完整代码参见源文件 conversationEntityMemory.py）会输出向模型提交嘉宾信息及观众提问后，ConversationEntityMemory 对象的 entity_cache 和 entity_store 属性值。某次运行的结果如图 5-10~图 5-12 所示。

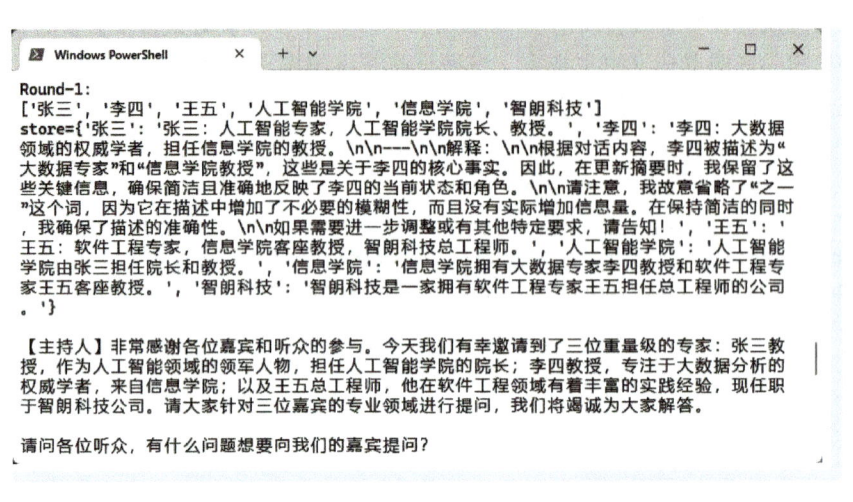

图 5-10　提交嘉宾信息后 ConversationEntityMemory 中的关键信息

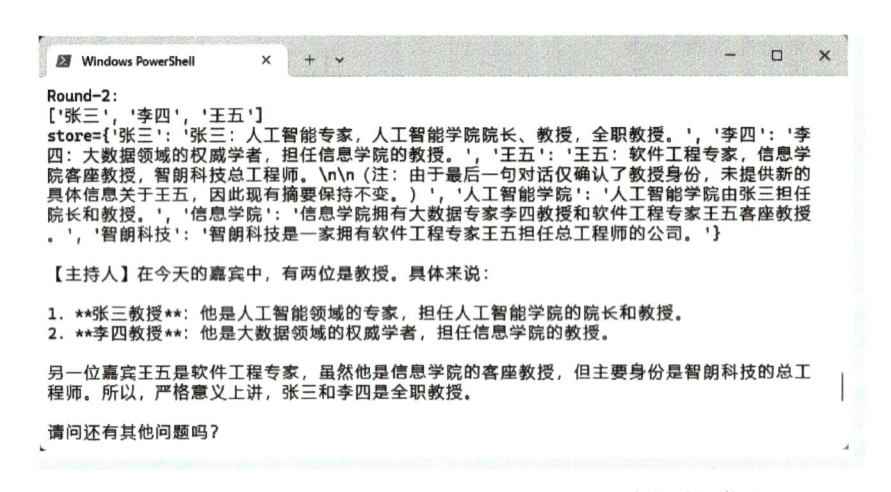

图 5-11　第一轮提问后 ConversationEntityMemory 中的关键信息

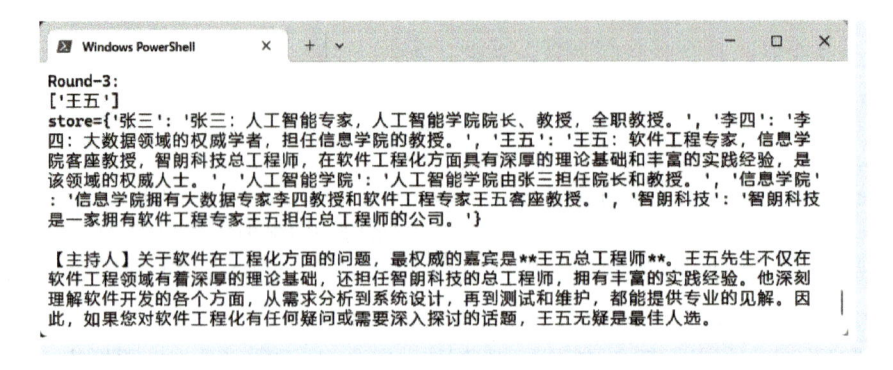

图 5-12　第二轮提问后 ConversationEntityMemory 中的关键信息

通过嘉宾信息生成开场介绍没有任何指向性，故 ConversationEntityMemory 对象保存出席圆桌会议所有嘉宾的相关实体，包含三个人名，两个学院名称及"智朗科技"这个企业名称，如图 5-10 所示。

会议的第一个问题是"嘉宾中哪几位是教授？"，此问题的关注点在于确定嘉宾中具有教授头衔的人数，因此相关的实体是三位嘉宾。ConversationEntityMemory 对象在 entity_store 属性中对每位嘉宾的相关信息，特别是其是否拥有教授头衔，进行了准确的识别和记录，甚至它还区分了"教授"与"客座教授"，如图 5-11 所示。

会议的第二个问题是"我想了解软件在工程化方面的问题，哪位嘉宾最权威？"，需要指出的是该问题提及"软件在工程化方面"的字眼，但在会议嘉宾相关信息中并未出现完全匹配的表述。然而，从语义角度来看，这显然是一个与"软件工程"相关的问题。因此，获得这一问题的结论，需要结合各位嘉宾的专长以及其所供职的单位进行推断，故而涉及的实体包括三位嘉宾及其所在单位。ConversationEntityMemory 对象属性 entity_store 描述了分析过程，并以此获得了推理结果，如图 5-12 所示。

5.5 文档理解与问答——增强检索生成

增强检索生成（Retrieval-Augmented Generation，RAG）是结合自然语言处理和信息检索的一种技术，它在多种场景下有着广泛应用，尤其是在文档问答和智能知识库应用场景中，它是核心关键技术。实现增强检索生成涉及多个技术环节，包括文本加载、自然语言向量化处理和检索召回等。通常在检索到相关信息后，还会将检索到的信息提交给生成式 AI 模型进行整合，从而形成最终检索结论。这些技术环节的协同工作能够显著提高信息检索的智能化水准，为用户快速提供基于语义的查询结果。

5.5.1 自然语言向量化

自然语言的奇妙之处在于相同文字在不同语境下可以表达不同含义，而不同文字也可以表达相同或相近含义。但计算机不能直接理解语义，所以也就几乎无法直接处理自然语言的这种特性。为解决这一难题，需要一种能够将自然语言语义信息映射到数学空间的办法，也就是通过语义建模技术或分布式表示方法，将文本转换为可度量、可比较的向量形式。在这一过程中，通过对大规模语料的学习和训练，模型可以为词、短语或句子生成对应的向量表示，使得这些向量在高维空间中的距离能够反映出它们在语义上的相似性或差异性。这就为计算机程序处理自然语言的语义提供了方法与途径。

自然语言向量化是将自然语言文本转换为高维数值向量的过程，是自然语言语义处理的一个关键步骤。完成向量化的自然语言文本便可以以数学形式在计算机程序中进行各类运算与处理。

常见的自然语言向量化技术包括词袋模型、词频-逆文档频率（TF-IDF）、词嵌入、句子嵌入和文档嵌入等方法。本节将主要介绍嵌入相关的技术。

向量模型是一种将自然语言转换为向量表示的模型。像 OpenAI 提供的 text-embedding-ada-002、text-embedding-3-small、text-embedding-3-large 等模型，以及智谱 AI 提供的 Embedding-2、Embedding-3 等模型，都是有代表性的向量模型。此外，也有许多开源向量模型可供选择与使用，相对而言向量模型对资源要求不高，在本地部署时不会带来太大的资源需求压力。

LangChain 封装了大部分知名向量模型。这些封装大多位于包 langchain_community.embeddings 之中，但如前所述，像 OpenAI 这样的合作伙伴 LangChain 则会提供单独的包进行封装。

以下示例使用智谱 AI 提供的向量模型，对一段文字（字符串）和多段文字（字符串列表）分别进行向量化处理，并输出生成向量的长度及具体数值。

在使用向量模型进行向量化之前，需要先创建一个向量模型代理对象，这与创建生成式 AI 模型代理对象的操作类似。对于 OpenAI 而言，其向量模型对应的封装对象是 OpenAIEmbeddings，默认使用的向量模型为 text-embedding-ada-002；对于智谱 AI 而言，其向量模型的封装对象是 ZhipuAIEmbeddings，默认使用的向量模型为 Embedding-2，本示例中选用 Embedding-3 模型作为向量模型。

随后定义一个字符串变量和一个字符串列表变量，并分别为它们赋值。在实际应用场景中，单独的一个字符串对应于提交的查询语句或原始文本，而字符串列表则对应于待查询或待比较的包含海量字符串的文档或知识库中的内容。

最终，示例程序通过使用 print 语句输出向量模型为每个字符串生成的向量维度及单一字符串向量的具体数值。示例程序代码如下。

```python
from dotenv import load_dotenv, find_dotenv
from langchain_community.embeddings import ZhipuAIEmbeddings

_ = load_dotenv(find_dotenv())
embeddings = ZhipuAIEmbeddings(model="embedding-3")

text = "你变瘦了。"
text_list = [
    "你减肥成功了。",
    "你变苗条了。",
    "你又胖了。",
    "你好瘦啊！"
]

query_result = embeddings.embed_query(text)
print(f"len(query_result)={len(query_result)}")
# print(f"query_result={query_result}")
doc_result = embeddings.embed_documents(text_list)
print(f"len(doc_result)={len(doc_result)}")
print(f"len(doc_result[0])={len(doc_result[0])}")
```

运行上述代码（完整代码参见源程序 embeddings-zhipu.py），如图 5-13 所示，可以看到每个字符串向量化之后的维度均为 2048。这个维度因向量模型不同可能不同，也有向量模型支持用户自定义向量维度。

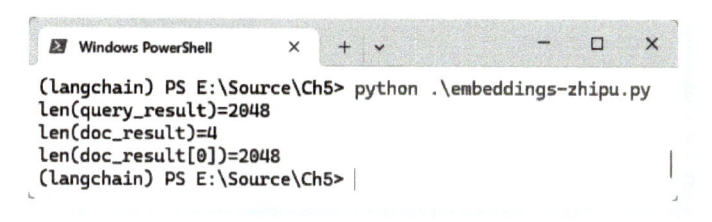

图 5-13 自然语言的向量化及向量维度

如果输出生成的向量（上述示例代码中被注释掉的那行 print 语句），可以观察到，向量中每个元素值均在 [-1,1] 范围内。这是由于生成向量时特意将其值限定在这一特定范围内，这样的处理有助于数据标准化，所有向量值都处于相同范围内更有利于进行比较和计算。这种标准化不仅可以确保数据一致性，还提升了算法在处理和分析数据时的效率和准确性。

自然语言在完成向量化之后，对自然语言的处理便转化为对这些向量的处理。例如，要判断两个句子所表达含义的相似程度，可以转化为比较代表这两个句子的向量之间的距离。距离越近，表明两个句子的含义越接近；距离越远，则表明两个句子的含义不相关。向量之间距离的判断方法有多种，常用的有余弦相似度和欧氏距离。余弦相似度度量两个向量的方向差异，而不考虑距离长短，其取值范围在 -1 到 1 之间，其中 1 表示完全相同，-1 表示完全相反。欧氏距离则表示两个向量之间的直线距离。

例如，如果需要判断示例程序中"你变瘦了。"这句话与 text_list 所包含四句话中的哪句含义最为接近，就可以采用余弦相似度或欧氏距离逐一比较"你变瘦了。"与四句话的相似度或向量距离，余弦相似度越高或向量距离越小表明两句话的相似度越高，越与语句"你变瘦了。"所表达的语义接近。

相对而言，余弦相似度使用的更多一些，并且余弦相似度的计算也相对比较简单，可以自行编写代码实现。余弦相似度的计算公式如下。

$$\text{cosine\_similarity}(a,b) = \frac{a \cdot b}{\|a\| \, \|b\|}$$

根据这一公式，可以编写函数 cosine_similarity 实现余弦相似度的计算，具体代码如下。

```
import numpy as np
def cosine_similarity(vec1, vec2):
    dot_product = np.dot(vec1, vec2)
    norm_vec1 = np.linalg.norm(vec1)
    norm_vec2 = np.linalg.norm(vec2)
    return dot_product / (norm_vec1 * norm_vec2)
```

随后，就可以使用函数 cosine_similarity 来逐一比较判断 query_result（即代表 text 中文字的向量）与 doc_result（包含 text_list 中各字符串的向量列表）中每个元素之间的余弦相似度，具体代码如下。

```
for v, t in zip(doc_result, text_list) :
    similarity = cosine_similarity(query_result, v)
    print(f"{t}\t:{similarity}")
```

运行上述示例程序（完整代码参见源文件 embeddings-zhipu.py），可得到图 5-14a 所示结果。修改上述代码，改用 OpenAI 并使用其向量模型 text-embedding-3-large（参见源文件 embeddings-openai.py），其运行结果如图 5-14b 所示。

```
(langchain) PS E:\Source\Ch5> python .\embeddings-zhipu.py
你减肥成功了。    :0.8890914164174227
你变苗条了。      :0.9614842410377546
你又胖了。        :0.7363971063702629
你好瘦啊！        :0.7836679081777415
(langchain) PS E:\Source\Ch5>
```

a) 智谱AI向量模型Embedding-3

```
(langchain) PS E:\Source\Ch5> python .\embeddings-openai.py
你减肥成功了。    :0.7447133075936143
你变苗条了。      :0.8239992113440433
你又胖了。        :0.6512677524497683
你好瘦啊！        :0.6455903301086028
(langchain) PS E:\Source\Ch5>
```

b) OpenAI向量模型text-embedding-3-large

图 5-14　余弦相似度

注：同一字符串由不同向量模型向量化之后得到的向量结果不会相同，因而比较其相似度通常也会有不同的结果。

从运行结果来看，使用向量模型 Embedding-3 时，text_list 中包含的四个句子与"你变瘦了。"这句话的语义相似度与其语言本意的相近程度完全一致。但使用向量模型 text-embedding-3-large 时，"你又胖了。"语句的相似度高于"你好瘦啊！"语句，这两个句子都未能表达"变瘦"的含义，但显然"你又胖了。"与"变瘦"是相反语义，它的语义相似度应该最低。但从程序运行结果来看，它的结论却是"你又胖了。"比"你好瘦啊！"更接近"你变瘦了。"。这一现象一方面由于向量模型在理解语言语义能力上存在局限性（正因如此，不同向量模型不断被开发和训练升级）；另一方面，余弦相似度算法仅关注两个向量之间的角度差异，而忽略了在角度相近甚至相同情况下，两个向量之间的距离也可能较远的情况。

5.5.2　文档检索

了解自然语言向量化及其相似度判断方法之后，便能基于此开发更多实用功能。例如，许多生成式 AI 平台应用都提供文档检索功能。当上传一份或多份文档后，用户可以面向文档内容进行提问，系统会从文档中找到与问题答案最接近的信息。这种方法允许直接从文档中提取所需信息，而无须在冗长的文档中逐字查找答案，极大地提升了文档阅读效率。

第 5 章
LangChain 简介——生成式 AI 应用开发中间件

例如,当前有一篇 PDF 格式的小说(小说具体内容可参见本章源文件目录下的 data/story.pdf),假设当前的关注点在人物的身份或者关系上。在编写应用程序完成这个任务时,首先应用程序应读取 PDF 文件中的全部小说内容,解析并读取 PDF 文件内容可以通过 PyPDFLoader 或者其他与 PDF 文件操作相关的组件完成。组件 PyPDFLoader 位于 LangChain 提供的 langchain_community.document_loaders 包中,该包不仅提供了 PDF 格式文档的加载器,还提供了许多其他格式文档(不只是普通文档,甚至包含了一些云存储文档)的加载器。使用 PyPDFLoader 加载当前小说的代码如下。

```python
# 加载 PDF 文件内容
from langchain_community.document_loaders import PyPDFLoader
loader = PyPDFLoader("data/story.pdf")
documents = loader.load()
```

随后应当对文档内容进行向量化处理,但如果直接对一个文档进行整体向量化处理,即将文档中的所有字符视为一个字符串仅生成一个向量。不难想象,在通过这个向量进行语义相似度或其他处理时,精度必定会显著下降,甚至无法得出令人接受的结果。因此,通常情况下,对加载完成的文档还需要进行内容切分,即将文档文本切分成若干较小的文本块,然后再对每一个文本块分别进行向量化处理。通过这种方法,可以提升处理精度,更好地捕捉文档中的语义细节。具体实现代码如下。

```python
# 切分文档
from langchain.text_splitter import CharacterTextSplitter
text_splitter = CharacterTextSplitter(chunk_size=100,
                                      chunk_overlap=50
    )
texts = text_splitter.split_documents(documents)
```

上述代码使用 CharacterTextSplitter 对象对文档进行切分。该对象在创建时可以通过初始化参数 chunk_size 指定每个文本块的最大字符数,即在拆分文档时每一部分的最大长度。而另一个参数 chunk_overlap 用于指定前一个文本块与下一个文本块之间重叠的字符数。这样设置的目的是为了避免一个自然语句被切分到两个相邻文本块而造成语义丢失。所以面向不同类型文档对象,这两个参数需要根据文档中文本的特征进行调整,以获得最佳的性能与效果。

在完成文档切分后,需要对这些切分后的文本块分别进行向量化处理。由于通常情况下文档切分会得到大量文本块,因此在完成向量化之后,需要将这些文本块对应的向量存储在向量数据库中,以方便后续进行使用。本示例程序选用 Chroma 作为向量数据库,它是 LangChain 提供的一个组件。

Chroma 可通过其 from_documents 方法构建一系列文本块所对应的向量库,在以下生成向量库的代码中,texts 是前述代码中切分完成的文本块列表,embeddings 则是向量模型对象(与上一示例程序相同,可以采用 ZhipuAIEmbeddings 对象)。from_documents 方法将 texts 中的每个文本块通过 embeddings 所指定的向量模型完成向量化之后,将得到的向量连同每个文本块的原文一同存入向量库中,进而完成所有文本的向量化存储过程(这个过程称为"灌库")。

· 137

```
# 向量化文档内容并存储于向量库中
from langchain_chroma import Chroma
db = Chroma.from_documents(documents = texts,
            embedding = embeddings
    )
```

至此，文档的切分及向量化处理圆满完成，为使用向量进行语义检索奠定了基础。Chroma 对象通过 as_retriever 方法提供一个检索器供外部进行检索操作，而检索问答则由 LangChain 的组件 RetrievalQA 负责。在完成上述所有准备工作后，便可以正式向文档提问，体验文档检索的效果。具体实现代码如下。

```
# 实例化 QA 检索器
from langchain.chains import RetrievalQA
retriever = db.as_retriever()
qa = RetrievalQA.from_chain_type(llm=llm,
                chain_type="stuff",
                retriever=retriever
    )

# 测试文档问答
query = "谁是医生?"
ret = qa.invoke(query)
print(f"Query:\n{ret['query']}")
print(f"Result:\n{ret['result']}\n")
```

运行上述示例代码（完整代码参见源文件 retriever-PDF.py），其结果如图 5-15 所示，由图可知程序成功地从文档中准确找出了问题的答案。

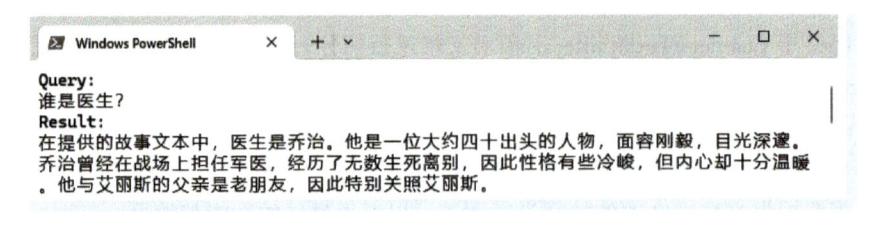

图 5-15　文档问答结果 1

基于语义的文档检索能力超乎想象。上述示例程序中问题是"谁是医生?"，翻阅程序所读取的 PDF 文件，会发现这个信息在原文中有直接的描述。而如果换一个原文中没有直接描述，需要通过理解语义才能获得答案的问题，程序的运行效果又会如何呢？例如使用如下内容进行测试。

```
query="艾丽斯的现任男友是谁?"
```

再次运行程序，可得到图 5-16 所示结果。从结果中可以看到，程序正确地给出了答案并附上了其推理判断的理由。

第 5 章
LangChain 简介——生成式 AI 应用开发中间件

```
Windows PowerShell
Query:
艾丽斯的现任男友是谁?
Result:
艾丽斯的现任男友是罗伯特。在故事的第四章中提到,罗伯特最终鼓起勇气向艾丽斯表白了
自己的心意,而艾丽斯也意识到自己对罗伯特有着深厚的感情,他们决定尝试在一起,开始
一段新的生活。
```

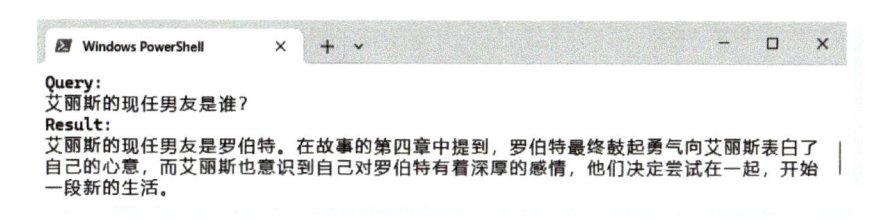

图 5-16　文档问答结果 2

上述基于自然语言向量化的检索技术在诸多场景中有着重要作用,在实际应用时,有必要根据具体需求与场景选择更适合生产环境的文档装载器、向量库等组件。

5.6 诗歌创作——回调函数

回调函数是一种特殊的函数,通俗地说,它不是在代码中直接调用的,而是在某个事件发生时或某个任务完成后被调用,可以将其理解为一种"预约",当某个事件发生或完成时,它会被自动"叫"起来执行。

LangChain 通过使用链结构简化了逻辑流程与代码。然而,在需要对链中的某个或全部环节进行额外处理时,这种结构也可能增加操作的难度与复杂性。为应对这一问题,LangChain 提供了回调函数机制,它允许用户定义特定的回调函数来响应某些事件、执行特定动作。这种机制极大地增强了 LangChain 的灵活性和功能性,使得开发人员可以在不修改现有代码的基础上,扩展或定制应用程序的行为。这一功能在日志记录、监控、流式传输等任务中都非常有用。

LangChain 通过 langchain_core.callbacks 包提供一系列回调对象,例如 StreamingStdOutCallbackHandler 就是一个可用于流式输出的回调对象。以下示例程序在构建 ChatZhipuAI 对象时,通过参数 callbacks 指定回调函数为 StreamingStdOutCallbackHandler 的实例对象,与此前示例程序相比,代码将以不同的方式实现流式输出。具体代码如下。

```
from dotenv import load_dotenv, find_dotenv
from langchain_community.chat_models import ChatZhipuAI
from langchain_core.messages import  HumanMessage
from langchain_core.callbacks.streaming_stdout import (
    StreamingStdOutCallbackHandler
)

_ = load_dotenv(find_dotenv())

handlers = [StreamingStdOutCallbackHandler()]
messages = [
    HumanMessage(content="请写一首关于春天的诗,并需要有标题。"),
]
```

```
streaming_chat = ChatZhipuAI(
    model="glm-4-plus",
    temperature=0.9,
    streaming=True,
    callbacks=handlers,
)

streaming_chat.invoke(messages)
```

注：上述示例程序中，构建 ChatZhipuAI 对象并指定以流式方式返回时，参数 streaming 的值必须设定为 True。

上述示例代码并未像之前的示例程序那样通过循环不断获取流式返回的 token，然后进行打印输出。然而，尝试运行该程序时（完整代码参见源文件 streamingStdOutCallbackHandler.py），仍可以看到与此前示例程序相同的流式输出效果。这是因为 StreamingStdOutCallbackHandler 回调对象已经内置了处理流式输出的逻辑，不需要显式地使用循环处理流式输出内容。

在上述示例代码中，回调函数是在生成模型代理对象实例时指定的，另一种回调函数的使用方式是在调用模型代理实例的 invoke 方法时指定回调。此时，生成模型代理对象相关代码与此前的常规方式无异，但在调用该模型对象时，需要通过参数 config 指定回调函数。采用这种方式设定回调的代码如下所示。

```
streaming_chat = ChatZhipuAI(
    model="glm-4-plus",
    temperature=0.9,
    streaming=True,
)

streaming_chat.invoke(messages, config={"callbacks": handlers})
```

上述代码通过回调方式及 LangChain 提供的组件简化了处理流式数据的复杂性，将流式输出处理逻辑封装在回调函数中。这样不仅减少了代码量，还提升了代码的可读性和可维护性。在实际应用场景中，根据具体需求构建并指定合适回调对象，就可以实现许多原来需要编码处理的复杂功能。

在大多数情况下，回调应当应用于整个 LangChain 链，而不仅仅局限于模型对象本身。在这种情况下，依然像上例一样，可以在调用链的 invoke 方法时，使用参数 config 来指定相应的回调函数。

以下示例代码中构建了一个仅由两个组件构成的链，然后为该链附加回调对象 StdOutCallbackHandler。

```
from dotenv import load_dotenv, find_dotenv
from langchain_community.chat_models import ChatZhipuAI
from langchain_core.prompts import PromptTemplate
from langchain_core.callbacks.stdout import StdOutCallbackHandler
```

第 5 章
LangChain 简介——生成式 AI 应用开发中间件

```python
_ = load_dotenv(find_dotenv())

prompt = PromptTemplate.from_template("请写一首关于{topic}的诗,并需要有标题。")

handlers = [StdOutCallbackHandler()]

chat = ChatZhipuAI(
    model="glm-4-plus",
    temperature=0.9,
)

chain = prompt | chat
result = chain.invoke("春天", config={"callbacks": handlers})
print(result.content)
```

运行上述示例程序（完整代码参见源文件 callback-in-chain.py），其运行结果如图 5-17 所示。

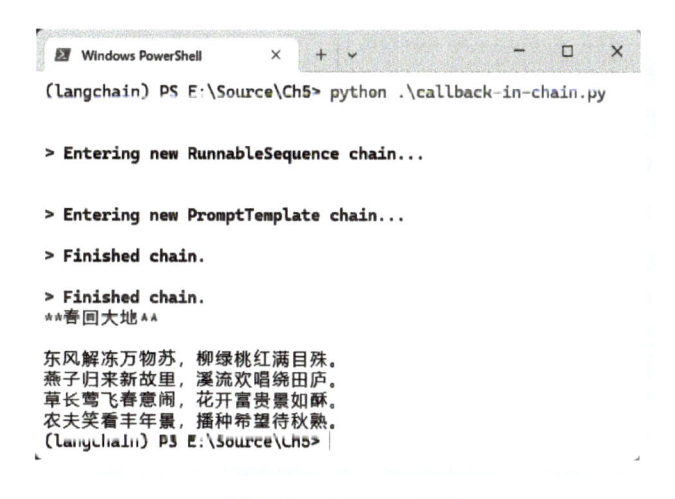

图 5-17 为链施加回调

从上图中的运行结果可以看出，StdOutCallbackHandler 在程序进入或退出链的每一环节时，均输出一个由 ">" 引导的提示信息。这对于调试应用程序非常有帮助。然而，如果期望回调功能能够执行更多任务，则需要自行定义回调对象并将其应用于链上。

自定义回调对象应继承于包 langchain_core.callbacks.base 中的类 BaseCallbackHandler，BaseCallbackHandler 类已经声明了诸多事件回调函数，例如链开始和结束时的方法 on_chain_start 和 on_chain_end，模型调用开始和结束时的方法 on_llm_start 和 on_llm_end，工具调用开始和结束时的方法 on_tool_start 和 on_tool_end 等，同时相关事件产生异常错误的捕获方法在 BaseCallbackHandler 中也有声明。这些回调函数提供了在各个关键点插入自定义逻辑的灵活性，以及对事件的全面监控和处理机制。

以下代码定义自定义回调对象 CustomCallbackHandler，并重写链开始和结束、模型调用开始和结束事件的回调函数。

```
from langchain_core.callbacks.base import BaseCallbackHandler

class CustomCallbackHandler(BaseCallbackHandler):
    def on_llm_start(self, serialized, prompts, **kwargs):
        print(">> LLM started")
        print(">> prompts:", prompts)

    def on_llm_end(self, response, **kwargs):
        print(">> response:", response)
        print(">> LLM ended")

    def on_chain_start(self, serialized, inputs, **kwargs):
        print(">> Chain started")
        print(">> Inputs:", inputs)

    def on_chain_end(self, outputs, **kwargs):
        print(">> Outputs:", outputs)
        print(">> Chain ended")
```

随后，在代码中将回调对象指定为 CustomCallbackHandler 的实例，其余代码与上一示例程序相同，具体代码如下。

```
handlers=[CustomCallbackHandler()]

prompt = PromptTemplate.from_template("请写一句关于{topic}的诗。")
chain = prompt | chat

result = chain.invoke("春天", config={"callbacks": handlers})
print(result.content)
```

注：为了更容易观察程序运行输出结果，修改了本示例程序提示词，以减少模型输出字符数量。

运行上述示例程序（完整代码参见源文件 customCallbackHandler.py），其结果如图 5-18 所示。读者可对照代码与运行结果理解各回调函数调用的时机及其相关处理（输出信息）。

在实际应用场景中，可根据具体需求在不同事件中利用回调实现不同的代码逻辑，以完成所需要实现的功能。

若回调逻辑和实现的功能较为复杂，基于职责分离和可读性等因素的考虑，可能需要多个回调对象同时发挥作用。这时，在代码中只需同时指定多个回调对象即可。此前示例代码指定回调对象时是将其放入"[ ]"中，这表明它是一个包含回调对象的列表。若需要调用多个回调对象完成不同功能，只需在该列表中逐一列出对应的多个回调对象实例即可。

以下示例程序导入用于流式输出的回调对象 StreamingStdOutCallbackHandler，并定义自定义回调类 CustomCallbackHandler1 和 CustomCallbackHandler2。随后，分别实例化这些对象并将它们添加到回调列表中，具体代码如下。

```
(langchain) PS E:\Source\Ch5> python .\customCallbackHandler.py
>> Chain started
>> Inputs: 春天
>> Chain started
>> Inputs: 春天
>> Outputs: text='请写一句关于春天的诗。'
>> Chain ended
>> LLM started
>> prompts: ['Human: 请写一句关于春天的诗。']
>> response: generations=[[ChatGeneration(text='"春风解语花千树，绿意盈眸满画楼。"', generation_info={'finish_reason': 'stop'}, message=AIMessage(content='"春风解语花千树，绿意盈眸满画楼。"', additional_kwargs={}, response_metadata={'token_usage': {'completion_tokens': 18, 'prompt_tokens': 12, 'total_tokens': 30}, 'model_name': 'glm-4-plus', 'finish_reason': 'stop'}, id='run-9ece9644-6eb1-40a6-938d-eb3fa0983117-0'))]] llm_output={'token_usage': {'completion_tokens': 18, 'prompt_tokens': 12, 'total_tokens': 30}, 'model_name': 'glm-4-plus'} run=None type='LLMResult'
>> LLM ended
>> Outputs: content='"春风解语花千树，绿意盈眸满画楼。"' additional_kwargs={} response_metadata={'token_usage': {'completion_tokens': 18, 'prompt_tokens': 12, 'total_tokens': 30}, 'model_name': 'glm-4-plus', 'finish_reason': 'stop'} id='run-9ece9644-6eb1-40a6-938d-eb3fa0983117-0'
>> Chain ended
"春风解语花千树，绿意盈眸满画楼。"
(langchain) PS E:\Source\Ch5>
```

图 5-18　自定义回调对象

```python
from dotenv import load_dotenv, find_dotenv
from langchain_community.chat_models import ChatZhipuAI
from langchain_core.messages import  HumanMessage
from langchain_core.callbacks.base import BaseCallbackHandler
from langchain_core.callbacks.streaming_stdout import (
    StreamingStdOutCallbackHandler
)

_ = load_dotenv(find_dotenv())

class CustomCallbackHandler1(BaseCallbackHandler):
    def on_llm_start(self, serialized, prompts, **kwargs):
        print(">> LLM started in CustomCallbackHandler1")

    def on_llm_end(self, response, **kwargs):
        print(">> LLM ended in CustomCallbackHandler1")


class CustomCallbackHandler2(BaseCallbackHandler):
    def on_llm_start(self, serialized, prompts, **kwargs):
        print(">> LLM started in CustomCallbackHandler2")

    def on_llm_end(self, response, **kwargs):
```

```
        print(">> LLM ended in CustomCallbackHandler2")

handlers = [CustomCallbackHandler1(),
            CustomCallbackHandler2(),
            StreamingStdOutCallbackHandler()]

streaming_chat = ChatZhipuAI(
    model="glm-4-plus",
    temperature=0.9,
    streaming=True
)

messages = [
    HumanMessage(content="请写一句关于春天的诗。"),
]

streaming_chat.invoke(messages, config={"callbacks": handlers})
```

运行上述示例程序（完整代码参见源文件 multicallback.py），其结果如图 5-19 所示。从图中可以看到先是 CustomCallbackHandler1 和 CustomCallbackHandler2 对象依次响应 on_llm_start 事件，随后 StreamingStdOutCallbackHandler 对象以流式效果输出模型的响应，最后 CustomCallbackHandler1 和 CustomCallbackHandler2 对象又依次响应 on_llm_end 事件。

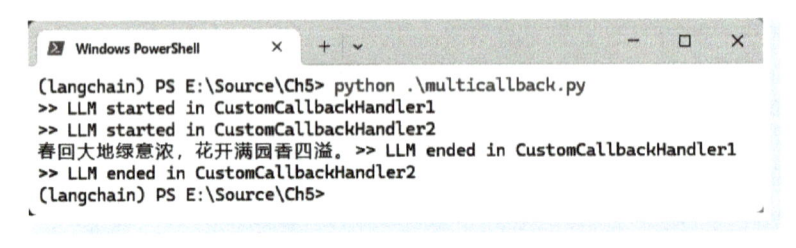

图 5-19　多回调函数对象运行效果

5.7　网络搜索助手——智能体

智能体（Agent）是人工智能领域中一个非常重要的概念，它代表具有智能特性的实体或系统。具体而言它是指能够自主感知环境、做出决策并执行行动的系统。它可以是软件、硬件或软硬结合的实体，其目标是认识和模拟人类的智能行为。在人工智能领域，任何独立的能够思考并可以同环境交互的实体都可以抽象为智能体。

一般而言，智能体应当具备以下关键特性。

1. 自主性

智能体具有自己的判断和决策能力，能够在没有外部指导的情况下，根据外部环境变化自动地对自己的行为和状态进行调整。

2. 反应性

智能体能够对环境变化做出反应，即能够感知环境变化并根据这种变化做出相应动作。

3. 主动性

智能体不仅能够对环境变化做出反应，还能主动采取活动以适应或改变环境。这种主动性使得智能体能够在没有直接外界刺激的情况下，自主地执行任务或达成目标。

4. 适应性

智能体能积累或学习经验和知识，并根据环境变化调整自己的行为，以适应新环境。

5. 社会性

一些智能体能够与其他智能体进行交互和协作，通过交互来实现共同的目标或解决共同面临的问题。

应用程序结合智能体，可以实现前所未有的交互性、自动化和智能化水平，极大地提升用户体验、工作效率以及业务决策的精准度。这种结合也可以完成一系列高级任务，如自动化任务处理、个性化推荐与服务、智能客服机器人等。

本节将简要介绍如何使用 LangChain 编写简单的智能体应用程序，通过具体示例展示其基本功能和实现步骤。

一个完整的智能体应由感知组件、决策组件、执行组件组成，如果有需要，还可以使用学习组件、通信组件、情感组件和用户界面等。本节将实现一个仅使用网络搜索工具作为感知组件的智能体程序，即本节的示例程序是一个以智能体方式实现的网络搜索助手。

本示例程序选用 Tavily 作为网络搜索工具，Tavily 是一个提供搜索服务的平台（https://tavily.com），用户需要申请一个 API 密钥并将其保存在名为 TAVILY_API_KEY 的环境变量中，随后即可使用它提供的服务。实例化 Tavily 本地代理对象时，与模型代理类似，只需先加载环境变量中的 API 密钥，然后直接使用其构造器即可生成 Tavily 对象实例，通过该实例即可实现搜索功能的调用。

以下示例代码实现创建模型代理对象实例及 Tavily 对象实例，并将 Tavily 对象实例作为搜索工具保存于工具集 tools 中。

```python
from dotenv import load_dotenv, find_dotenv
from langchain_community.chat_models import ChatZhipuAI
from langchain_community.tools.tavily_search import TavilySearchResults

_ = load_dotenv(find_dotenv())

model = ChatZhipuAI(
        model="glm-4-plus",
        temperature=0.9,
    )
search = TavilySearchResults()
tools = [search]
```

随后，可以结合 LangChain 提供的提示词模板和函数 create_react_agent，生成一个智能体。LangChain 提供的智能体有多种类型，包括工具调用、OpenAI 工具、OpenAI 函数、XML、结构化聊天、JSON 聊天、ReAct、自问带搜索等。

以下示例代码选择 ReAct 智能体作为示范，首先通过以下代码导入 ReAct 智能体的提示词。

```
from langchain import hub
prompt = hub.pull("hwchase17/react")
```

上述代码第一行导入 langchain 包中的 hub 模块。hub 是一个用于管理和拉取预定义 prompt 模板的模块。随后的第二行代码表示从 hub 中拉取一个 prompt 模板，模板名称是"hwchase17/react"，这个 prompt 定义智能体的初始设置及行为细节，其具体内容（详细内容请参考 https://smith.langchain.com/hub/hwchase17/react）如下。

> Answer the following questions as best you can. You have access to the following tools:
>
> {tools}
>
> Use the following format:
>
> Question: the input question you must answer
> Thought: you should always think about what to do
> Action: the action to take, should be one of [{tool_names}]
> Action Input: the input to the action
> Observation: the result of the action
> ... (this Thought/Action/Action Input/Observation can repeat N times)
> Thought: I now know the final answer
> Final Answer: the final answer to the original input question
>
> Begin!
>
> Question: {input}
> Thought: {agent_scratchpad}

也可以直接在代码中构造一个相似的 prompt，具体构造过程如下。

```
from langchain_core.prompts import PromptTemplate

template = ''' Answer the following questions as best you can. You have access to the following tools:

{tools}

Use the following format:
```

```
Question: the input question you must answer
Thought: you should always think about what to do
Action: the action to take, should be one of [{tool_names}]
Action Input: the input to the action
Observation: the result of the action
... (this Thought/Action/Action Input/Observation can repeat N times)
Thought: I now know the final answer
Final Answer: the final answer to the original input question

Begin!

Question:{input}
Thought:{agent_scratchpad}'''

prompt = PromptTemplate.from_template(template)
```

在上述构建提示词模板的过程中,提示词全部采用英文编写,这将导致与生成式 AI 模型进行交互过程中获得的反馈有可能会使用英文。如果希望应用程序在运行时能够稳定地以中文进行交互,则建议将上述提示词全部改用中文进行编写。

工具集、提示词准备完成后就可以着手创建智能体及其执行器,具体代码如下。

```
from langchain.agents import AgentExecutor, create_react_agent
agent = create_react_agent(model, tools, prompt)
agent_executor = AgentExecutor(
    agent=agent, tools=tools, verbose=True, handle_parsing_errors=True
)
```

上述代码的第一行同时导入 AgentExecutor 与 create_react_agent。AgentExecutor 是一个类,用于执行智能体;create_react_agent 是一个函数,用于创建一个 React 型智能体。随后第二行代码利用函数 create_react_agent 创建智能体,第二行通过 AgentExecutor 实例化构建智能体的执行器实例。

至此,一个简单的智能体应用程序已构建完成。随后可以通过调用智能体的 invoke 方法输入用户的问题以唤醒这个智能体。例如,可以通过以下代码查询"新型电力系统"的含义。

```
agent_executor.invoke({"input":"什么是新型电力系统?"})
```

运行智能体应用程序(完整代码参见源文件 agent-start.py 及 agent-start2.py),可以观察到如图 5-20 所示的运行过程。

从图中可以看到,智能体首先判断出需要使用网络搜索工具检索相关信息才能继续回答问题。而在调用网络搜索工具并获取互联网上的相关网页内容后,智能体对检索到的信息进行整理,然后生成对用户问题的最终回复。

如果尝试选择一个不需要网络搜索即可完成的任务,例如通过以下代码让模型回答常识性的问题。

```
(langchain) PS E:\Source\Ch5> python '.\agent-start2.py'

> Entering new AgentExecutor chain...
这个问题涉及到一个特定的技术或行业术语，我需要先理解它的基本定义和特点。

Action: tavily_search_results_json
Action Input: "新型电力系统 定义 特点"
Observation[{'url': 'https://www.escn.com.cn/news/show-1192778.html', 'content': '构建以新能源为主体的新型电力系统，意味着风电和光伏将是未来电力系统的主体，煤电降成辅助性能源。去年12月12日，习近平'}, {'url': 'https://www.desn.com.cn/news/show-1395536.html', 'content': '新型电力系统相对于传统电力系统而言加灵活，"源网荷储"的界限需求也比较模糊，所以灵活性和多元化的需求更高，因为伴随新能源发电占比的提升，电网波动性'}, {'url': 'https://www.cspplaza.com/article-19839-1.html', 'content': '"新型电力系统"这个中央首提的新名词，十分惹眼。关于这个概念，确切精准的定义暂时还没有。但形态特征上，无外乎清洁低碳、安全可控、灵活高效、开放互动'}, {'url': 'https://www.escn.com.cn/news/show-1539546.html', 'content': '关于新型电力系统的典型特征，我理解必须从（电力）电网物理形态和（市场）价值形态两个维度去定义。也就是说，新型电力系统在物理形态上是新的，在市场（体制机制）'}, {'url': 'https://www.desn.com.cn/news/show-1398173.html', 'content': '这个阶段电力系统的"新"体现在电网用于互济与互联功能显著提高，超高压电网高速发展，区域电网初步形成。本阶段电力工业进入超高压时期，电力系统建设一方面适应大容量机组'}]根据搜索结果，新型电力系统主要是相对于传统电力系统而言的，它具有以下几个特点：

1. 以新能源为主体：新型电力系统主要依赖风电和光伏等新能源，而传统的煤电则降为辅助性能源。
2. 灵活性更高：新型电力系统中的"源网荷储"（即电源、电网、负荷和储能）界限比较模糊，对系统的灵活性和多元化需求更高，以应对新能源发电占比提升带来的电网波动性。
3. 清洁低碳、安全可控：强调环保和能源安全，推动电力系统向更清洁、低碳、安全、可控的方向发展。
4. 开放互动：新型电力系统更加注重系统内各部分的互动和开放性，提高能源利用效率。

综合以上信息，新型电力系统是一个以新能源为主，更加灵活、清洁、安全且具有高度互动性的现代化电力系统。

Final Answer: 新型电力系统是一个以风电和光伏等新能源为主体，相对于传统电力系统更加灵活、强调清洁低碳、安全可控、灵活高效和开放互动的现代化电力系统。

> Finished chain.
(langchain) PS E:\Source\Ch5>
```

图 5-20　智能体调用网络搜索工具

```
agent_executor.invoke({"input": "一年有多少个月份？"})
```

随后，再次运行智能体，并观察其运行过程，结果如图 5-21 所示。

```
(langchain) PS E:\Source\Ch5> python '.\agent-start2.py'

> Entering new AgentExecutor chain...
这个问题是一个基础常识问题，不需要使用外部工具。

Thought: 一年有12个月是一个基本常识。

Final Answer: 一年有12个月。

> Finished chain.
```

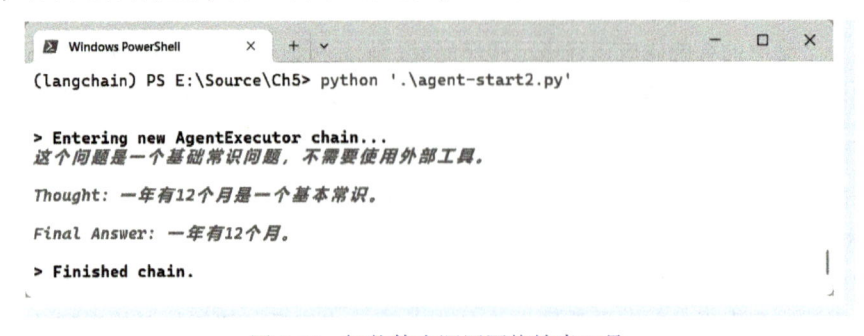

图 5-21　智能体未调用网络搜索工具

可以看到，这次智能体判断无须调用网络搜索工具即可完成任务并且直接推理给出了任务结果。

在实际应用场景中，智能体可以完成更复杂的任务。例如，它可以自主寻找数据源，自行获得数据处理的规则或标准，并自主决策下一步行动，从而表现出真正的"智能"。通过这些能力，智能体不仅能高效地处理大量信息，还能在复杂环境中做出精准的判断与选择。这种自主学习和决策的能力，使得智能体在各个领域中都展现出巨大的应用潜力，为生成式 AI 技术的发展和应用带来革命性的变化。

5.8 本章小结

本章概要介绍了 LangChain 开发框架。使用该开发框架可以简化开发过程、提升开发效率，帮助开发人员快速构建和管理生成式 AI 应用程序。本章探讨了 LangChain 的核心组件和概念，包括链式调用、提示模板、记忆机制等，阐述如何通过这些组件模块实现复杂任务。LangChain 通过灵活集成第三方工具和 API，赋予开发人员更大的扩展性和可定制性，以适应不同应用场景的需求。此外，本章通过多个实际案例展示了 LangChain 强大的功能，从简单的对话生成到复杂的数据处理和决策支持，都可以通过合理的链式架构实现。

虽然 LangChain 在生成式 AI 应用程序开发中表现出色，但仍存在一些不足。首先，LangChain 的学习曲线相对陡峭，初学者可能需要花费一定时间理解其模块化设计和链式调用机制。其次，由于依赖外部 API 和第三方工具，系统的稳定性和性能可能受限于这些集成服务的可靠性。最后，LangChain 本身更新迭代速度较快，而其社区和文档资源更新可能稍显滞后，并且某些高级用例的支持和最佳实践还在不断完善中。因此，在实际应用场景中，开发人员需要根据具体需求权衡其适用性。

第 6 章

智能体——生成式AI应用的主流形态

第 5 章已经提及了智能体的基本概念。智能体（Agent）是生成式 AI 应用程序的主要形态，面对不同需求场景，需要采用不同类型的智能体实现应用程序。本章将介绍几种典型智能体实现，并探讨如何实现自定义智能体。

6.1 智能体实现概述

可将智能体视为存在于计算机世界中的"人"，它具备在特定环境中执行任务的能力。因此，要实现一个具备某种特定能力的智能体，其所需具备的技能与一个在现实世界中具备相同能力的人类所应具备的技能具有相似性。具体而言，一个智能体不仅需要具备基本的计算和处理能力，还需具有感知、决策和行动能力，以应对复杂多变的环境。此外，智能体还必须具备学习和适应的能力，以便在面对未知或变化的情况时能够调整自身的行为策略。人类能力与智能体能力模型的相似性为设计和开发智能体提供了有价值的参考框架，使其能够更好地模拟和替代人类在特定任务中的表现。

人类之所以拥有智力，根源在于人类相较于其他生物拥有更为发达的大脑。因此在构建智能体的过程中，首要且核心的一环便是赋予其生成式 AI 模型所提供的语义理解及推理分析能力，以此作为智能体的智力基础。

一个人的智力水平除与其逻辑分析推理能力相关，还与其知识储备丰富程度（即记忆能力）有着密不可分的联系。同理，智能体也必须具备相应的记忆能力，以支撑其复杂的认知活动。

人类在做决策和采取行动时，通常需要通过特定器官感知环境中相关要素状态或变化，并根据这些感知到的信息来制定决策，进而通过特定器官采取相应行动，这些行动往往会对构成环境的一个或多个要素产生影响。对应于智能体，为实现与环境的有效交互，它需要配备一组功能完备的工具。这些工具用于从环境中获取有价值的数据，或者对环境施加影响，从而改变环境要素状态。

此外，人类在面对不同类型的问题时，会采用不同的思考模式和策略来进行推理和决策。智能体也应具备同样的灵活性。在智能体进行推理的过程中，它也需要根据具体问题的特点和需求,选择并应用适当的思维模式进行推理,以尽量确保结果的准确性和有效性。

综上所述,构建智能体不仅需要强大的推理分析能力作为智力支撑,还需要具备记忆能力、与环境交互的工具以及灵活多变的思维模式,具备这些能力的智能体才能模拟和实现人类智力的多样性和复杂性。在计算机领域中实现这些能力的构成部分分别对应大语言模型(LLMs)、记忆系统(Memory)、工具(Tools)以及规划(Planning),它们相互协作共同构成完整的智能体。其具体结构如图6-1所示。

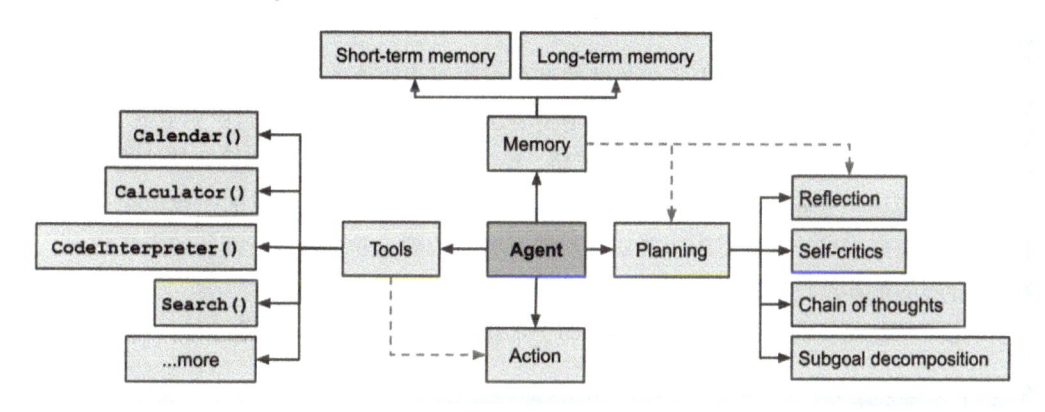

图6-1 智能体组成概览(图片来自互联网)

在智能体的构成组件要素中,模型作为智能体语义理解、推理分析和生成自然语言的核心组件有着举足轻重的作用,同时它也是智能体的智力中枢,它的能力水平决定了智能体能力的上限。

至于工具部分,可通过函数调用能力实现,具体信息在第3章函数调用已进行介绍,它赋予智能体与外部环境进行交互和操作的能力。当然,除函数调用机制外,生成式AI模型也可以在普通反馈文本中通过特定形式指定要调用的工具。

而谈及记忆能力,其最基础的表现形式便是在对话过程中保留上下文信息。这种能力使得智能体能够基于之前的对话内容,理解并推理当前问题,从而提供更加连贯和准确的交流体验。在智能体中,它可以是全部历史对话、部分历史对话、长对话的概要甚至外部知识库。

提示词在智能体的思维模式中扮演着导师的角色。它们不仅引导着智能体思考与推理的方向,还影响其决策和行动的逻辑性。精心设计的提示词可以更有效地调控智能体的思维模式,使其思维逻辑和行动策略更加符合设计需求和预期。

本章所阐述的智能体,均是在前述组成框架下的具体实例化体现。诚然,读者在遵循这一基本组成架构的基础上,完全可以根据实际场景需求,灵活地设计并开发出适应于特定应用场景的专属智能体。

6.2 智能旅行规划助手——ReAct型智能体

ReAct型智能体是当前应用最为广泛的智能体类型之一,其运作规则遵循"推理后行动(reason-then-act)"的原则。通常,其实现过程如下。

首先，智能体会对当前环境进行感知和分析，收集所有可能影响决策的外部信息。接着，通过内置的算法或模型对这些信息进行处理或推理，从而生成适当的行动策略。这一步骤通常涉及大量的数据分析和复杂的推理决策，以确保行动策略的准确性和有效性。最后，智能体会根据推理的行动策略采取相应的行动，以不断适应环境的变化并实现预定目标。

ReAct 型智能体的设计强调在做出任何行动前必须进行充分的推理和分析，以提高决策过程的科学性和合理性。这种智能体广泛应用于机器人、自动驾驶、智能客服等领域，表现出显著的优越性。

实现 ReAct 型智能体的过程中，最关键的点在于如何高效地进行信息处理和推理，这通常依赖先进的人工智能算法和强大的计算能力。在本书示例程序中，这些能力由生成式 AI 模型及工具共同提供。通过不断优化推理过程和行动策略，ReAct 型智能体能够持续提升其性能和适应性。

本节将以实现一个智能旅行规划助手为例，介绍 ReAct 型智能体开发的一般步骤。智能旅行规划助手能够根据用户的旅行需求，例如旅行地点和时长等，并结合旅行期间的天气状况，为用户规划出合理的推荐旅行行程。

为简化实现过程与编码，智能旅行规划助手采用 LangChain 框架来实现 ReAct 型智能体。

6.2.1 主程序

示例程序首先实现 ReAct 型智能体的主程序，以便读者可以先对 ReAct 型智能体从整体上进行了解。与此前大多数示例程序相同，在程序开始位置，通过 find_dotenv 与 load_dotenv 载入文件 .env 中保存的环境变量，以获取模型及相关工具的 API 密钥。具体代码如下。

```
from dotenv import load_dotenv, find_dotenv
_ = load_dotenv(find_dotenv())
```

随后，示例程序需要构建一个模型的代理实例。在可选的模型中，可以选择 OpenAI、智谱 AI、DeepSeek 或其他类似模型。本节将继续使用智谱 AI 的 GLM-4 系列模型。具体代码如下。

```
# from langchain_openai import ChatOpenAI
# llm = ChatOpenAI(temperature=0, model="gpt-4o")
from langchain_community.chat_models import ChatZhipuAI
llm = ChatZhipuAI(temperature=0, model="glm-4-plus")
```

提示词是生成式 AI 应用程序得以正常运作的核心要素之一。对于智能体而言，所需的提示词往往较为冗长。同时，为了获得模型的最佳响应，提示词还需要在应用程序调试过程中不断地进行调整与修正。这一过程可以称之为"提示词工程"或"提示工程"，它强调提示词编写与优化的重要性。

在实际应用中，为方便对提示词进行修改与更新，可以考虑将其保存在一个外部文本文件中。这样，在智能体运行时，就可以通过动态读取这个提示词文件来获取最新的提示词内容。这种方式不仅可以在不修改源文件代码的情况下调试提示词，也提供了在应用程序上线后升级更新提示词的一种手段。

以下代码实现了从指定文本文件中获取提示词的过程。

```python
# 获取提示词
from langchain.prompts import PromptTemplate
with open("prompt.txt", 'r', encoding='utf-8') as f:
    prompt = PromptTemplate.from_template(f.read())
```

构建智能旅行规划助手智能体还需要集成多种工具以获取外部信息，从而为用户提供精确的旅程规划服务。具体而言，当模型对特定旅行目的地的景点信息掌握不够全面时，需要调用搜索工具，从互联网中检索并整合与目的地相关的景点信息。针对旅行期间的天气情况，由于模型本身不具备天气预测功能，因此必须依赖外部专业天气服务 API 来获取天气预测数据。此外，考虑到模型在极少数情况下可能无法自动识别或确认当前日期，为确保行程规划日期的准确性，整合一个能够实时查询并返回当前日期的工具同样是必要的。

上述提及的工具，在本示例程序中，搜索工具选用 Tavily，并通过 LangChain 框架在主程序中将其实例化。对于其他几个工具，稍后编写它们的具体实现代码，而在主程序中仅导入它们即可。当所有工具准备就绪后，需要将它们置于列表中作为一个工具集，以便稍后能够将所有工具统一提供给智能体使用。

构建工具集的代码如下。

```python
# 搜索工具
from langchain_community.tools.tavily_search import TavilySearchResults
searcher = TavilySearchResults()
# 查询天气预报工具
from tools.amap import get_wx
# 获取指定地区的编码工具
from tools.excel import query_adcode
# 获取当前日期工具
from tools.commutils import get_current_date
# 构建工具集
tools = [query_adcode, get_wx, get_current_date, searcher]
```

在主程序最后部分，需要创建智能体及其执行器。

ReAct 型智能体可以通过 LangChain 提供的 create_react_agent 函数进行创建。为构建 ReAct 型智能体，需要将之前各段代码中获得的模型代理实例、提示词及工具集作为参数传入函数 create_react_agent。这样便可以成功构建一个功能完备的 ReAct 型智能体。

创建智能体执行器（即类 AgentExecutor 实例化）时，只需利用函数 create_react_agent 所生成的智能体（作为形参 agent 的实参）以及之前构建的工具集（作为形参 tools 的实参）即可。在示例代码中，还额外设置了 verbose 和 handle_parsing_errors 两个参数，并分别赋予其布尔值 True。

参数 verbose 设置为 True，意味着开启详细模式（verbose mode）。在此模式下，智能体在运行过程中会详细输出其思考流程及中间结果，这有助于开发人员更深入地了解智能体的工作机制和决策过程。通常在调试阶段将其设定为 True，而在智能体正式上线时，可根据需求选择是否将其设定为 False。

参数 handle_parsing_errors 设置为 True，表明智能体在解析模型返回的输出结果时，若遇到错误，会将相关错误信息反馈给模型，以便模型能够根据错误信息尝试自我修复并重新输出结果，从而提高模型输出结果的准确性，进而实现更可靠更健壮的智能体。若该参数设置为 False，则智能体在解析模型输出时一旦出错，将直接抛出异常。若此时应用程序未对异常进行捕获并处理，则应用程序将因异常的产生而退出。此外，参数 handle_parsing_errors 的值还可以指定为一个函数，在这种情况下，当智能体解析模型输出信息出错时，将自动调用该函数进行错误处理，这种回调异常处理机制为开发人员提供了更为灵活和可定制化的异常处理手段。

创建智能体及其执行器的代码如下。

```python
# 创建 ReAct 型智能体实例
from langchain.agents import create_react_agent
agent = create_react_agent(llm, tools, prompt)

# 创建智能体执行器
from langchain.agents import AgentExecutor
agent_executor = AgentExecutor(
    agent=agent,              # 每一步执行过程中使用的智能体
    tools=tools,              # 智能体可使用的工具集
    verbose=True,             # 启用 verbose 模式
    handle_parsing_errors=True   # 输出解析器发生错误处理方式
)
```

至此，智能旅行规划助手智能体的主程序（完整代码可参见源文件 SmartTravelPlanningAssistant.py）创建完毕。

6.2.2 提示词

提示词对智能体的行为具有极为显著的影响，提示词的优劣在某种程度上决定了智能体完成任务的可能性和质量。

一般而言，为生成式 AI 模型预先设定一个明确的角色身份，有助于模型从该角色的独特视角或专业能力出发，更加精准地解决当前所要完成的任务，甚至可以实现通过该角色具备的专业能力完成任务的效果。而倘若所需完成任务存在通用的解决流程或思路，那么将这些流程或思路一并在提示词中进行描述并最终传递给模型，将进一步提升模型完成任务的效率与准确性。

因此，为智能旅行规划助手编写的提示词可以采用如下的文字作为开篇。

> 你是强大的 AI 出行助手，可以使用工具与指令自动化解决问题。
> 你首先应当使用对应工具查询天气信息，然后使用对应工具查询城市景点信息。
> 最终综合考虑天气对出行的影响、城市景点信息及用户的出行需求，给出最终出行日程安排。

如前文所述，在规划旅行行程过程中，为有效从外部环境中获取所需信息，智能体需要借助搜索引擎、天气预报等工具的能力。为此，构建提示词时，应当详尽地列出所有备选工具及其对应功能说明。这样做的目的在于确保生成式 AI 模型能够清晰地知晓有哪些工具可供使用，以及

这工具所具备的功能，以便在恰当时机，模型能够根据实际需求选择最为合适的工具进行信息检索或查询。随后，应用程序将执行模型所选定工具，并将工具执行结果反馈给模型。

以下提示词简要说明了哪些信息需借助工具进行获取。然而，列举工具时，提示词并未直接描述工具名称，而是使用由大括号包围的占位符"｛tools｝"，类似这样的占位符将在程序运行时进行替换，从而确保代码与提示词的相对独立与灵活。

> 在思考过程中，天气或景点信息必须使用以下工具进行查询获取。其他信息由大模型直接推理即可。
> ｛tools｝

ReAct 型智能体的核心理念在于先推理后行动。为实现这一特性，智能体向模型提供的提示词中，必须详尽地描绘出完成任务的逻辑路径，以引导模型的推理思维方式。这一过程通常遵循以下逻辑顺序。

首先，智能体需明确向模型阐述当前所面临的需要解决的具体问题或任务。先进入"问题定义（Question）"阶段。在此阶段，智能体需确保问题表述清晰无误，以便模型能够准确理解并把握问题核心所在。当然，事实上这个问题通常由用户输入，因此如果必要，可以增加由模型对用户输入的语句进行润色并由用户确认的步骤之后再作为问题进行输入。

随后，模型进入"思考（Thought）"阶段，对问题进行深入剖析，并基于其强大的语义理解和推理能力，决定采取何种行动以解决问题或获得解决问题的前置条件。这一决策过程不仅依赖模型对问题的理解，还涉及其对可用资源和备选工具的评估。

紧接着，模型需给出具体的"行动（Action）"方案，以及执行该行动所需的"行动输入（Action Input）"。这些行动方案通常包括调用特定工具、执行特定操作或查询特定信息等。

应用程序在接收到模型推理决策的行动指令后，便需要执行具体的行动，即执行模型给出的行动指令。在这个过程中，应用程序会调用相应工具或接口，以获取信息或完成操作，并将行动的结果反馈给模型。

模型在接收到应用程序执行行动的结果后，进入"观察（Observation）"阶段，它将对收到的结果进行细致分析。基于分析结果，模型会进一步深入思考，推导出下一步的行动策略或提出新的解决方案。

上述过程将重复迭代数次，直至模型认为已经获得最终满意的"结果（Final Answer）"，整个问题解决流程方告终止，智能体成功完成任务。

根据以上思路编写完成的提示词如下。

> 使用以下过程解决问题，并按以下格式使用中文进行输出：
> Question：用户输入的、你必须解决并回答的问题。
> Thought：你应该一直考虑为解决问题下一步应当做什么，每一步应当仅完成一个动作，或者判断当前已经获得最终答案而可以结束思考过程。

> Action：当前要采取的行动，它应该是 [{tool_names}] 中的一个，如果没有合适的工具，尝试由大模型直接完成回答。
> Action Input：Action 所需的输入参数值，必须且仅包含行动所指定 tool 所要求的实参值，除实参值之外不能有任何其他字符。
> Observation：上述 Action 的执行结果，同时你必须基于这个执行结果继续思考。
> ……（以上 Thought/Action/Action Input/Observation 可以重复 N 次，直至得到最终答案。）
> Thought：我现在知道了最终答案。此时，不再需要 Action。
> Action：Final Answer
> Final Answer：对原始输入问题的最终回答，以整理良好的格式输出。

上述提示词中出现了一个占位符"{tool_names}"，它与之前出现的占位符"{tools}"类似，在智能体运行时，它将会被实际可以调用的工具名称所替换。

至此，提示词主体构建已大体告竣。在提示词的尾声部分，还需要向模型明确当前需要解决的具体问题或者待完成的任务。这一步骤可通过在"Question："之后添加占位符"{input}"来实现。在智能体投入实际运行时，占位符"{input}"会被待求解的具体问题或任务所替换。这是非常重要的环节，它能够让模型收到并理解任务目标，并据此开始进行推理分析操作。

另外，还有一个值得特别关注的细节，模型本身并不具备保存对话历史信息的能力。因此，当智能体与模型进行多轮交互时，必须将此前与模型交互过程中产生的中间结果同步提交给模型。这一操作可确保模型在进行后续推理时，能够基于之前的信息及推理结果进行迭代，从而更有效地解决问题。反之，若忽视这一细节，模型可能会陷入对待解决问题第一步行动的反复思考与推理之中，而无法有效利用之前的信息进行推理和决策。这不仅会浪费计算资源，还将导致智能体无法正确完成任务。因此，必须在每次迭代提交的提示词中添加这些中间结果，这些中间结果在提示词中可用占位符"{agent_scratchpad}"代替，同样它也将在智能体运行过程中被真实的中间结果所替换。

因此，在最后部分，继续编写如下提示词。

> 开始！
> Question：{input}
> Thought：{agent_scratchpad}

至此，提示词全部编写完成，完整的提示词可参见文件 prompt.txt。

在面对各种各样的智能体应用场景时，需依据所面临的具体问题或情境，参考上述提示词思路编写出恰当的提示词，以确保模型能够精准地推理出完成任务所需采取的有效行动，并最终获得问题的解决方案或结论。在调试程序过程中，开发人员也要不断地对提示词进行修改与调整，无论是提示词的表达方式、内容构成，还是其呈现的顺序等，均需精益求精，就如同在编

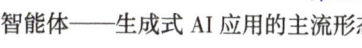

程时反复调试代码一般，力求达到最佳效果。

6.2.3 工具集

如前文所述，智能旅行规划助手所需的工具包括搜索工具、天气预报工具和获取当前日期的工具等。其中，搜索工具已经在主程序中通过 Tavily 实现，其余几个工具则需要自行实现并提供给智能体调用。

首先，需要实现一个获取天气预报的工具。天气预报需要通过第三方公开服务获取，本书第 3 章介绍函数调用时通过高德开放平台实现了查询天气预报的本地函数。查询天气预报需要先查询待查询地点的城市行政编码 adcode，然后通过城市行政编码查询天气预报数据，故而获取天气预报实际上涉及两个工具。在本示例程序中，所需天气预报工具可以直接复用这两个工具。

不过关于城市行政编码 adcode 的获取，有两种途径可供选择。第一种途径是通过高德开放平台提供的关键字查询 POI（Point of Interest）的 API 接口来获取 adcode，这也是第 3 章相关示例中采取的方法。另一种途径则是直接下载高德开放平台提供的城市行政编码表（下载链接为 https://a.amap.com/lbs/static/code_resource/AMap_adcode_citycode.zip），通过该表格也可以查找所需城市的行政编码 adcode。本示例程序基于演示使用工具查询本地文件的目的，选用第二种方式查询城市的行政编码 adcode，故需要重新编写实现该工具。

智能体所使用的工具，本质上与函数调用是一致的。因此，在向模型描述这些可用工具时，需要清晰明确地阐述工具的功能作用、所需输入的参数以及这些参数的具体含义。在使用函数调用方式时，需要在与模型交互的接口中声明与描述函数上述信息。这种方式使得函数实现与函数描述分离，并且在需要多次调用与模型交互的接口时，需要多次分别进行函数描述，这显然增加了编码工作量，并且可能发生同一函数实现但函数描述却不同的情况。在 LangChain 这一框架下，提供了多种途径来实现工具的定义与运用，并可以避免重复进行函数描述。本示例程序选择使用装饰器实现工具，这是一种相对较为简洁且易于操作的方式。具体而言，只需要在相关工具函数上方，添加"@tool"装饰器标识，便可轻松实现工具的定义与标记。

如前所述，使用装饰器@tool 标记工具的一个目的是避免重复对工具进行描述。因此，在定义工具时要对工具的功能作用、所需输入的参数以及这些参数的具体含义进行详细说明，以便 LangChain 框架能向生成式 AI 模型提供工具信息，进而帮助模型决定何时调用它们并提供所需的正确参数。

工具参数的相关信息可以通过使用 Annotated 特性来说明，而工具的作用可以选择在函数名后通过 Google 风格的文档字符串进行说明。或者，也可以选择将工具的作用及参数的说明都使用 Google 风格的文档字符串进行说明。

基于以上选择，实现工具的代码首先要导入 tool 及 Annotated。具体代码如下。

```
from langchain_core.tools import tool
from typing import Annotated
```

接下来，可以先定义一个用于查询城市行政编码 adcode 的函数。将该函数命名为 query_adcode，并为其设定两个参数：city 和 fileName。其中，参数 city 代表待查询城市名称，而参数 fileName

则代表存储城市行政编码表的文件路径。

为提升函数的灵活性和易用性,代码为参数 fileName 设置了默认值,该默认值即为城市行政编码表文件所在路径。使用这样的设计,在调用该函数时,如果未为参数 fileName 指定值,函数将自动采用这个默认值进行文件查找,从而省去了每次调用都需要指定文件路径的麻烦。同时,这种做法也避免了在函数体内硬编码文件路径,在必要时可通过参数指定不同的文件路径,使得函数更加灵活,能够适应不同的调用场景。

用于查询指定城市行政编码 adcode 的工具函数 query_adcode 声明如下所示。

```
@tool
def query_adcode(
    city: Annotated[str,
        """城市名/地区名,参数必须是城市名/地区名,
        例如'北京市''北京''朝阳区',除此之外不能有任何其他字符。"""],
    fileName: Annotated[str,
        "待解析 Excel 文件路径与名称。"] ="data/AMap_adcode_citycode.xlsx"
) -> str:
    """
    查询参数指定城市名或地区名所对应的 adcode 值,参数必须是城市名/地区名,
    例如'北京市''北京''朝阳区',除此之外不能有任何其他字符。
    """
```

随后需要实现函数 query_adcode 执行查询 Excel 文件的功能,其实现过程与普通 Python 函数并无不同。可使用数据分析包 Pandas 读取 Excel 文件,并将其中的城市行政编码数据加载到一个 DataFrame 对象。然后,根据参数传入的城市名称查询其对应的城市行政编码 adcode,并将查询到的 adcode 作为函数返回值返回。

按以上思路,代码需要先导入数据分析包 Pandas,代码如下。

```
import pandas as pd
```

随后编写函数 query_adcode 的函数体,实现代码如下。

```
city=get_parameter(city)

# 读取 Excel 文件
try:
    # 可以指定 sheet_name 以读取特定 sheet
    df = pd.read_excel(fileName)
except FileNotFoundError:
    print(f"Error: 文件 '{fileName}'不存在. 请检查文件路径。")
except ValueError as e:
    print(f"Error: {e}. 指定文件不是有效的 Excel 文件。")

# 条件查询
filtered_rows = df[df['中文名'].str.startswith(city)]
```

```
if filtered_rows is None or filtered_rows.size == 0:
    raise ValueError("参数错误,请检查城市名/地区名是否存在!")
# 返回查询结果的 adcode
try:
    return filtered_rows.iloc[0]['adcode']
except IndexError:
    return None
```

至此，从 Excel 文件中获取城市行政编码 adcode 的工具实现完成，其完整代码参见源文件 excel.py。

上述代码段对于传入参数 city 先调用另一个名为 get_parameter 的函数对其进行预处理。添加这一步骤的原因是模型在反馈工具调用的参数时，其表现格式有一定的不稳定性和不一致性。为确保后续的查询操作能够使用正确的参数值顺利进行，有必要先对各种可能形式的参数进行统一处理，以便从中抽取出真正有效且可用的参数值。

通常情况下，模型会通过规范化方式明确阐述当前所需采取的行动步骤，即通过 Action 指定行动所要调用的工具函数，通过 Action Input 指定待调用工具函数的参数值（即实际参数），参数值前后使用单引号进行界定。具体规范方式如下。

> Action：query_adcode
> Action Input：'沈阳市'

上述形式符合提示词对行动的形式约定，但在作者对本示例程序进行调试的过程中，也曾以不同概率遇到过以下几种不同形式的行动说明。

形式 1：实际参数前后无引号。具体例子如下。

> Action：query_adcode
> Action Input：沈阳市

形式 2：实际参数前后使用双引号。具体例子如下。

> Action：query_adcode
> Action Input："沈阳市"

形式 3：给出实际参数的同时给出形式参数，两者之间通过赋值号（=）配对，而实际参数前后可能有单引号、双引号或无引号。具体例子如下。

> Action：query_adcode
> Action Input：city='沈阳市'

形式 4：与形式 3 类似，但形式参数与实际参数之间通过冒号（:）配对。具体例子如下。

> Action：query_adcode
> Action Input：city：'沈阳市'

综合考量上述各种情形，需要编码提取有效的实际参数，并将其封装为一个名为 get_parameter 的函数。该函数的实现代码如下所示。

```python
# 提取实际参数
def get_parameter(input_string: str) -> str:
    # Step 1: 仅保留最后一个"="或":"之后的部分
    if '=' in input_string or ':' in input_string:
        last_equal_idx = input_string.rfind('=')
        last_colon_idx = input_string.rfind(':')
        # 获取最后一个"="或":"之后的子字符串,以两者中最后出现者为准
        if last_equal_idx > last_colon_idx:
            input_string = input_string[last_equal_idx + 1:]
        else:
            input_string = input_string[last_colon_idx + 1:]
    result = input_string

    # Step 2: 提取最后一对引号内的子字符串
    if '"' in input_string or "'" in input_string:
        last_double_quote_idx = input_string.rfind('"')
        last_single_quote_idx = input_string.rfind("'")
        if last_double_quote_idx > last_single_quote_idx:
            # 提取最后一对双引号之间的文本
            input_string_part = input_string[:last_double_quote_idx]
            result = input_string_part.split('"')[-1]
        else:
            # 提取最后一对单引号之间的文本
            input_string_part = input_string[:last_single_quote_idx]
            result = input_string_part.split("'")[-1]

    # Step 3: 去除前导和尾随的空格、制表符和换行符
    result = result.strip()

    # 返回处理后的字符串
    return result
```

读者在对本示例程序进行调试的过程中，若发现模型以不同于以上形式提供调用工具所需实际参数，那么就需要根据遇到的实际情况对上述代码进行相应的调整或扩充，以确保函数 get_parameter 能够正确抽取当前调用函数工具所要传入的实际参数。

函数 get_parameter 可以置于源文件 excel.py 中，以便工具 query_adcode 可以直接进行调用。然而，若考虑到其他函数工具同样有使用函数 get_parameter 进行参数抽取的需求，那么将其放置

于一个独立的文件中会更为合适。本示例程序选择将其保存在源文件 commutils.py 之中。

在成功获取城市行政编码之后，便可以着手调用高德开放平台所提供的天气查询服务。与加载模型所需环境变量类似，同样需要先从 .env 配置文件中读取调用高德开放平台所需的 API 密钥（API Key）。具体实现代码如下。

```python
import os
from dotenv import load_dotenv, find_dotenv

_ = load_dotenv(find_dotenv())
amap_key = os.environ.get('amap_key')
if amap_key is None:
    raise ValueError("API Key is not set in the .env file")
```

上述代码与为生成式 AI 模型代理实例化时加载环境变量的操作存在一个显著差异，即在创建生成式 AI 模型代理实例的过程中，LangChain 所提供的包能够自动在已加载环境变量中检索并应用所需 API 密钥。而在使用高德开放平台的天气查询服务时，必须明确地将访问高德开放平台所需的 API 密钥保存在一个变量之中，以便在后续调用天气查询服务时能够显式使用该密钥。

在准备好访问天气查询服务所需 API 密钥之后，就可以远程调用该服务以获取参数 adcode 所对应城市的天气信息，这样就完成了天气预报工具的实现。

天气预报工具的实现代码如下。

```python
import requests
import json
from langchain_core.tools import tool
from typing import Annotated
from .commutils import get_parameter

# 封装高德天气查询接口
@tool
def got_wx(
    adcode: Annotated[str, "城市编码/地区编码(城市或地区的 adcode)"]
) -> json:
    """
    查询参数指定编码所对应城市或地区的当天及其后三天的天气预报。

    Args:
        adcode: 城市编码/地区编码(城市或地区的 adcode)
    Returns:
        返回一个 JSON 串,包含所查城市、时间及未来几天的天气预报信息,例如:
        {
            "status": "1",       ## 返回状态,值为 0 或 1,1:成功;0:失败
            "count": "1",        ## 返回结果总数目
            "info": "OK",        ## 返回的状态信息
            "infocode": "10000", ## 返回状态说明,10000 代表正确
```

```
"forecasts":[    ## 预报天气信息数据
    {
        "city":"东城区",    ## 城市名称
        "adcode": "110101", ## 城市编码
        "province":"北京", ## 省份名称
        "reporttime": "2024-09-08 11:37:37",    ## 预报发布时间
        "casts":[    ## 预报数据 list 结构,元素 cast,按顺序为当天、第二天、第三天的预报数据
            {
                "date": "2024-09-08",    ## 日期,当天,第 1 天
                "week": "7",    ## 星期几
                "dayweather": "小雨",    ## 白天天气现象
                "nightweather": "小雨", ## 晚上天气现象
                "daytemp": "24",    ## 白天温度
                "nighttemp": "20",    ## 晚上温度
                "daywind": "南",    ## 白天风向
                "nightwind": "南",    ## 晚上风向
                "daypower": "1-3",    ## 白天风力
                "nightpower": "1-3",    ## 晚上风力
                "daytemp_float": "24.0",    ## 白天温度(浮点数)
                "nighttemp_float": "20.0"    ## 晚上温度(浮点数)
            },
            {
                "date": "2024-09-09",    ## 日期,第 2 天
                "week": "1",    ## 星期几
                "dayweather": "中雨",    ## 白天天气现象
                "nightweather": "小雨", ## 晚上天气现象
                "daytemp": "24",    ## 白天温度
                "nighttemp": "21",    ## 晚上温度
                "daywind": "北",    ## 白天风向
                "nightwind": "北",    ## 晚上风向
                "daypower": "1-3",    ## 白天风力
                "nightpower": "1-3",    ## 晚上风力
                "daytemp_float": "24.0",    ## 白天温度(浮点数)
                "nighttemp_float": "21.0"    ## 晚上温度(浮点数)
            },
            {
                "date": "2024-09-10",    ## 日期,第 3 天
                "week": "2",    ## 星期几
                "dayweather": "多云",    ## 白天天气现象
                "nightweather": "多云", ## 晚上天气现象
                "daytemp": "27",    ## 白天温度
                "nighttemp": "20",    ## 晚上温度
                "daywind": "北",    ## 白天风向
                "nightwind": "北",    ## 晚上风向
                "daypower": "1-3",    ## 白天风力
```

```
                    "nightpower": "1-3",      ## 晚上风力
                    "daytemp_float": "27.0",     ## 白天温度(浮点数)
                    "nighttemp_float": "20.0"   ## 晚上温度(浮点数)
                },
                {
                    "date": "2024-09-11",   ## 日期,第 4 天
                    "week": "3",       ## 星期几
                    "dayweather": "多云",  ## 白天天气现象
                    "nightweather": "多云", ## 晚上天气现象
                    "daytemp": "27",     ## 白天温度
                    "nighttemp": "17",    ## 晚上温度
                    "daywind": "东南",    ## 白天风向
                    "nightwind": "东南",    ## 晚上风向
                    "daypower": "1-3",    ## 白天风力
                    "nightpower": "1-3",   ## 晚上风力
                    "daytemp_float": "27.0",    ## 白天温度(浮点数)
                    "nighttemp_float": "17.0"  ## 晚上温度(浮点数)
                }
            ]
        }
    ]
}
'''
    adcode = get_parameter(adcode)
    url = "https://restapi.amap.com/v3/weather/weatherInfo"
    url += "? extensions=all"
    url += f"&key={amap_key}"
    url += f"&city={adcode}"
    ret = requests.get(url)
    result = ret.json()
    # print(f"===结果===\n{result}")
    return result
```

注：通过调试时实际调用高德开放平台天气查询服务，发现直接传入城市名称也可以直接获得对应城市的天气信息。

天气预报工具的完整代码可参见源文件 amap.py。

除了上述工具外，还需要一个偶尔才会被调用的用于获取当前日期的工具，其实现逻辑非常简单，代码如下。

```
# 取得当前日期
from datetime import datetime
@tool
def get_current_date(input:str = None)->str:
    """
    取得当天日期(今天日期),以 YYYY 年 MM 月 DD 日的形式返回
```

```
"""
# 获取当前日期
now = datetime.now()
# 按照 "2025 年 02 月 04 日" 格式进行格式化
formatted_date = now.strftime("%Y年%m月%d日")
return formatted_date
```

至此，智能旅行规划助手需要的所有工具全部编制完成。

6.2.4 运行智能体

在完成主程序、提示词及工具集的代码实现后，智能旅行规划助手的开发已经全部完成。接下来，可以在主程序的末尾添加测试代码，对智能体进行测试和验证。测试代码如下。

```
# 测试智能体
question = "明天我想去沈阳玩三天。"
agent_executor.invoke({
    "input": f"{question}"
})
```

启动程序，智能体某次运行过程如图6-2～图6-4所示。

```
(langchain) PS E:\Source\Ch6\SmartTravelPlanningAssistant(ReAct)> python .\SmartTrave
lPlanningAssistant.py

> Entering new AgentExecutor chain...
首先需要查询沈阳的天气情况，以便确定出行计划。由于需要查询未来三天的天气，因此需要使
用天气预报工具。

Action: query_adcode
Action Input: '沈阳市'
Observation210100接下来，我将使用 '沈阳市' 的adcode来查询天气预报。

Action: get_wx
Action Input: '210100'
Observation{'status': '1', 'count': '1', 'info': 'OK', 'infocode': '10000', 'forecast
s': [{'city': '沈阳市', 'adcode': '210100', 'province': '辽宁', 'reporttime': '2025-0
2-09 19:01:11', 'casts': [{'date': '2025-02-09', 'week': '7', 'dayweather': '晴', 'ni
ghtweather': '晴', 'daytemp': '-7', 'nighttemp': '-21', 'daywind': '南', 'nightwind':
 '南', 'daypower': '1-3', 'nightpower': '1-3', 'daytemp_float': '-7.0', 'nighttemp_fl
oat': '-21.0'}, {'date': '2025-02-10', 'week': '1', 'dayweather': '晴', 'nightweather
': '晴', 'daytemp': '0', 'nighttemp': '-15', 'daywind': '南', 'nightwind': '南', 'day
power': '1-3', 'nightpower': '1-3', 'daytemp_float': '0.0', 'nighttemp_float': '-15.0
'}, {'date': '2025-02-11', 'week': '2', 'dayweather': '多云', 'nightweather': '中雪',
 'daytemp': '5', 'nighttemp': '-7', 'daywind': '西南', 'nightwind': '西南', 'daypower
': '4', 'nightpower': '4', 'daytemp_float': '5.0', 'nighttemp_float': '-7.0'}, {'date
': '2025-02-12', 'week': '3', 'dayweather': '多云', 'nightweather': '晴', 'daytemp':
'-3', 'nighttemp': '-14', 'daywind': '西北', 'nightwind': '西北', 'daypower': '1-3',
'nightpower': '1-3', 'daytemp_float': '-3.0', 'nighttemp_float': '-14.0'}]}]}根据沈阳
市未来三天的天气预报，天气情况如下：

- 2025-02-10 (第一天)：晴，白天温度0℃ 夜间温度-15℃ 南风1-3级。
- 2025-02-11 (第二天)：多云转中雪，白天温度5℃ 夜间温度-7℃ 西南风4级。
- 2025-02-12 (第三天)：多云转晴，白天温度-3℃ 夜间温度-14℃ 西北风1-3级。

考虑到天气情况，建议在出行时准备适当的衣物，特别是保暖衣物，以应对沈阳的寒冷天气。另
外，由于第二天有雪，可能需要考虑路况对出行的影响。
```

图6-2 先获取城市行政编码再查询对应天气预报

开始时，智能体通过逻辑推理，决定首先调用天气预报工具以查询旅游目的地城市天气信息。在此过程中，智能体准确地识别出需要先调用名为 query_adcode 的工具，以获取旅游目的地的城市行政编码信息。随后，利用获得的城市行政编码，智能体成功地调用 get_wx 工具，从而获取详细的天气预报信息。

不仅如此，智能体在获取详尽的天气预报信息后，还进一步对天气情况进行概括与总结（模型并非每次都会进行概括与总结），以方便后续步骤使用。查询城市行政编码及天气的操作过程及其结果，如图 6-2 所示。

随后，智能体分析推理出需要进一步查询旅游目的地城市景点信息。为此，它决定调用搜索工具 Tavily，并同步提供相应的搜索关键词。搜索工具执行后将搜索结果以 JSON 列表的形式反馈给模型，模型则会对收到的景点信息进行抽取与整理。如图 6-3 所示。

图 6-3 检索景点信息（部分截图）

在执行这一步骤时，若模型评估其内置的关于旅游目的地景点的信息已经足够详尽，足以支持旅行的日程规划需求，那么它可能会选择不调用外部搜索工具进行额外的景点信息检索（尽管提示词要求应当采用搜索工具检索景点信息，但模型偶尔会不遵循该指示）。在这种情况下，模型会在成功获取天气信息后，直接依据现有资料着手进行旅行日程规划的制定。

在成功获取旅游目的地的天气预报信息及详尽的景点信息之后，智能体便进入具体的行程规划阶段。此阶段无须依赖任何外界辅助工具，生成式 AI 模型能够凭借已获取的信息，自主进行推理与规划从而生成最终结果。本次尝试运行的推理结果，如图 6-4 所示。

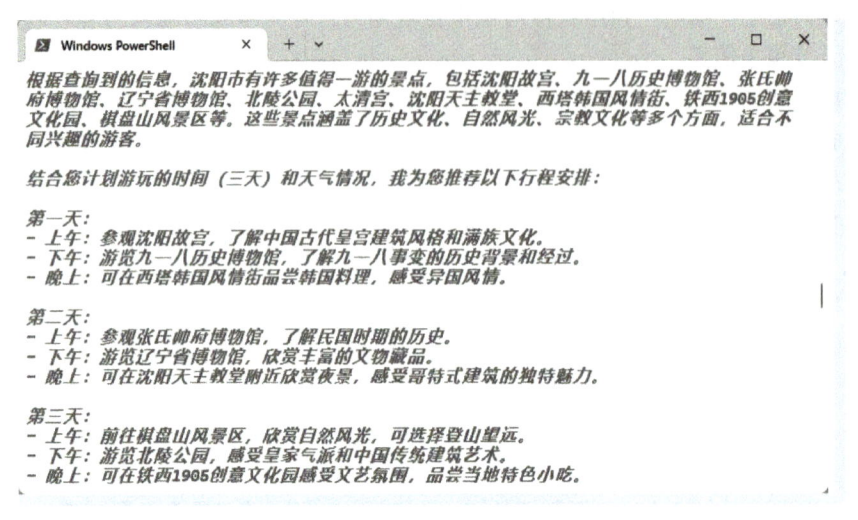

图 6-4　生成最终规划结果

读者可以尝试修改代码中的旅行需求再次运行智能体，由于智能体能够充分利用工具从外界获取完成任务所需信息，所以无论是知名大都市还是无名小城，智能体都能够成功完成旅行行程规划。

6.3　多源知识问答——JSON 格式聊天智能体

前文所提及的 ReAct 型智能体，在当前阶段属于应用较为广泛的一种智能体类型。然而，除 ReAct 型智能体之外，还存在着多种其他类型的智能体，诸如 SelfAskWithSearch 智能体、StructuredChat 智能体，以及本节将要介绍的 ConversationalChat 智能体，即 JSON 格式聊天智能体。

JSON 格式聊天智能体，顾名思义，是指采用 JSON 格式进行对话交流的智能体。此类智能体以 JSON 形式对生成式 AI 模型的输出进行格式化，从而使得输出结果更为结构化，便于应用程序后续进行解析与处理。简而言之，JSON 格式聊天智能体的核心功能，在于对模型的输出进行格式化的处理，而非像前文所介绍的智能体那样通过特定的思维方式引导模型解决问题。

具体而言，JSON 格式聊天智能体在接收用户输入后，会将其传递给生成式 AI 模型进行处理，此过程与其他应用程序或智能体并无差别。而其回复内容则会以 JSON 格式进行封装，即它会将传递给模型的问题和模型的响应成对整理封装到 JOSN 对象中，从而确保回复结构清晰、易于理解以及易于处理。这一特性使得 JSON 格式聊天智能体在对话系统、客户服务等各类聊天问答场景具有广泛的应用前景。

聊天问答的一个典型应用场景是智能知识库。智能知识库场景下的问答与普通模型问答的核心差异在于，对用户所提出的问题应当从知识库中查询寻找相关知识并将其归纳总结形成答案，而不是根据模型已经内化的知识进行推理回复。这一场景非常适合采用 JSON 格式聊天智能体实现。

智能知识库通过增强检索功能实现对已有知识的检索召回，如前所述，增强检索功能主要通过向量化技术实现。而向量化过程，既可以借助各生成式 AI 模型服务平台所提供的向量模型服务来完成，也可以通过在本地部署合适的向量模型来实现。本示例程序选择智谱 AI 所提供的向量模型 Embedding-3 作为实现向量化的支撑工具。

以下代码段实现智谱 AI 生成式 AI 模型 GLM-4-Plus 与向量化模型 Embedding-3 的实例化过程。同时，为提供更为全面的参考，代码中还通过注释方式，展示在选用 OpenAI 相关模型时的实现代码示例。

```
import os
from dotenv import load_dotenv, find_dotenv
_ = load_dotenv(find_dotenv())

# from langchain_openai import ChatOpenAI, OpenAIEmbeddings
# llm = ChatOpenAI(temperature=0, model="gpt-4o")
# embeddings =OpenAIEmbeddings()

from langchain_community.chat_models import ChatZhipuAI
from langchain_community.embeddings import ZhipuAIEmbeddings
llm = ChatZhipuAI(model="glm-4-plus",
                  temperature=0.9,
            )
embeddings = ZhipuAIEmbeddings(model="embedding-3")
```

同一知识库中的知识可以面向特定专一领域也可以同时包含多个领域，其知识来源也可以是多源的。本示例程序纳入两个相对独立的知识领域——提示词工程与统一建模语言（UML）。假定这两个领域知识来源方式不同，提示词工程知识源于本地文本文件，而 UML 知识则需通过互联网网页获取。

针对这两种不同数据源，处理流程大体一致。首先，将数据载入内存；接着，对数据内容进行切片和向量化处理；随后，将处理后的数据存储在向量库。最后，生成一个 RetrievalQA 对象实例，以便可将其作为工具对知识进行查询和检索。

以下是按照上述流程对本地文本文件进行处理的代码。

```
from langchain.chains import RetrievalQA
from langchain_chroma import Chroma
from langchain_text_splitters import CharacterTextSplitter
from langchain_community.document_loaders import TextLoader

doc_path = "./data/" + "大语言模型提示技巧.txt"
loader = TextLoader(doc_path, "utf-8")
documents = loader.load()
text_splitter = CharacterTextSplitter(
```

```
    chunk_size=1000,
    chunk_overlap=0
)
texts = text_splitter.split_documents(documents)
docsearch = Chroma.from_documents(
    texts,
    embeddings,
    collection_name="prompt-skills"
)
doc_ret = RetrievalQA.from_chain_type(
    llm=llm,
    chain_type="stuff",
    retriever=docsearch.as_retriever()
)
```

以下是按照上述流程对互联网网页进行处理的代码。

```
from langchain_community.document_loaders import WebBaseLoader
loader = WebBaseLoader("https://gtyan.com/archives/196")
docs = loader.load()
web_texts = text_splitter.split_documents(docs)
web_db = Chroma.from_documents(
    web_texts, embeddings,
    collection_name="UML-collection"
)
web_ret = RetrievalQA.from_chain_type(
    llm=llm,
    chain_type="stuff",
    retriever=web_db.as_retriever()
)
```

在具备语义检索能力的检索工具准备完成后，即可开始编写智能体相关的代码。首先，需要完成提示词模板。本示例程序可直接采用 LangChain 提供的 JSON 格式聊天提示词模板（提示词具体内容可参考：https://smith.langchain.com/hub/hwchase17/react-chat-json），具体代码实现可采用 hub 拉取该模板，代码如下。

```
from langchain import hub
prompt = hub.pull("hwchase17/react-chat-json")
```

拉取提示词模板需要通过网络传输，会增加智能体运行延时及网络中断风险，为规避这两个问题也可以在代码中直接构建该提示词模板。具体代码如下。

```
from langchain_core.prompts import ChatPromptTemplate, MessagesPlaceholder

system = '''Assistant is a large language model trained by OpenAI.

Assistant is designed to be able to assist with a wide range of tasks, from answering
```

simple questions to providing in-depth explanations and discussions on a wide range of
topics. As a language model, Assistant is able to generate human-like text based on
the input it receives, allowing it to engage in natural-sounding conversations and
provide responses that are coherent and relevant to the topic at hand.

Assistant is constantly learning and improving, and its capabilities are constantly
evolving. It is able to process and understand large amounts of text, and can use this
knowledge to provide accurate and informative responses to a wide range of questions.

Additionally, Assistant is able to generate its own text based on the input it
receives, allowing it to engage in discussions and provide explanations and
descriptions on a wide range of topics.

Overall, Assistant is a powerful system that can help with a wide range of tasks
and provide valuable insights and information on a wide range of topics. Whether
you need help with a specific question or just want to have a conversation about
a particular topic, Assistant is here to assist.'''

human = ''' TOOLS

Assistant can ask the user to use tools to look up information that may be helpful in
answering the users original question. The tools the human can use are:

{tools}

RESPONSE FORMAT INSTRUCTIONS

When responding to me, please output a response in one of two formats:

Option 1:
Use this if you want the human to use a tool.
Markdown code snippet formatted in the following schema:

```json
{{
    "action": string, \The action to take. Must be one of {tool_names}
    "action_input": string \The input to the action
}}
```

Option #2:
Use this if you want to respond directly to the human. Markdown code snippet formatted
in the following schema:

````
```json
{{
    "action": "Final Answer",
    "action_input": string \You should put what you want to return to use here
}}
```

USER'S INPUT
--------------------
Here is the user's input (remember to respond with a markdown code snippet of ajson
blob with a single action, and NOTHING else):

{input}'''

prompt = ChatPromptTemplate.from_messages(
    [
        ("system", system),
        MessagesPlaceholder("chat_history", optional=True),
        ("human", human),
        MessagesPlaceholder("agent_scratchpad"),
    ]
)
````

随后，在着手构建智能体之前，一个必要的步骤是将先前已完成的 RetrievalQA 对象实例转化为 Tool 形式，以便智能体能够依据实际需求分析、生成并调用相应的指令。紧接着，使用函数 create_json_chat_agent 创建智能体，并在此基础之上，进一步使用该智能体对象实例化一个 AgentExecutor 执行器对象。上述过程相关代码如下。

````
from langchain.agents import AgentExecutor, Tool, create_json_chat_agent

tools = [
    Tool(
        name="prompt skills",
        func=doc_ret.run,
        description="当你需要回答关于提示词的相关问题时，使用此工具。输入的问题应当完整。",
    ),
    Tool(
        name="UML collection",
        func=web_ret.run,
        description="当你需要回答关于 UML 中集合的相关问题时，使用此工具。输入的问题应当完整。",
    ),
]

agent = create_json_chat_agent(
    llm=llm,
````

```
    tools=tools,
    prompt=prompt
)
agent_executor = AgentExecutor(
    agent=agent,
    tools=tools,
    verbose=False,
    handle_parsing_errors=False
)
```

至此，本示例程序已完成 JOSN 格式聊天智能体构建，包含上述所有部分的完整代码可参见源文件 agent-vectorstore.py。

为验证智能体运行效果，可以继续添加类似如下测试代码。

```
question = "在与大语言模型交互时,如果使用带用歧义的提示词,大语言模型能否理解?"
print(f"\n 问题 1:{question}")
ae = agent_executor.invoke({"input": f"{question}"})
print(f"\n 回答:{ae}")


question = "在 UML 中需要使用成员唯一但无序的集合时,应选择哪个集合?"
print(f"\n 问题 2:{question}")
ae = agent_executor.invoke({"input": f"{question}"})
print(f"\n 回答:{ae}")
```

运行添加上述测试代码之后的智能体，可以观察到其运行结果以结构化的 JSON 格式进行返回，如图 6-5 所示。

```
(langchain) PS D:\Source\Ch6> python '.\agent-vectorstore.py'
USER_AGENT environment variable not set, consider setting it to identify your re
quests.
问题1: 在与大语言模型交互时，如果使用带用歧义的提示词，大语言模型能否理解?
Number of requested results 4 is greater than number of elements in index 3, upd
ating n_results = 3

回答: {'input': '在与大语言模型交互时,如果使用带用歧义的提示词,大语言模型能否
理解？', 'output': '在与大语言模型交互时,如果使用带有歧义的提示词,模型可能会遇
到理解困难,无法总是准确把握用户意图。这可能导致模型生成不准确的回答、请求用户澄
清或提供多个可能的解释。为了获得最佳交互效果,建议用户提供清晰、具体且无歧义的指
令。'}

问题2: 在UML中需要使用成员唯一但无序的集合时，应选择哪个集合?
Number of requested results 4 is greater than number of elements in index 2, upd
ating n_results = 2

回答: {'input': '在UML中需要使用成员唯一但无序的集合时,应选择哪个集合? ', 'outp
ut': '在UML中,当你需要一个成员唯一但无序的集合时,应选择**Set**。Set的特点是不
允许存在重复值（每个元素是唯一的）,且集合中的元素是无序的。在UML类图中,可以通
过在多重性后添加约束"{unique}"来表示一个集合是Set。例如,如果一个类图中有一个属
性表示参与某个活动的成员,且每个成员只能出现一次且没有特定的顺序,那么这个属性就
可以使用Set来表示,并在多重性后添加"{unique}"约束。'}
```

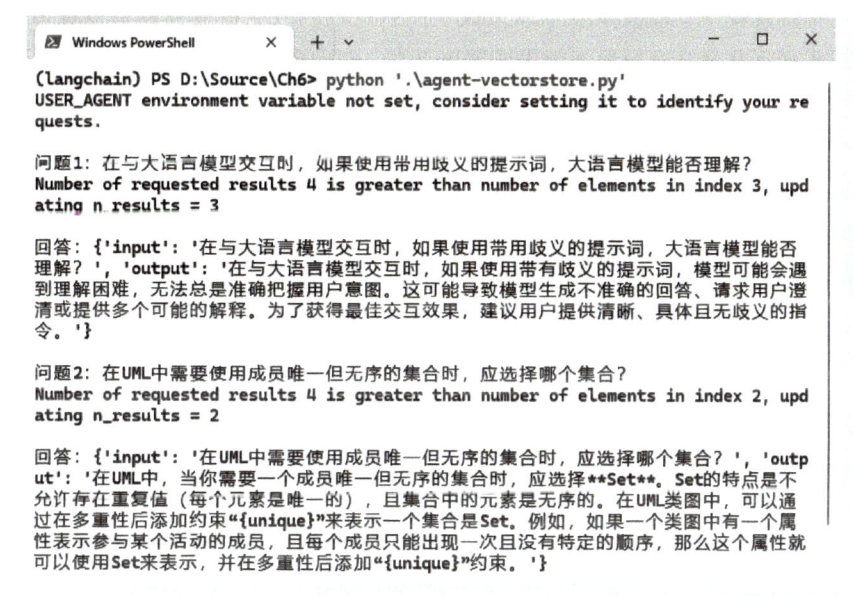

图 6-5　JSON 格式聊天智能体的输出效果

上述示例程序已经包含构建知识库的所有主要环节，面向实际应用场景时，需要根据知识的不同来源调整或增加知识获取途径。此外，由于知识内容体量会比示例程序大得多，向量数据库也需要更换为适宜在生产环境中的产品。

6.4 智能旅行规划助手——自定义智能体

本章前述内容详细阐述了两种由 LangChain 提供支持的常见智能体，这些智能体通常能够满足大多数实际应用场景的需求。然而，若面对特定场景的特殊需求，或是有意向自行设计与开发智能体，那么就需要从更底层进行智能体的设计与代码编写工作。

本节将深入讲解如何基于 LangChain 所提供的基础组件实现一个自定义智能体。在具体实现过程中，自定义智能体将采用自行编码方式实现智能体的核心框架，而同时又充分利用 LangChain 所提供的基础组件功能。当然，需要说明的是，这并非唯一选择。如果有特殊需求、偏好或者限制，完全可以摆脱对 LangChain 组件的依赖，从零开始，完全自行编码实现智能体的全部功能。这样将可以实现一个完全自主可控的智能体。

本节依然将以实现一个智能旅行规划助手作为自定义智能体的示例进行深入探讨。

6.4.1 辅助类实现

为实现自定义智能体，首先需要实现一些周边辅助类，以支撑自定义智能体的实现并简化自定义智能体实现的复杂度。

1. 行动类（Action）

智能体在推理过程中会根据需要不断采取不同的行动，以获得必要的信息或改变环境要素状态，从而逐步接近并最终获得最终结果或解决方案。在大多数情况下，这些行动依赖外部工具的执行及其运行结果。因此，有必要设计一个"行动类"，用于存储和传递行动所需调用外部工具的名称及参数等信息。

行动类的存在不仅能规范化智能体的行动步骤，还能确保每次调用外部工具所需的所有信息都能得到妥善管理和传递，从而提高推理与工具执行过程的可靠性和效率。通过这种设计，可以更好地适应复杂推理任务过程中采取行动的需求，并为进一步优化和扩展智能体提供坚实的基础。

定义一个名为 Action 的类，它继承自 BaseModel，并实现上述功能。该类包含两个关键的属性：一个是名为 name 的字符串变量，用于存储待调用的外部工具的名称；另一个是名为 args 的可选字典变量，用于以键值对形式（键为形参，值为实参）存储调用 name 所代表的工具时所需传入的参数信息。

将 args 设计为可选的原因在于并非所有外部工具在执行时都需要输入参数，部分工具无须传入任何参数直接执行即可获得期望的结果。这样的设计使得 Action 类具有更高的灵活性和通用性，能够适用于对参数有不同要求的外部工具调用场景。通过合理设置 name 和 args 的值，Action 类实例就可以准确地描述所需调用的外部工具，从而有效地支撑智能体的推理、决策及执行决策采取行动的各环节与步骤。实现上述功能的具体代码如下。

```python
from pydantic import BaseModel, Field
from typing import List, Optional, Dict, Any

class Action(BaseModel):
    name: str = Field(description="工具名称")
    args: Optional[Dict[str, Any]] = Field(
        description="工具参数,包含形参名称与实参值")

    def __str__(self):
        ret = f"Action(name={self.name}"
        if self.args:
            for k, v in self.args.items():
                ret += f", {k}={v}"
        ret += ")"
        return ret
```

Action 类还实现了 __str__ 方法，以便在需要时能够将 Action 实例直接转换为字符串。例如，通过这种处理可以直接使用函数 print 打印 Action 实例中保存的工具名称及其参数信息，而无须再进行任何额外的处理。

Action 类的代码可参见源文件 Action.py。

2. 异常类（ActionFormatException）

生成式 AI 模型的反馈响应机制建立在推理基础之上，而推理过程及所得出的结果具有内在的概率性特征，这导致其相较于普通程序而言，它有一定随机性。因此，即便是针对同一问题，模型的反馈也可能不尽相同。这种差异不仅体现在自然语言语义层面可能存在或大或小的偏差，还可能在回复形式与格式上有所体现。

对于意在表达特定语义的文本回复而言，如果语义上大致相近，那么在多数情况下或许并不会引发太大问题，类似但不同的结果是可接受的。然而，当回复中涉及具体"行动"指令，且未能严格按照约定格式进行返回时，问题便凸显出来。这种情况下，应用程序将无法准确识别与解析当前应当采取的行动，从而导致后续推理与行为的混乱或错误。毕竟应用程序本身并不具备"智能识别"能力，它只能接受严格遵循预先定义格式的数据。

鉴于此，有必要定义一个自定义异常类，专门用于在模型未能按照正确格式返回行动指令时抛出该异常。而一旦应用程序捕获到这个异常，便可以立即要求模型对其行动指令按正确格式进行修正，以确保应用程序能够准确无误地解析并执行这些指令。通过这样的异常触发及处理机制，可以进一步提升应用程序的稳定性和健壮性，从而更好地提升用户体验。

定义一个异常类命名为 ActionFormatException，它继承自 Exception 类。该异常类在实例初始化时会在异常消息前添加一段文字说明，指出产生异常的原因是 Action 指令格式不正确。其具体实现代码如下，也可参见在 myexception 目录下的源文件 ActionFormatException.py。

```python
class ActionFormatException(Exception):
    def __init__(self, value):
```

```
        self.value = value
        self.message = f"未能按正确的格式要求生成调用Action的指令：{value}."
        super().__init__(self.message)
```

6.4.2 辅助函数实现

辅助类简化实现智能体的主流程，而辅助函数则实现一些与主流程关系不大的通用功能，用于进一步简化编码并提升用户使用体验。

1. 彩色文本输出函数集

在命令行界面下，智能体处于不同状态时所产生的输出信息均被定向至标准输出设备，即显示器的命令行窗口。在默认情况下，所有输出的文本将以灰白色的形式进行显示。

当使用Python进行编程时，可以利用颜色转义序列控制输出文本颜色，以提升输出信息的可读性和辨识度。举例来说，如果希望以绿色呈现某段文本，可以采用如下的代码片段实现。

```
print('\033[32m'+text +'\033[0m')
```

在此代码片段中，"\033[32m"代表绿色转义控制序列，它的作用是将随后输出的文本颜色设置为绿色；而"\033[0m"则代表颜色重置转义控制序列，它的功能是将文本颜色恢复到默认状态，避免对后续的输出文本产生颜色上的影响。

通过运用这种方式，可以在命令行输出的文本中引入更多的色彩元素，从而帮助开发人员在调试、理解和分析智能体运行结果时区分不同状态下所产生的信息。

以下代码是在智能体实现中可能用到的彩色文本输出封装函数。

```
# 定义颜色转义序列
BLACK = '\033[30m'
RED = '\033[31m'
GREEN = '\033[32m'
YELLOW = '\033[33m'
BLUE = '\033[34m'
PURPLE = '\033[35m'
CYAN = '\033[36m'
WHITE = '\033[37m'

# 重置颜色的转义序列
RESET = '\033[0m'

def print_default(text, end="\n"):
    print(RESET + text, end=end)

def print_black(text, end="\n"):
    print(BLACK + text + RESET, end=end)

def print_red(text, end="\n"):
```

```python
    print(RED + text + RESET, end=end)

def print_green(text, end="\n"):
    print(GREEN + text + RESET, end=end)

def print_yellow(text, end="\n"):
    print(YELLOW + text + RESET, end=end)

def print_blue(text, end="\n"):
    print(BLUE + text + RESET, end=end)

def print_purple(text, end="\n"):
    print(PURPLE + text + RESET, end=end)

def print_cyan(text, end="\n"):
    print(CYAN + text + RESET, end=end)

def print_white(text, end="\n"):
    print(WHITE + text + RESET, end=end)
```

彩色文本输出函数相关代码可参见源文件 color_print.py，读者可以基于此根据需要添加更多颜色的文本输出函数。

2. JSON 处理函数集

生成式 AI 模型返回的信息中可能包含行动指令，不同模型描述行动指令的形式可能不同，但应用程序可以要求模型采用某种特定格式返回这些指令。例如可以选择使用 JSON 格式来详细说明智能体所需执行的行动指令，从而使应用程序可更为便捷、准确地识别和处理这些指令。以下是利用 JSON 格式描述行动指令的一个实例。

```
{
    "Action": "query_adcode",
    "args": "{
        "city": "旅行地点"
    }"
}
```

在该实例中，键"Action"对应的值是一个简单文本，用于指出当前行动所需调用工具函数的名称，在这里是用于查询行政编码的工具函数"query_adcode"。而键"args"对应的值则相对复杂，它是一个嵌套的 JSON 字符串，用以说明调用工具所需的参数。在这个嵌套 JSON 字符串中，各个键标明工具的形参，它们所对应的值则作为实参。这样的结构清晰地描述了所需调用的工具及其所需提供的全部参数信息。

基于上述设计，智能体必须具备从模型返回文本中识别和提取 JSON 字符串并解析这些 JSON 字符串的能力。这些能力需要设计一组专门的 JSON 处理函数提供支持。

JSON 处理函数集面向不同处理需求应当包含多个功能各异的函数。

在对模型返回文本的处理逻辑上，首先需要对模型返回的文本进行初步判断，以确定其中是否包含 JSON 字符串。若包含则需进一步执行提取操作，否则跳过提取操作执行后续逻辑即可。值得注意的是，若模型返回文本中同时包含多个 JSON 字符串，通常只有最后一个 JSON 字符串是新追加的行动项，此前的 JSON 串通常为已处理过的历史信息。因此，为简化处理流程并降低复杂度，可以忽略前面所有 JSON 字符串，而仅提取最后一个 JSON 字符串。

为此，JSON 处理函数集中需包含一个专门用于提取文本中最后一个 JSON 字符串的函数，将该函数命名为 get_last_json，它借助正则表达式的强大功能，在文本中搜索由大括号包裹的文本片段，一旦找到匹配的字符串，它将从中筛选出最后一个 JSON 字符串，并将其作为函数的返回值输出。其具体实现代码如下。

```python
import re

# 取得文本中最后一个 JSON 字符串
def get_last_json(text) -> str:
    # 正则表达式匹配 JSON 字符串
    pattern = r'\{(?:[^{}]*|\{[^{}]*\})*\}'

    # 使用 re.findall 提取所有符合 JSON 结构的部分
    json_strings = re.findall(pattern, text)

    last_json_str = None

    # 如果找到 JSON, 提取最后一个
    if json_strings:
        last_json_str = json_strings[-1]

    return last_json_str
```

在成功获取 JSON 字符串之后，紧接着的任务便是将这个 JSON 字符串转换为 JSON 对象，即将 JSON 格式的字符串解析转化为对应的 JSON 对象。Python 语言可以利用函数 json.loads 轻松实现这一转换。然而，当前智能体设计用于描述行动的 JSON 是一种特殊结构——它不是简单 JSON 对象而是嵌套的 JSON 对象。具体来说，键"args"所对应的值本身也是一个 JSON 对象。遗憾的是，函数 json.loads 并不能自动识别并处理这种嵌套结构的 JSON 字符串。

鉴于这一限制，必须通过编写特定代码逻辑解析这个嵌套结构的 JSON 字符串。这一步非常重要，否则键"args"的值将被视为普通字符串，智能体将无法从中获取行动所要调用工具的参数。用于解析嵌套结构 JSON 字符串的函数 parse_nested_json 的代码如下。

```python
import json

# JSON 解析
def parse_nested_json(text):
    # 对内层 JSON 的双引号进行转义
    # text = escape_inner_quotes(text)
```

```python
try:
    # 解析外层 JSON
    outer_json = json.loads(text)
    
    # 解析内层 JSON
    for key, value in outer_json.items():
        try:
            value = json.loads(value)
            outer_json[key] = value
        except json.JSONDecodeError as e:
            if has_balanced_braces(value):
                raise e
    return outer_json
except json.JSONDecodeError as e:
    raise e
```

函数 parse_nested_json 的主要逻辑是在使用 json.loads 解析出外层 JSON 的键和值后，继续迭代对值使用 json.loads 进行内层的 JSON 解析。如果该值是 JSON 字符串，则将解析后的 JSON 对象作为对应键的值；如果该值解析失败，则证明该值为普通字符串，保持当前状态即可。

使用函数 json.loads 解析字符串时，若解析失败会触发 json.JSONDecodeError 异常。在编写代码时，应当捕获并妥善处理这一异常。对于外层的解析异常，上述代码直接将其抛出，由调用该段代码的上级程序进行进一步处理。

在处理内层值的解析异常时，代码采取了一项特殊处理措施，它调用一个名为 has_balanced_braces 的函数，该函数用于判断值字符串中是否包含大括号以及这些大括号是否完全配对。若字符串中存在完全配对的大括号，则意味着该值本应是一个有效的 JSON 字符串，但由于某种原因解析失败，此时代码会继续抛出 json.JSONDecodeError 异常。相反，如果字符串中不包含大括号或包含的大括号不匹配，那么可以认为该值是一个普通的字符串，那就是正常的非 JSON 值，因而可以忽略当前产生的解析异常。

函数 has_balanced_braces 的实现逻辑比较简单，先判断字符串是否包含大括号，如果不包含直接返回 False；如果包含，则迭代访问字符串，遇见左大括号计数器加 1，遇见右大括号则计数器减 1，最终判断计数器是否为 0 即可了解大括号的配对情况。其代码实现如下，代码逻辑也通过注释进行了说明。

```python
# 检查文本是否包含大括号且配对
def has_balanced_braces(s):
    # 如果字符串中不包含任何大括号，直接返回 False
    if '{' not in s and '}' not in s:
        return False
    
    # 初始化一个计数器
    brace_count = 0
```

```python
# 遍历字符串中的每一个字符
for char in s:
    if char == '{':
        brace_count += 1   # 左大括号,计数器增加
    elif char == '}':
        brace_count -= 1   # 右大括号,计数器减少

    # 如果在遍历中任何时候右大括号多于左大括号,直接返回 False
    if brace_count < 0:
        return False

# 最终如果 brace_count 为 0,表示括号匹配,否则不匹配
return brace_count == 0
```

至此,所有需要与 JSON 处理相关的函数编写完成,其完整代码参见源文件 json_util.py。

6.4.3 Action 工具实现

Action 工具在之前的智能体示例中已经多次涉及并使用,自定义智能体中也需要使用一系列工具。

1. 用户交互工具

此前的智能体示例程序在任务推理执行过程中不再与用户进行任何形式交互,仅依据用户最初输入的要求完成既定任务。为演示在任务推理执行过程中进行人机交互的场景,当前智能体在设计中加入了在推理过程中与用户进行交互的功能,该功能使得智能体具备主动向用户提出问题,以获取完成任务所必需的额外信息的能力。鉴于此,构建一个高效且用户友好的交互工具显得尤为重要。

当前智能体采用命令行交互界面作为与用户沟通的渠道。因此,用户交互工具设计也围绕这一界面展开。该工具包含一个字符串类型参数,该参数用于接收智能体在任务推理过程中向用户提出的问题。而在工具的具体实现中,工具利用 input 函数简洁明了地向用户展示当前需要用户回答的问题,等待并接收用户输入相应的回复。

此外,作为 Action 工具,需要支持向生成式 AI 模型传递必要的工具描述信息,因此在函数名称的上方使用了 @tool 装饰器,并且在实现代码中说明参数含义及函数作用。@tool 装饰器在前述示例程序已有介绍与应用,此处不再重复说明。

以下是用户交互工具的实现代码示例。

```python
# 获取用户的输入
@tool
def request_user_input(
    question: Annotated[str, "向用户提问的问题。"]
)->str:
    """
```

```
向用户提出问题,获取用户的回答,以补充所需要的信息。
"""
ans = input(f"\n{question}\n")
return ans
```

值得注意的是,当前的实现采用简单的命令行交互界面,但在实际应用中还应结合应用程序的交互形态探索更多样化的交互形式,如图形用户界面(GUI)等,以进一步提升用户体验和智能体的实用性。

2. 其他工具

当前要实现的智能体是此前已通过 ReAct 型智能体形式完成的具有相同功能的智能旅行规划助手。因此,与先前开发的 ReAct 型智能旅行规划助手智能体相似,该智能体同样依赖特定工具获取旅行目的地的天气信息。在必要情况下,当前实现的智能体也需借助搜索工具,从互联网中检索有关旅行目的地的景点详情。

关于搜索工具的选择,可继续使用 Tavily,也可选择其他检索工具或者自行封装实现。至于与查询天气信息相关的两个工具——query_adcode 和 get_wx。这两个工具的实现与 ReAct 型智能旅行规划助手智能体中的实现完全一致,直接复用即可。因此,关于这两个工具的具体实现说明,在此不再赘述。

6.4.4 智能体主体实现

本示例程序把即将实现的自定义智能体封装进一个名为 MyAgent 的类中,也就是说,智能体的核心实现代码都将被整合并放置于这个类中。该类将作为智能体功能的主要载体,承载其所有关键逻辑和行为模式。

为了确保智能体能够正常运作,一个智能体至少应当包含生成式 AI 模型代理实例、工具集以及提示词模板这三个基本组成部分。因此,在智能体实例的初始化阶段,必须明确指定这些组件实例,以确保它们能够被正确地集成并发挥作用。

此外,针对不同场景下的具体问题,智能体尝试进行推理所需的步骤可能会有所不同。为避免智能体陷入无休止的推理循环,应用程序应当为其设定一个最大推理步数限制。这一限制的目的是确保智能体在合理的时间内结束推理任务。如果在达到最大推理步数后,智能体仍未能成功完成任务,则系统应当中止当前推理过程,并宣告该任务失败,让用户重试或者放弃该任务。

综上所述,在智能体实例的初始化过程中,除需要指定模型、工具集以及提示词模板的实例外,还需要明确设定一个合理的最大允许推理步数,以确保智能体能够在可控的范围内结束其推理任务。因此,类 MyAgent 的构造器 __init__ 实现代码如下。

```
def __init__(
    self,
    llm: BaseChatModel,
    tools: List[BaseTool],
```

```python
        prompt: str,
        max_steps: Optional[int] = 10,
    ):
        self.llm = llm
        self.tools = tools
        self.max_steps = max_steps
        self.verbose=False
        tool_names=','.join([tool.name for tool in tools])
        self.prompt = ChatPromptTemplate.from_messages(
            [
                MessagesPlaceholder(
                    variable_name="long_term_memory"
                ),
                HumanMessagePromptTemplate.from_template(
                    prompt
                ),
            ]
        ).partial(
            tools=render_text_description(tools),
            tool_names=tool_names,
        )
```

在设计智能体时，通常会设置一个开关变量，该开关变量的作用在于控制智能体运行进程中是否展示中间结果。按照习惯，这个变量通常被命名为 verbose，并且在初始化时将其默认值设定为 False。本示例智能体在设计时也遵循这一惯例。

具体来说，verbose 变量作为一个开关，当它被设置为 True 时，智能体会在运行过程中输出详细中间结果，例如思考过程、工具调用指令、工具执行结果等，这有助于开发人员对智能体进行调试和追踪智能体行为。而当它被设置为 False 时，智能体只会输出必要的结果，不再输出中间结果和调试信息，以便更清晰地展示运行结果并提高运行效率。这种设计方式在智能体开发中十分常见，它提供灵活的控制手段，使得开发人员可以根据需要选择是否展示中间结果。当然，具体哪些信息在 verbose 为 True 时进行输出，也是设计师和开发人员在设计和实现智能体的过程中所要考虑和决定的事情。

此外，初始化方法还通过 ChatPromptTemplate 实例化了提示词。该提示词包含一个长时记忆占位符，该占位符在智能体运行时根据场景需要选择全部或部分上下文内容进行替换，从而确保智能体与生成式 AI 模型对话的连贯性和一致性。提示词的另一个关键组成部分是提示词模板，该模板通过提示词工程编写，它是引导智能体按特定思维模式进行推理的关键所在。在加载提示词模板时，通过 partial 方法同步替换模板中的工具及工具名称等占位符，以确保模型能够正确使用这些工具进行推理和响应。

智能体在执行任务的过程中需要频繁与模型进行交互。因此，有必要将每次交互的代码逻辑抽象为一个独立方法。这一做法可以有效抽象与模型交互的处理逻辑，简化代码、提高代码可维护性和可读性。

智能体的 __step 方法实现与模型进行单次交互的具体代码逻辑细节。

__step 方法的形式参数包含三个组成部分：待解决问题（question）、短时记忆（short_term_memory）以及长时记忆（long_term_memory）。

待解决问题 question 指的是用户输入的、需要智能体进行推理与解答的具体问题或任务。这些问题或者任务通常需要智能体通过一系列推理才能完成，但在每次与模型的交互中都需要将它传入，以便使模型清楚最终要解决的问题或者要完成的任务是什么。

短时记忆 short_term_memory 的作用是存储智能体在一次完整的推理任务中与模型交互产生的所有历史信息。一次推理任务的交互次数最多不超过在 __init__ 方法中所设定的 max_steps。短时记忆提供当前推理进程的上下文，它是确保推理任务的每一步都能在上一步的推理基础上顺利继续推进的关键所在，它使得智能体能够连续、有效地处理复杂的推理过程。

长时记忆 long_term_memory 用于存储智能体运行期间用户提出的每一个问题或任务，以及智能体针对这些问题或任务给出的最终回复。长时记忆的存在，使得用户在获得某个问题或任务的解决方案后，能够基于该方案进行进一步的追问或提出新要求。这种记忆机制极大地增强了智能体的交互性和实用性，为用户提供更加灵活和便捷的问题解答体验。

__step 方法的实现代码如下。

```python
# 与模型进行一次交互
def __step(self,
    question: str,
    short_term_memory: List[str],
    long_term_memory: ChatMessageHistory,
) -> Tuple[List[Action], str]:
    """执行一次与大模型的交互"""

    inputs = {
        "input": question,
        "agent_scratchpad": "\n".join(str(short_term_memory)),
        "long_term_memory": long_term_memory.messages,
    }

    chain = self.prompt | self.llm | StrOutputParser()
    response = ""
    for s in chain.stream(inputs):
        response += s
        if self.verbose:
            print_green(s, end="")

    # 将响应加入短时记忆
    short_term_memory.append(response)

    # 抽取响应中的行动项
```

```
        actions = self.__extract_actions(response)

        return actions, response
```

上述代码首先将待解决问题（question）、短时记忆（short_term_memory）以及长时记忆（long_term_memory）整合并构造为一个字典变量 inputs，以便将其作为后续链处理的输入数据。

随后，代码利用 LangChain 框架的链式特性，将提示词（prompt）、大语言模型（llm）以及字符串输出解析器（StrOutputParser）通过符号"|"依次连接构建成一条完整的处理链。一旦链构建完成，代码便采用流式处理的方式调用该链，并将此前构造的字典变量 inputs 作为输入数据传入链中进行处理。

代码最后部分则先将模型反馈的结果追加到短时记忆变量 short_term_memory 中。接着调用方法 __extract_actions 从反馈结果中提取出当前需要采取的行动。最终，将提取出的行动与模型的完整反馈结果共同作为方法的返回值返回给调用者。

上述 __step 方法调用了另一个方法 __extract_actions，它用于从模型的反馈结果中提取出需要采取的行动。该方法的逻辑很简单，仅调用另外两个方法 __extract_python_actions 和 __extract_json_action 进行具体的行动指令提取。具体代码如下。

```
# 提取行动指令
def __extract_actions(self, text: str) -> List[Action]:
    actions = self.__extract_python_actions(text)
    action = self.__extract_json_action(text)

    if action:
        actions.append(action)

    return actions
```

__extract_python_actions 方法用于从模型返回结果中抽取以 Python 格式呈现的指令。然而，当前智能体实现示例设定了一个明确要求，即模型应当仅以 JSON 格式返回指令。因此，一旦模型返回 Python 格式表示的指令，方法 __extract_python_actions 会立即抛出一个类型为 ActionFormatException 的异常。随后，这一异常将会被上层代码所捕获。在捕获到该异常后，上层代码会采取相应处理措施，通常是要求模型重新生成并返回符合预设要求的 JSON 格式指令。

当然，在实际应用场景中，为进一步提升智能体运行效率，也可以考虑放宽对指令格式的限制，允许 Python 格式行动指令存在。若采取这一策略，那么 __extract_python_actions 方法就需要进行相应调整，其代码要实现对 Python 格式指令的有效提取与解析。这样的设计调整能够保证智能体功能完整性，同时又提升其灵活性和适应性，从而更好地满足实际应用中的模型返回指令格式可能存在的不确定性。该方法的具体代码如下。

```
# 提取 python 格式指令
def __extract_python_actions(self, text: str) -> List[Action]:
    if text.find("tool_call") >= 0:
```

```
        raise ActionFormatException(
            "不要使用 tool_call 的形式发起工具调用。"
        )
    return []
```

  __extract_json_action 方法用于从模型返回结果中提取以 JSON 格式表示的指令，这种格式也是当前示例智能体唯一允许的格式。它的代码逻辑是先调用前述完成的 JSON 函数集中的函数 get_last_json 取得模型返回结果中最后一个 JSON 串，然后继续调用 JSON 函数集中的函数 parse_nested_json 将其转换为 JSON 对象，最后使用这个 JSON 对象生成行动类 Action 的实例并将该实例作为函数的返回值返回给调用者（这里的调用者是方法__extract_actions）。

  方法__extract_json_action 的实现代码如下。

```
# 提取 JSON 格式指令
def __extract_json_action(self, text: str) -> Action:
    last_json = get_last_json(text)
    if last_json:
        try:
            # 转换成 JSON
            json_data = parse_nested_json(last_json)
            # 创建 Action 实例
            action = Action(name=json_data['Action'],
                            args=json_data['args'])
            return action
        except json.JSONDecodeError as e:
            raise ActionFormatException(e)
        except TypeError as e:
            raise ActionFormatException(e)
    else:
        return None
```

  至此，实现单次与生成式 AI 模型交互的方法__step 及其相关联方法已经介绍完毕。然而，要完成一个完整任务的推理需要多次调用方法__step，当前示例通过 invoke 方法完成一次完整任务推理逻辑，也就是说方法 invoke 会反复调用__step，直到任务完成或者达到预设的最大允许步数而中止任务。

  方法 invoke 的参数主要包括待解决问题（question）和长时记忆（long_term_memory）。此外，还可以通过参数 verbose 来改变在智能体实例化时对是否输出中间结果的设定。

  invoke 方法的实现代码如下。

```
# 推理任务
def invoke(self,
    question: str,
    long_term_memory: ChatMessageHistory,
    verbose=False,
) -> str:
```

```python
self.verbose = verbose
# 初始化短时记忆：记录推理过程
short_term_memory = []
# 思考步数
step_count = 0
# 最终回复
reply = ""

if self.verbose:
    print_yellow(f"\n当前长时记忆：\n{long_term_memory}\n")

while step_count < self.max_steps:
    step_count += 1
    if self.verbose:
        print_green(f"\n\n【开始第{step_count}轮思考】\n")
        # print_yellow(f"\n当前短时记忆：\n{short_term_memory}\n")

    try:
        actions, response = self.__step(
            question=question,
            short_term_memory=short_term_memory,
            long_term_memory=long_term_memory,
        )
    except ActionFormatException as e:
        observation = f"""你应当以合法的JSON格式返回工具调用指令。
            参考以下错误信息修正调用指令：{e}"""
        short_term_memory.append(observation)
        if self.verbose:
            print_red("\n工具调用指令格式错误,要求修正后调用")
        continue

    if actions is None or len(actions) == 0:
        break

    for action in actions:
        # 执行动作
        observation = self.__exec_action(action)
        short_term_memory.append(
            f"工具[{action.name}]执行结果：{observation}"
        )
        if self.verbose:
            print_cyan(
                f"\n工具[{action.name}]执行结果：{observation}\n"
            )
```

```
        if step_count >= self.max_steps:
            # 如果步数达到上限,返回错误信息
            reply = "抱歉,我未能完成任务,请您重新提交您的问题。"
        else:
            reply = response

    # 更新长时记忆
    long_term_memory.add_user_message(question)
    long_term_memory.add_ai_message(reply)
    return reply
```

从上述代码可以看到 invoke 方法的核心逻辑相对简单。它在一个最多执行 max_steps 次的循环结构中反复调用 __step 方法。每次调用 __step 方法后,代码会检查返回结果中是否存在需要采取的行动。若不存在,则表明当前任务已推理完成并获得最终结果,循环随即结束;反之,则通过 __exec_action 方法执行相应行动,并将行动的结果追加到短时记忆(short_term_memory)中,随后系统进入下一次循环,继续调用 __step 方法以进一步推进任务的推理进程。

在调用 __step 方法的过程中,代码会捕获可能抛出的 ActionFormatException 异常。一旦这类异常发生,代码会在短时记忆中添加行动指令格式不正确的信息,以便在下一轮与模型的交互时,提示其生成符合格式要求的行动指令。

循环结束后,代码会通过对比已完成的循环次数与预设的最大允许步数 max_steps 判断任务是正常结束还是未能如期完成。随后,将任务的问题及获得的结果保存到长时记忆(long_term_memory)中,以便用户在后续追问或修改意图时作为上下文供智能体参考。

在 invoke 方法的最后,代码将模型最后一次的反馈或未能完成任务的消息作为返回值返回给调用者。

如上所述,在调用 invoke 方法时,如果模型的反馈中包含行动指令则会触发执行 __exec_action 方法以采取相应行动。__exec_action 方法被设计为每次仅执行单一行动。在上述 invoke 方法的代码逻辑中,鉴于可能存在多个需要依次采取的行动,因此采用 for 循环来逐一执行这些行动。然而,需要特别提醒读者注意的是,前述 __step 方法的实现仅提取一个行动,这意味着在此场景下,尽管存在循环结构,但实际上该循环最多只会执行一次。

在实际应用场景中,应确保方法 invoke 与 __step 在行动处理逻辑上的一致性,开发人员可以根据实际需求调整代码逻辑。例如,扩展 __step 方法,令其能够同时提取多个行动指令。

__exec_action 方法的代码如下,它的主要参数是表示待采取行动的 Action 实例。

```
# 执行行动
def __exec_action(self, action: Action) -> str:
    if action is None:
        return f"Error: 工具名称不能为空。"

    tool_name = action.name
    tool = None
    for t in self.tools:
```

```python
        if t.name == tool_name:
            tool = t
            break

if tool is None:
    observation = (
        f"Error: 找不到工具或指令 '{action.name}'。"
        f"请仅从提供的工具/指令列表中选择存在的工具。"
    )
else:
    try:
        # 执行工具
        if action.args:
            observation = tool.invoke(action.args)
        else:
            observation = tool.invoke()
    except ValidationError as e:
        # 工具的入参异常
        observation = (
            f"Validation Error in args:"
            f"{str(e)}, args: {action.args}"
        )
    except Exception as e:
        # 工具执行异常
        observation = (
            f"Error: {str(e)}, {type(e).__name__},"
            f"args: {action.args}"
        )

return observation
```

在执行 __exec_action 方法时,首先会根据行动名称在预定义工具集中进行查找,以匹配并确定对应工具。若在此过程中未能找到相应工具,则将工具的运行结果设定为一条明确的提示信息,表明未找到相应执行工具。反之,若能成功匹配对应工具,则调用该工具的 invoke 方法,并将当前行动对象中保存的参数作为其输入参数传入,以便执行该工具并获取其运行结果,该结果即可作为本次行动的执行结果。

至此,自定义智能体的主体代码编写完成,完整代码可参见源文件 MyAgent.py。

▶▶ 6.4.5　提示词

与其他类型智能体一样,在自定义智能体中,提示词同样扮演着重要角色。它就像思维方式指南,引领生成式 AI 模型按照预设路径进行思考,从而决定智能体的推理模式与推理过程。

针对当前要完成的自定义智能体——智能旅行规划助手,提示词的首要任务便是明确设定智能体的角色定位,并阐述其完成任务应遵循的思维逻辑,以便为用户量身定制旅行规划。同时，提示词还需说明可使用工具及代表备选工具集的占位符 {tools}（如前所述，提示词中的占位符在智能体实例初始化时将在构造器方法 __init__ 中被逐一替换）。

紧接着，提示词进一步细化解决问题的流程，包括中间结果呈现方式以及最终结果输出要求。而对于在推理过程中返回的行动指令，提示词明确要求采用 JSON 格式进行说明，并提供了一个具体样例（即少样本），以供模型参考。

最后，提示词明确模型当前要解决的用户问题。在这一环节，应确保与提示词前半部分的描述与要求保持高度一致。并且，提示词分别引入占位符 {input} 代表待解决的旅行规划问题，{agent_scratchpad} 代表一轮任务推理过程中的所有交互信息（即作为短时记忆的载体），以及 {long_term_memory} 代表用户提出的每个问题及智能体给出的最终规划结果。

通过上述提示词设计思路完成的提示词将引导智能体在解决问题的过程中，尽量遵循预先设定的思路指引为用户提供精准、高效的旅行规划服务。最终的提示词如下。

你是强大的 AI 出行助手，可以使用工具与指令自动化解决问题。
你首先应当从用户的问题中提取出用户想要去旅行的地点、开始时间及旅行时长。
然后分别调用工具查询旅行地点的天气、景点，然后结合天气与景点信息按旅行时间安排具体行程，行程必须按天规划，每天行程包含天气概况和具体景点。

在思考过程中，天气及景点信息必须使用以下工具进行查询获取，严格禁止假想或者编造数据。
{tools}
其他信息由大模型直接推理即可。

使用以下过程解决问题，并按以下格式使用中文进行输出：
用户需求：用户输入的旅行需求你必须解决并安排行程。
关键信息：从用户需求中提取的旅行地点、开始时间、旅行时长以及在思考过程中调用工具获得的 adcode、天气、景点。如果用户未提供开始时间，则认为是从明天开始；如果用户未提供旅行时长，则你根据旅行地点景点数量自行指定时长；如果用户未指定旅行地点，则你需要直接询问用户获取旅行地点并等待用户的输入，而不是假设旅行地点，也不要使用任何工具获取它。
信息查询：将旅行地点作为参数调用工具"query_adcode"，以获得旅行地点的 adcode。工具必须是[{tool_names}]中的一个且每次仅能包含一个工具调用，并且必须以形如{{"Action"："query_adcode"，"args"："{{\"city\"：\"旅行地点\"}}"}}的 JSON 格式输出，在不需要调用工具时请不要使用 JSON 格式。然后你暂停思考，并将工具调用信息返回给用户，用户端执行工具获得结果后，用户端会向你提交结果，

然后你再继续下一步的思考。不要重复使用相同参数调用同一工具，不要在回复中再次提及历史工具调用信息。

获取信息：上一步中指定工具由客户端执行的结果。你要根据这个执行结果继续思考。

重复以上"信息查询"与"获取信息"，以 adcode 作为参数继续调用查询天气的工具"get_wx"，获取天气信息。

重复以上"信息查询"与"获取信息"，调用检索工具"tavily_search_results_json"，获取旅行地点的景点信息。如果必要，可以多次进行检索。

最终规划：通过以上步骤获取了天气、景点、旅行时长信息，你综合这些信息给出旅行的最终行程规划，并以整理良好的格式进行输出。在需要调用工具获取信息时不要输出，仅在已经获得最终结果时输出。

开始！
用户需求：{input}
关键信息：{agent_scratchpad}
此前任务结果：{long_term_memory}

6.4.6 主程序实现及智能体运行

为了运行自定义智能体，还需要编写一个主程序，该程序负责初始化生成式 AI 模型、工具集，并向智能体传递待解决的用户问题。

首先，需要构建生成式 AI 模型实例，这一步骤与前述示例程序一致，具体代码如下。

```python
from dotenv import load_dotenv, find_dotenv
_ = load_dotenv(find_dotenv())

# from langchain_openai import ChatOpenAI
# llm = ChatOpenAI(temperature=0)
from langchain_community.chat_models import ChatZhipuAI
llm = ChatZhipuAI(temperature=0, model="glm-4-plus")
```

紧接着，需要构建智能体运行所需的工具集，具体代码如下。

```python
# 构建工具集
from langchain_community.tools.tavily_search import (
    TavilySearchResults
)
search = TavilySearchResults()
from tools.amap import get_wx
from tools.excel import query_adcode
```

```
from tools.comm_utils import get_current_date
from tools.comm_utils import request_user_input
tools = [query_adcode,
        get_wx,
        search,
        request_user_input,
        get_current_date]
```

注：以上述形式构建工具集时，检索工具 Tavily 的 name 为 tavily_search_results_json。

随后，提示词模板将通过文件读取的方式载入内存，为后续的智能体运行提供必要的指导。代码如下。

```
with open("prompt.txt", 'r', encoding='utf-8') as f:
    prompt = f.read()
```

在准备好模型实例、工具集以及提示词模板后，就可以着手构建自定义智能体实例了。具体代码如下。

```
agent = MyAgent(llm=llm,
               tools=tools,
               prompt=prompt)
```

此后，还需要构建一个 ChatMessageHistory 实例，以充当智能体的长时记忆对象。

最后，在通过用户交互界面（在本示例程序中为命令行界面）获取用户输入的问题后，应用程序将调用智能体的 invoke 方法，启动智能体开始推理解决用户提出的问题。为方便用户在获得智能体的初次回答后能够继续追问或继续提出新的问题，示例程序设计了一个循环模式的用户交互流程，确保用户能够持续与智能体进行对话。具体代码如下。

```
chat_history = ChatMessageHistory()

while True:
    question = input(
        f"\n======================\n请输入您的问题(quit 退出):"
    )
    if question.strip().lower() == "quit":
        break
    reply = agent.invoke(question, chat_history, verbose=True)
    print_white(f"\n\n======================\n{reply}")
```

在完成上述主程序代码（完整代码参见源文件 MyAgent.py）的编写工作之后，便可以着手启动自定义智能体，以尝试解决用户旅行需求问题。

例如，在程序运行后，输入需求"明天去北京玩三天"。智能体接收到这一需求后，将其传递给生成式 AI 模型开始展开逐步推理。

智能体第 1 轮思考过程的表现如图 6-6 所示。它通过逻辑推理，明确当前任务是查询旅行目的地城市的 adcode，即北京市的 adcode。据此，智能体以规范的 JSON 格式构建并发出查询北京市 adcode 的行动指令。随后，它调用工具集中的函数 query_adcode，用以查询获取北京市的行政编码 adcode。

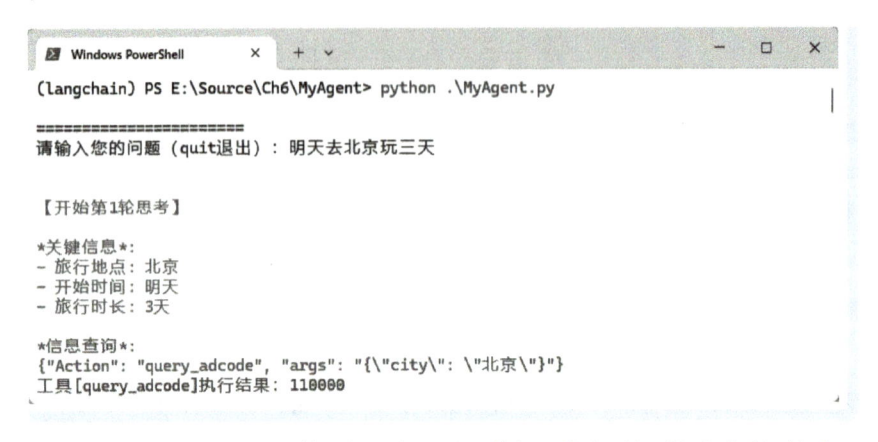

图 6-6　输入用户待解决的问题及第 1 轮思考（基于篇幅，隐去了短时记忆与长时记忆，下同）

在成功获取北京市的行政编码 adcode 之后，智能体将第 1 轮推理行动的结果信息提交给模型，立即进入第 2 轮思考阶段，该推理过程的具体信息如图 6-7 所示。在第 1 轮推理思考过程中，智能体获取 adcode 的目的就是为了进一步获取北京市的天气信息。因而一旦成功获取到 adcode，智能体在第 2 轮推理思考过程中便迅速提出查询北京市天气信息的要求。这一过程体现了智能体在思维与推理上的连贯性。

图 6-7　第 2 轮思考

类似地，在查询到北京市近几日的天气信息后，智能体也将查询获取的天气信息提交给模型，并进入第 3 轮思考。第 3 轮思考过程如图 6-8 所示，这一次智能体推理出的行动是检索北京市的景点信息。因而搜索工具被调用以便从互联网中检索北京市的景点信息。

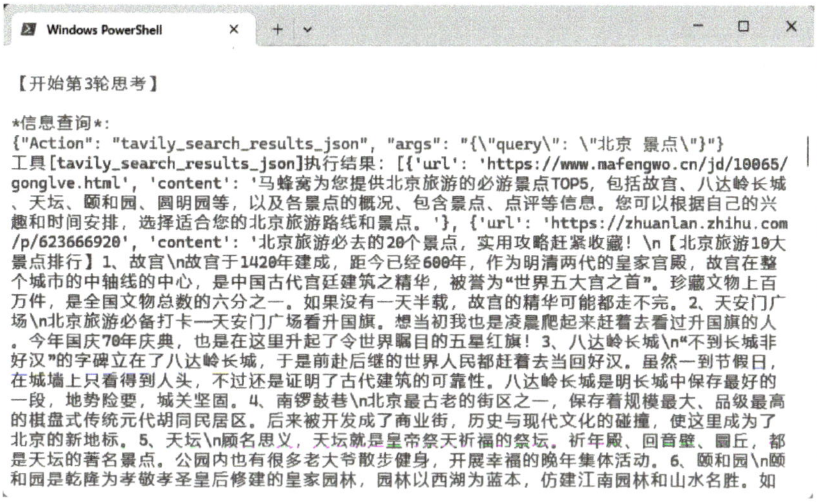

第 6 章
智能体——生成式 AI 应用的主流形态

【开始第3轮思考】
信息查询:
{"Action": "tavily_search_results_json", "args": "{\"query\": \"北京 景点\"}"}
工具[tavily_search_results_json]执行结果: [{'url': 'https://www.mafengwo.cn/jd/10065/gonglve.html', 'content': '马蜂窝为您提供北京旅游的必游景点TOP5，包括故宫、八达岭长城、天坛、颐和园、圆明园等，以及各景点的概况、包含景点、点评等信息。您可以根据自己的兴趣和时间安排，选择适合您的北京旅游路线和景点。'}, {'url': 'https://zhuanlan.zhihu.com/p/623666920', 'content': '[北京旅游必去的20个景点，实用攻略赶紧收藏！\n【北京旅游10大景点排行】1、故宫\n故宫于1420年建成，距今已经600年，作为明清两代的皇家宫殿，故宫在整个城市的中轴线的中心，是中国古代宫廷建筑之精华，被誉为"世界五大宫之首"。珍藏文物上百万件，是全国文物总数的六分之一。如果没有一天半载，故宫的精华可能都走不完。2、天安门广场\n北京旅游必备打卡一天安门广场看升国旗。想当初我也是凌晨爬起来赶着去看过升国旗的人。今年国庆70年庆典，也是在这里升起了令世界瞩目的五星红旗！3、八达岭长城\n"不到长城非好汉"的字碑立在了八达岭长城，于是前赴后继的世界人民都赶着去当回好汉。虽然一到节假日，在城墙上只看得到人头，不过还是证明了古代建筑的可靠性。八达岭长城在保存最好的长城中的一段，地势险要，城关坚固。4、南锣鼓巷\n北京最古老的街区之一，保存着规模最大、品级最高的棋盘式传统元代胡同民居区。后来开发成了商业街，历史与现代文化的碰撞，使这里成为了北京的新地标。5、天坛\n顾名思义，天坛就是皇帝祭天祈福的祭坛。祈年殿、回音壁、圜丘，都是天坛的著名景点。公园内也有很多大爷散步健身，开展幸福的晚年集体活动。6、颐和园\n颐和园是乾隆为孝敬孝圣皇后修建的皇家园林，园林以西湖为蓝本，仿建江南园林和山水名胜。如

图 6-8　第 3 轮思考（部分截图）

正如在讨论 ReAct 型智能体示例程序时提及的，景点信息与前述两轮推理思考过程中要求行动获取信息存在一个显著的差异，即景点信息尤其是诸如北京这类大都市的著名景点信息，在模型中实际上已经内化了相关知识。这意味着，生成式 AI 模型在规划参观景点日程时，无须依赖外部搜索便能进行日程的安排。因此，智能体在思考过程中可能会选择不执行搜索而直接进入最终的规划思考阶段。

然而，值得注意的是，由于生成式 AI 模型所依赖的训练数据存在时效性限制，它对这些景点的最新动态并不了解。生成式 AI 模型对此有着清醒的认识，加上提示词中明确要求检索目标城市的景点信息，因此，即便具备一定的景点知识，它仍大概率会主动要求访问搜索互联网以获取更为详尽的景点信息。更为可贵的是，如果用户需求包含不同类型的景点时，例如人文景点或自然景观，模型还会进一步推理出需要利用多个不同的景点类型作为关键词多次在互联网上进行搜索，以便更全面地收集相关景点信息，从而为用户提供更加精确和完善的旅行规划建议提供充足的信息准备。

经过前三轮推理思考并采取相应的行动后，智能体已经获取旅行目的地的天气与景点信息，基于这些信息智能体便可以进入第 4 轮推理思考开始规划旅行行程。其推理思考过程如图 6-9 所示。

智能体的第 4 轮推理思考已经成功地解决了用户的问题，即"明天去北京玩三天"的用户需求得到圆满解决，因而第 4 轮思考结束后，整个任务宣告结束。主程序输出最终结果，如图 6-10 所示。

在获取智能体所提供的行程规划之后，若用户萌生新的构想，或希望对刚刚生成的行程规划做出若干调整，可以继续向智能体提出相应需求。例如，用户可能要求"将行程延长至四天"或"增加更多自然风光景点的参观"等。随后，智能体将基于先前任务的结果，启动第二轮任务的推理流程，并最终为用户呈现调整后的日程安排。

· 191

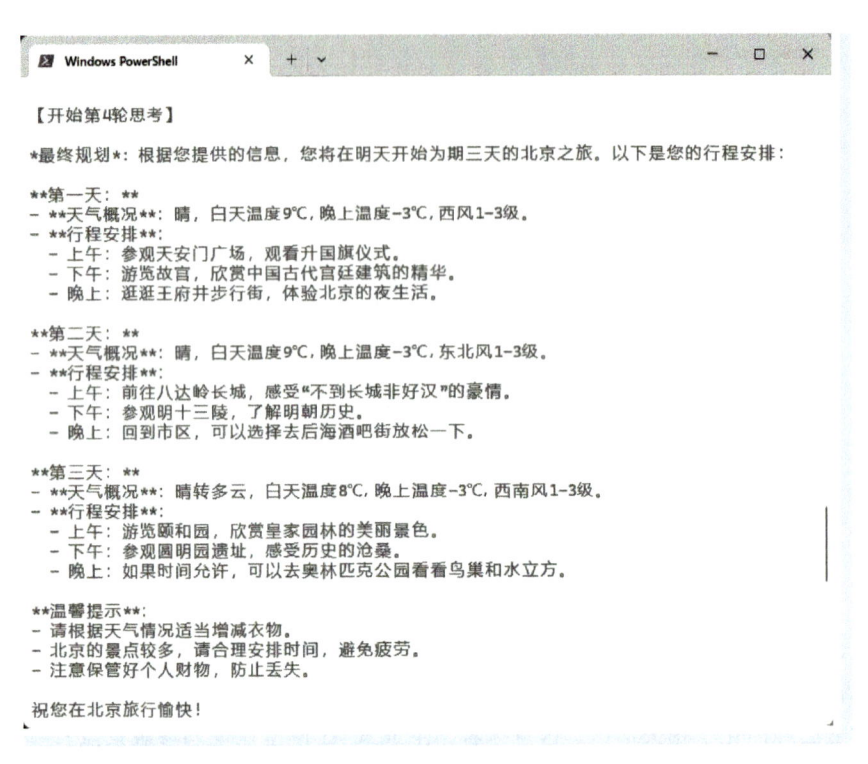

```
Windows PowerShell

【开始第4轮思考】

*最终规划*：根据您提供的信息，您将在明天开始为期三天的北京之旅。以下是您的行程安排：

**第一天：**
- **天气概况**：晴，白天温度9℃，晚上温度-3℃，西风1-3级。
- **行程安排**：
  - 上午：参观天安门广场，观看升国旗仪式。
  - 下午：游览故宫，欣赏中国古代宫廷建筑的精华。
  - 晚上：逛逛王府井步行街，体验北京的夜生活。

**第二天：**
- **天气概况**：晴，白天温度9℃，晚上温度-3℃，东北风1-3级。
- **行程安排**：
  - 上午：前往八达岭长城，感受"不到长城非好汉"的豪情。
  - 下午：参观明十三陵，了解明朝历史。
  - 晚上：回到市区，可以选择去后海酒吧街放松一下。

**第三天：**
- **天气概况**：晴转多云，白天温度8℃，晚上温度-3℃，西南风1-3级。
- **行程安排**：
  - 上午：游览颐和园，欣赏皇家园林的美丽景色。
  - 下午：参观圆明园遗址，感受历史的沧桑。
  - 晚上：如果时间允许，可以去奥林匹克公园看看鸟巢和水立方。

**温馨提示**：
- 请根据天气情况适当增减衣物。
- 北京的景点较多，请合理安排时间，避免疲劳。
- 注意保管好个人财物，防止丢失。

祝您在北京旅行愉快！
```

图 6-9　第 4 轮思考

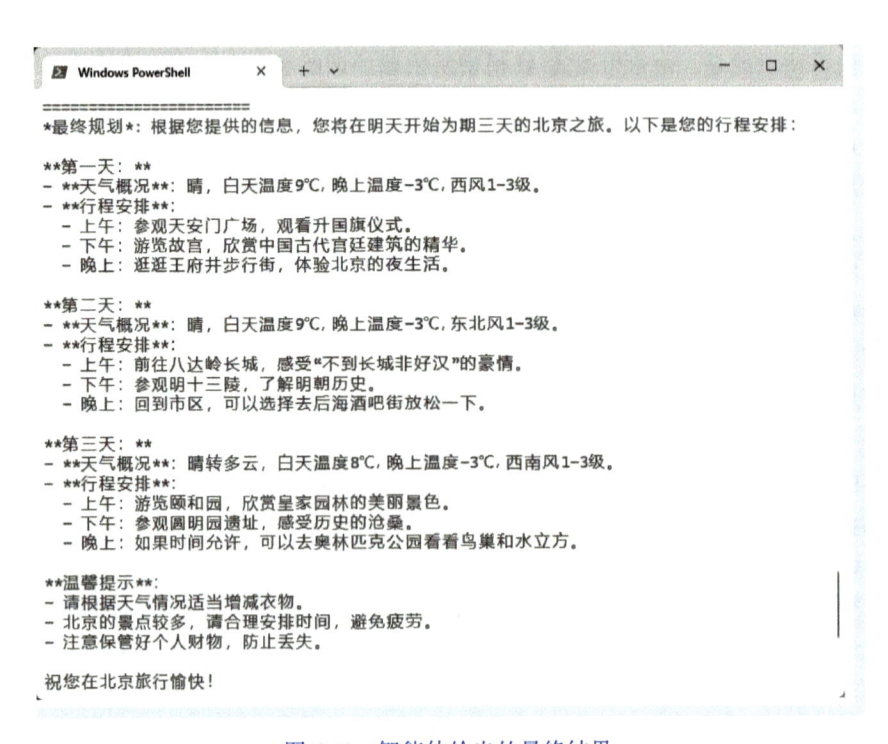

```
Windows PowerShell

========================
*最终规划*：根据您提供的信息，您将在明天开始为期三天的北京之旅。以下是您的行程安排：

**第一天：**
- **天气概况**：晴，白天温度9℃，晚上温度-3℃，西风1-3级。
- **行程安排**：
  - 上午：参观天安门广场，观看升国旗仪式。
  - 下午：游览故宫，欣赏中国古代宫廷建筑的精华。
  - 晚上：逛逛王府井步行街，体验北京的夜生活。

**第二天：**
- **天气概况**：晴，白天温度9℃，晚上温度-3℃，东北风1-3级。
- **行程安排**：
  - 上午：前往八达岭长城，感受"不到长城非好汉"的豪情。
  - 下午：参观明十三陵，了解明朝历史。
  - 晚上：回到市区，可以选择去后海酒吧街放松一下。

**第三天：**
- **天气概况**：晴转多云，白天温度8℃，晚上温度-3℃，西南风1-3级。
- **行程安排**：
  - 上午：游览颐和园，欣赏皇家园林的美丽景色。
  - 下午：参观圆明园遗址，感受历史的沧桑。
  - 晚上：如果时间允许，可以去奥林匹克公园看看鸟巢和水立方。

**温馨提示**：
- 请根据天气情况适当增减衣物。
- 北京的景点较多，请合理安排时间，避免疲劳。
- 注意保管好个人财物，防止丢失。

祝您在北京旅行愉快！
```

图 6-10　智能体给出的最终结果

此外，得益于在智能体中集成了与用户进行交互的工具，当用户输入的需求不够明确时，智能体将能够主动向用户提问以获取更多信息。例如，当用户输入"明天出去玩三天"这样未指明具体地点的需求时，智能体可能会询问用户"您计划前往哪个目的地游玩呢？"或类似的问题，以便明确旅行的具体地点。

鉴于生成式 AI 模型在推理过程中具有概率性特征，每次运行智能体所获得的结果可能会存在差异，甚至截然不同，这完全属于正常现象。但若智能体未能按照预期生成结果，开发人员不仅需要仔细检查智能体的代码实现逻辑是否存在问题，还需要特别关注提示词的编写质量。唯有确保代码逻辑准确无误，且提示词设计得当，方能使智能体圆满地完成特定任务，满足设计期待。

6.5 本章小结

本章主要围绕智能体这一重要的生成式 AI 应用程序形态进行深入说明与探讨。LangChain 框架为智能体应用程序提供丰富多样的支持，涵盖多种不同类型的智能体实现。同样，其他类似的开发框架也对智能体的构建与运行给予了充分的支撑与保障。

本章不仅详细展示了如何利用 LangChain 框架快速构建智能体的过程，还深入探讨了如何自主设计并实现一个智能体的方法。通过这一过程，读者可以逐步理解智能体的工作原理及其内在运行机制。

在充分理解智能体的基本理论与实现过程后，当面对具体的应用需求时，读者应依据实际需求，设计符合预期功能与性能的智能体解决方案。这将有助于读者更好地将智能体与传统应用程序相结合，创造出功能更强体验更好的应用程序。

第 7 章

多模态编程 —— 生成式AI的视觉与听觉感知和生成能力

当下，生成式 AI 正迈入多模态编程的新时代，文字、图像、声音、视频等多种信息形式正在交织融合，共同构建智能的多维应用程序。本章将探索多模态这一领域，探索人工智能技术如何模拟并拓展人类的图像、视频、语音感知与生成能力。

7.1 图像、视频与语音识别

在信息技术早期阶段，以字符形式显现的文字无疑是信息处理的主要对象。随着科技的不断进步，多媒体形式（主要包括声音、图像以及视频等）逐渐占据日益显著的重要地位。时至今日，语音识别技术已经发展得相当成熟，并被广泛应用于各个领域。随着生成式 AI 技术的迅猛崛起，图像与视频识别及解析技术也取得了突飞猛进的进步。这些技术进步极大地提高了机器的信息理解与信息生成能力，使得人工智能的"聪明程度"更接近人类，人类在这些技术的帮助下可以更加高效、深入的进行信息处理。

▶▶ 7.1.1 看图说话——理解图像内容

图像识别技术早已历经多年实践与积淀，从人脸识别、指纹识别、物品识别等静态识别到姿态动作识别等动态识别均已实现广泛的应用与普及。这些技术均以特征识别为核心，通过对图像中特定特征进行提取与分析，实现对目标对象的准确识别与分类。

在此基础上，多模态模型的出现进一步推动了图像识别技术的应用与发展。这一创新性技术不仅能够判别图像类型，更赋予了对图像进行生动描述的能力，实现了类似于人类"看图说话"的技能。

OpenAI 提供的 GPT-4o 等模型、智谱 AI 提供的 GLM-4V-Plus 等模型均具备识别图片、视频等多媒体信息的能力。例如，希望识别图片时，可以通过以下步骤编写程序实现。

首先，依旧是加载环境变量并创建生成式 AI 模型服务客户端，下述代码中同时给出了创建

OpenAI 和智谱 AI 客户端的代码。为了简化后续代码，也预先将即将使用的模型编码存储在名为 model 的变量之中。

```
from dotenv import load_dotenv, find_dotenv
_ = load_dotenv(find_dotenv())

# from openai import OpenAI
# client =OpenAI()
# model = "gpt-4o"
from zhipuai import ZhipuAI
client = ZhipuAI()
model = "glm-4v-plus"
```

随后，遵循先前示例程序惯例，将与模型交互的过程封装到一个专门函数中，以简化与模型进行交互的复杂度，同时可提升代码的可读性和可维护性。具体代码如下。

```
def get_completion(messages, model="glm-4v-plus", temperature=0.01):
    response = client.chat.completions.create(
        model=model,
        messages=messages,
        temperature=temperature
    )
    return response.choices[0].message.content
```

在与生成式 AI 模型进行交互时，需要向模型提供提示词以引导其进行响应。在以往纯文本交流的情境中只需简单地输入一段文字，模型便能对这段文字进行语义理解并作出相应回应。然而，当涉及图片解析这一更为复杂的任务时，向模型输入的信息则至少需要包含两项要素：图片本身以及用户意图。图片作为解析任务的被解析对象，是模型进行视觉分析和理解的基础和信息来源，故而模型需要接收图片，以提取其中的关键信息和特征。与此同时，用户意图则是对模型行为的一种指导和约束，它告诉模型需要从图片中获取哪些信息，或者希望模型根据图片中的信息进行什么样的推理生成任务。

因此，程序代码需要包含接收图片和解析意图两项输入内容。网络图片可以使用其 URL 地址作为输入，本地图片则可以将其转换为 BASE64 编码格式数据提交给模型。以下示例代码采用接收图片 URL 地址的方式实现，使用本地图片方式的代码实现稍后说明。应用程序在接收到图片 URL 后，继续让用户输入其意图。

在获得图片信息与用户意图之后，程序就可以着手组装消息（messages），以便将其提交给模型进行分析与处理。相较于前述纯文本交互场景，这一过程的主要区别在于在构建消息时需要明确指定消息类型（type）。

具体来说，对于存储于网络的图片应将其消息的 type 设定为 "image_url"，随后通过键名为 "image_url" 所对应的值说明图片 URL 地址。而对于以文本形式表达的用户意图则需将消息的 type 指定为 "text"，并通过键名为 "text" 所对应的值保存表达用户意图的文本。为更直观地理解消息组成，可参见随后给出示例代码中变量 messages 的构建情况。

将图片 URL 和用户意图组装到消息中后,便可以调用此前封装的函数 get_completion 与模型进行交互。

上述流程的示例代码如下。

```python
while True:
    image_url = input("请输入图片 URL(输入'exit'退出程序): ")
    if image_url is None or image_url == "" :
        continue
    elif image_url.lower() == 'exit':
        print("程序退出。\n")
        break
    user_input = input("请输入提示文字(输入'exit'退出程序): ")
    if user_input is None or user_input == "" :
        continue
    elif user_input.lower() == 'exit':
        print("程序退出。\n")
        break
    else :
        messages=[
            {
                "role": "user",
                "content": [
                    {
                        "type": "image_url",
                        "image_url": {
                            "url" : f"{image_url}"
                        }
                    },
                    {
                        "type": "text",
                        "text": f"{user_input}"
                    }
                ]
            }
        ]
        res = get_completion(messages=messages, model=model, temperature=0.7)
        print("===大语言模型 completion:===")
        print(res)
        print("=============END============\n")
```

至此,解析图片的代码编写完成,完整代码可参见源文件 image2text_simple.py。

尝试运行该程序,程序首先提示要输入图片的 URL。假设如图 7-1 所示图片存储在网络上的某个位置(参考图 7-2 中的输入),可将这个网络地址输入。

第 7 章
多模态编程——生成式 AI 的视觉与听觉感知和生成能力

图 7-1 待解析的图片（来源：AI 生成）

随后输入意图"描述这张图片"。

程序将上述两条输入组合成消息后提交模型进行处理，片刻后程序就输出模型对图片的描述文字。

上述交互的完整过程如图 7-2 所示。从程序运行结果来看，模型能够准确地描述出图片所展现的场景，而且语言组织与表达能力也相当不错。

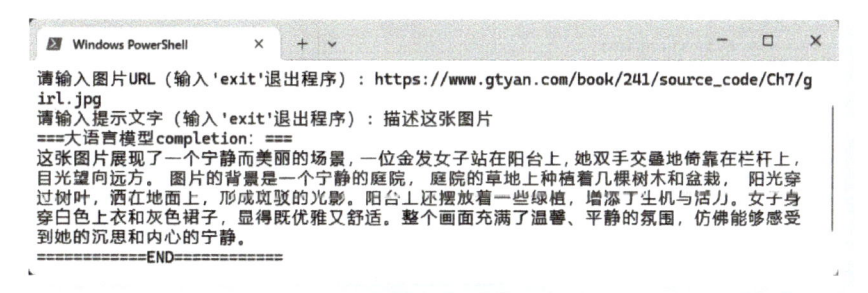

图 7-2 描述单张图片

描述图片是对图片进行解析最基本的要求，也是模型能够理解图片的表现。结合生成式 AI 模型的"生成"能力，其实可以围绕图片让模型做更多工作，例如就本例而言，可以在指定图片 URL 后要求模型根据图片展现的场景写一篇小说。某次运行效果如图 7-3 所示。

由图 7-3 运行结果可知，上述示例程序针对一张图片完成了一个任务，而结合此前已经掌握的对话编程技术，还可以基于上下文围绕图片展开多轮对话。

为实现围绕图片进行的多轮对话功能，需要对上面的示例代码进行适当扩展。扩展逻辑主要包含以下两个方面：首先，在每次接收到模型的回复后，需要将该回复添加到对话消息列表；其次，需要构建一个能够持续接收用户输入的循环结构，并将用户输入同样添加到对话消息列表。

在原有示例代码的尾部追加以下代码段，即可实现一个能够围绕图片进行多轮对话的应用程序。

·197

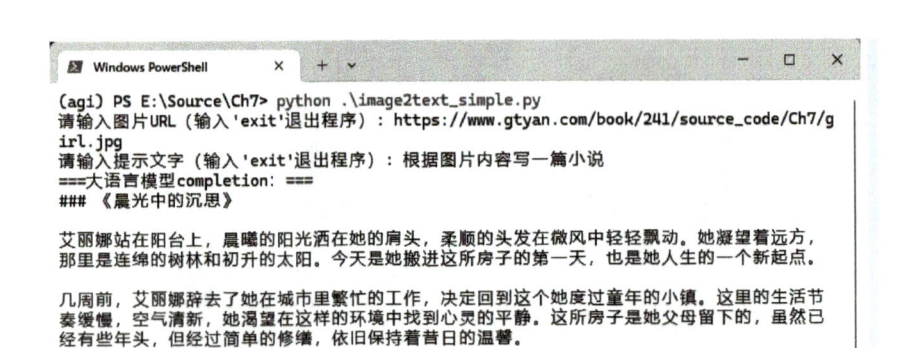

图7-3 根据图片创作小说

```
messages.append(
    {
        "role": "assistant",
        "content": f"{res}"
    }
)

while True:
    user_input = input("请输入提示文字(输入'exit'退出程序)：")
    if user_input is None or user_input == "":
        continue
    elif user_input.lower() == 'exit':
        print("程序退出。\n")
        break
    else:
        messages.append(
          {
            "role": "user",
            "content": f"{user_input}"
```

```
    }
  )
  res = get_completion(messages=messages, model=model, temperature=0.7)
  messages.append(
    {
      "role": "assistant",
      "content": f"{res}"
    }
  )
  print("===大语言模型 completion:===")
  print(res)
  print("============END============\n")
```

运行修改完成的程序（完整代码参见源文件 image2text_session.py），并围绕图片本身连续提问，可以看到程序给出了令人满意的回复。其实际运行效果如图 7-4 所示。

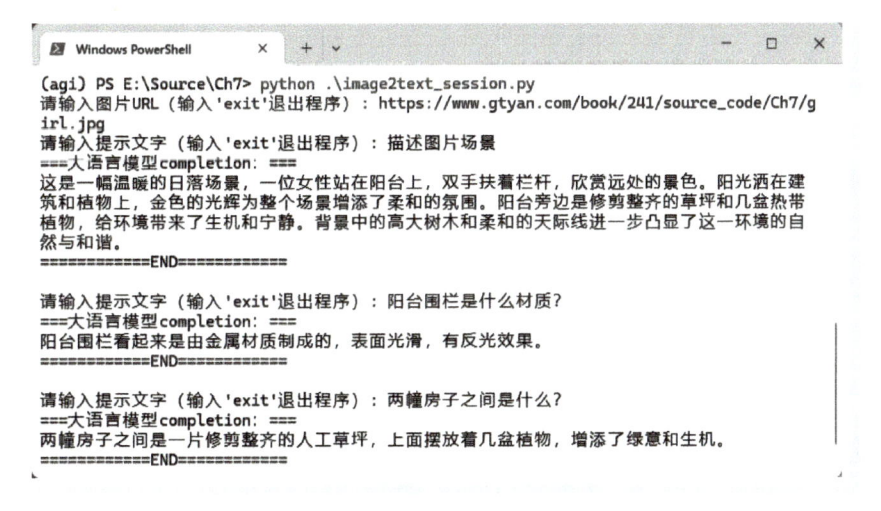

图 7-4 对同一图片进行多轮对话

上述示例程序成功地解析了网络上存在的图片。然而，在实际应用场景中，并非所有情况都允许或便于将图片上传至网络，更多时候，这些图片保存在本地设备。因此，程序必须具备解析本地图片的能力。为解决这一问题，可以采取的策略是将本地图片文件数据转换成 BASE64 编码格式数据，然后再将编码后的数据提交给大型模型进行处理。

修改上述示例代码，首先将输入图片 URL 的代码改为输入图片路径，具体代码如下。

```
while True:
    image_path = input("请输入图片路径(输入'exit'退出程序)：")
    if image_path is None or image_path == "":
        continue
    elif image_path.lower() == 'exit':
        print("程序退出。\n")
```

```
        exit
    else:
        break
```

随后，程序读取输入图片文件数据，并将其转换为 BASE64 编码格式数据，具体代码如下。

```
import base64
with open(image_path, 'rb') as img_file:
    img_base = base64.b64encode(img_file.read()).decode('utf-8')
```

最后，在构建发送给模型的消息时，将"image_url"中的"url"值指定为刚刚获得的 BASE64 编码格式数据即可，具体代码如下。

```
messages=[
    {
        "role": "user",
        "content": [
            {
                "type": "image_url",
                "image_url": {
                    # "url" : f"data:image/jpeg;base64,{img_base}"
                    "url" : img_base
                }
            },
            {
                "type": "text",
                "text": f"{user_input}"
            }
        ]
    },
]
```

注：使用 OpenAI 的模型时，需要在 BASE64 格式数据前加"data:image/jpeg;base64,"。

运行修改完成的代码（完整代码参见源文件 image2text_base64.py），输入本地图片路径名称以及对图片的解析要求。稍候片刻，便可以看到模型返回了对图片的描述。运行过程及模型对图片的描述结果如图 7-5 所示。

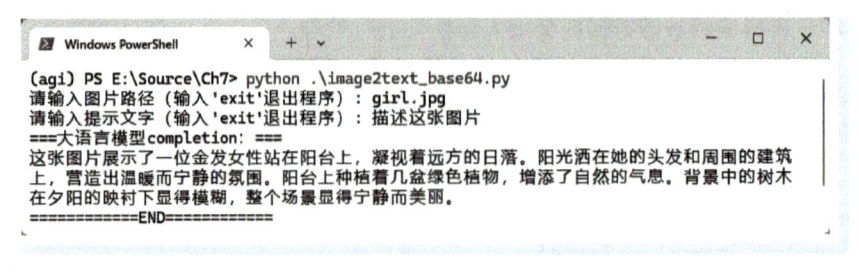

图 7-5　描述本地图片

7.1.2 替你刷视频——理解视频内容

模型具备对图片的理解能力是人工智能领域的一项突破。一方面是因为这标志着模型在视觉理解领域进入新的阶段；另一方面，动态的视频本质上是由一连串连续的图片（即帧）构成的。因此，一旦模型能够精准地理解每一帧图片的内容与含义，它便能进一步解析并理解整个视频的内容。

正是鉴于图片理解与视频理解之间存在着这样的高度关联性，应用程序可以从视频中抽取出若干帧（画面），并将这些帧（画面）提交给模型进行阅读分析。在获取每一帧（画面）的解析结果后，再将这些解析结果按顺序整合并再次提交给模型，模型按时间线对视频帧的静态描述结果进行理解并建立关联，从而实现对连续视频内容的全面理解。也正是由于这一逻辑存在，截至本书完稿之时，OpenAI 尚未直接提供对视频进行解析的原生支持。在其官方指南中，推荐做法也是通过本地应用程序先对视频进行帧抽取，随后再调用模型对抽取出的帧分别进行解析再对结果进行整合，以此作为完成视频解析任务的技术路径。

智谱 AI 则提供直接对视频进行解析的支持，其代码实现逻辑与对图片实现解析几乎如出一辙，唯一差异仅在于构建提交给模型的消息时，将表示图片 URL 的"image_url"替换成表示视频 URL 的"video_url"即可。

可以基于前述图片解析示例程序修改实现视频解析程序，主要修改内容为 messages 构建部分，修改后的代码如下。

```
messages=[
    {
        "role": "user",
        "content": [
            {
                "type": "video_url",
                "video_url": {
                    "url" : f"{video_url}"
                }
            },
            {
                "type": "text",
                "text": f"{user_input}"
            }
        ]
    },
]
```

运行上述修改完成的程序（完整代码参见源文件 video2text_session.py）即可实现对输入视频的解析。

与图像解析类似，同样可以通过将本地视频文件数据转换为 BASE64 编码格式数据的方式来实现对本地视频文件的解析功能。即先读取视频文件并对视频数据进行 BASE64 格式的编码处理，然后在构建消息时，将"video_url"的"url"值替换为 BASE64 编码格式的视频数据即可。修改完成的程序源代码可参阅源文件 video2text_base64.py。

运行修改完成的视频解析程序，给出一个网络视频 URL 或本地视频路径与文件名称及与视频相关的问题，如图 7-6 所示，可以看到除最后一个问题有待商榷外，模型正确地回答了其余的问题。

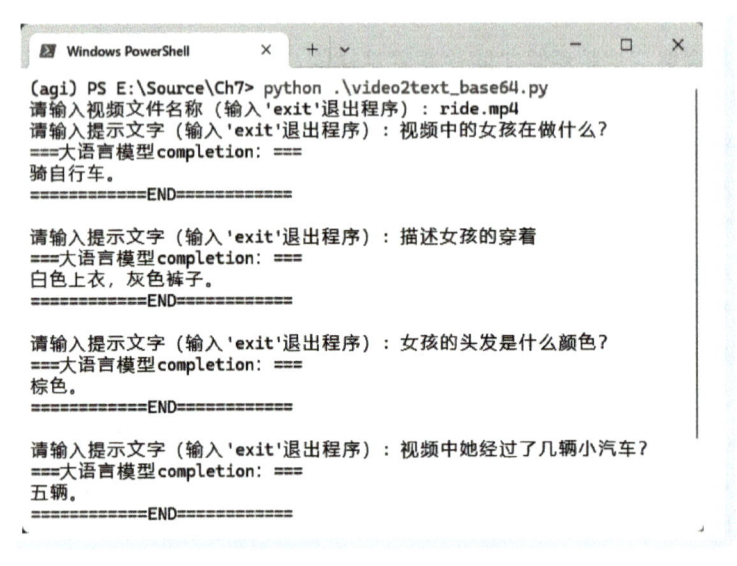

图 7-6 根据视频与用户对话

如果在开发时选择 OpenAI 实现视频解析，则需要根据前文所述逻辑自行实现相关代码，读者可自行尝试，本书不再赘述。

7.1.3 会议秘书——语音识别

语音识别技术相较于图像识别技术更早地迈入实用化与商用化的阶段。在当今社会，众多智能设备，无论是手机、平板电脑、智能家居系统，还是智能汽车等，均已能够通过语音接收用户指令。这些设备不仅具备识别语音中所蕴含语义的能力，更进一步，它们还能够识别声音的独特声纹特征，从而精准地判断指令是否真正源自其合法主人。

语音识别技术的不断进步，极大地提升了用户交互的便捷性与安全性。随着生成式 AI 模型特别是多模态模型的涌现，语音识别技术的应用前景愈发广阔。这些模型不仅增强了语音识别的准确性，还使得智能设备能够更好地理解复杂语音指令。智能设备结合语音生成能力甚至能够与人类进行一定程度的自然语言对话，为用户提供更加智能化、个性化的服务体验。可以预见，语音识别技术未来将在更多领域发挥重要作用，持续推动智能科技蓬勃发展。

时至今日，市场上已经涌现众多性能卓越、表现优异的语音识别引擎，供用户根据自身需求进行选择和应用。与此同时，生成式 AI 正逐渐展现出其强大的"端到端"能力，即处理复杂任务时，能够直接从输入端到输出端进行高效、准确的映射，无须经过烦琐的中间步骤，因而这也要求模型具备语音识别与处理能力。在这一背景下，一些领先的人工智能公司，如 OpenAI，已经发布或集成诸如 Whisper-1 等先进的大规模语音识别模型。

本节将使用 Whisper-1 模型实现示例程序，展示其语音识别能力。首先，依然是导入环境变量以获取 OpenAI 的 API KEY，随后构建 OpenAI 的模型服务客户端并设定模型变量 model 为 whisper-1。具体代码如下。

```
from dotenv import load_dotenv, find_dotenv
_ = load_dotenv(find_dotenv())

from openai import OpenAI
client = OpenAI()
model = "whisper-1"
```

随后，程序需要接收用户输入的音频文件路径与名称。程序成功打开该文件后，调用 OpenAI 模型服务客户端的方法 audio.transcriptions.create 进行语音识别。在此过程中，代码明确指定模型编码为 whisper-1，并将之前打开文件时获得的文件句柄作为参数传入，以便模型能够获取并识别该音频文件中的语音内容。最后使用 print 输出识别出的文字。具体代码如下。

```
while True:
    file_path = input("请输入音频文件路径名称(输入'exit'退出程序)：")
    if file_path is None or file_path == "" :
        continue
    elif file_path.lower() == 'exit':
        print("程序退出。\n")
        break
    else:
        with open(file_path, "rb") as audio_file:
            transcription = client.audio.transcriptions.create(
            model=model,
            file=audio_file
            )
            print(transcription.text)
```

运行上述代码（完整代码请参见源文件 audio2text.py），输入 mp3、mp4、mpeg、mpga、m4a、wav 或 webm 等格式音频文件的路径与名称，稍等片刻，程序便会输出从音频文件中识别出的文字，其具体效果如图 7-7 所示。从图中可以清晰地观察到该语音识别模型识别文字准确性很高。值得一提的是，whisper-1 模型支持包括英语、汉语、日语、法语等在内的近 60 种语言，功能十分强大。

然而，在汉语应用场景下，模型 whisper-1 的表现并非始终尽如人意。为更直观地说明这一点，可以再次运行上述示例程序，并输入一个朗诵古诗（最好是较为鲜为人知的诗篇）的音频文件。例如输入朗诵《赋得古原草送别》的音频文件，模型 whisper-1 识别结果如图 7-8 所示，从图中可以明显看出，其识别效果并不理想，存在相当大的偏差（当然，如果此时换成一个不知道该古诗的人进行听写，结果也不会理想）。因而在具体应用时，一方面应根据应用场景选择合适的模型；另一方面，也可以增加一个文本修正环节，即将语音识别模型识别出的文字提交给生成式 AI 模型进行修正，进而获得正确文本。

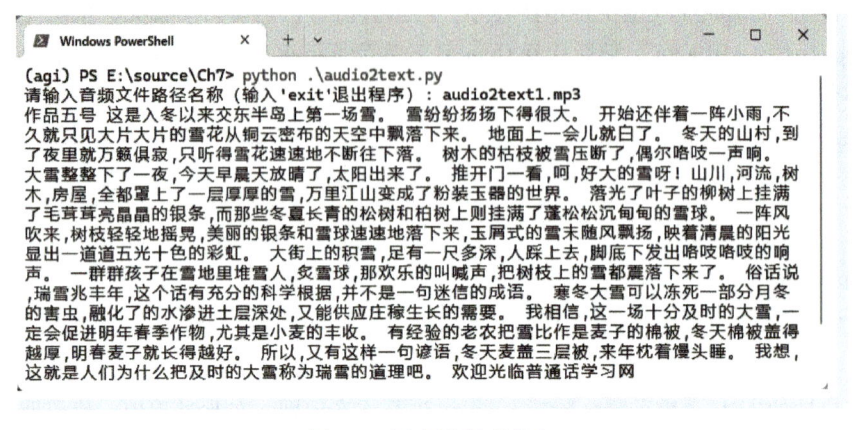

```
(agi) PS E:\source\Ch7> python .\audio2text.py
请输入音频文件路径名称（输入'exit'退出程序）：audio2text1.mp3
作品五号 这是入冬以来交东半岛上第一场雪。雪纷纷扬扬下得很大。开始还伴着一阵小雨,不久就只见大片大片的雪花从铜云密布的天空中飘落下来。地面上一会儿就白了。冬天的山村,到了夜里就万籁俱寂,只听得雪花速速地不断往下落。树木的枯枝被雪压断了,偶尔咯吱一声响。大雪整整下了一夜,今天早晨天放晴了,太阳出来了。推开门一看,呵,好大的雪呀! 山川,河流,树木,房屋,全都罩上了一层厚厚的雪,万里江山变成了粉装玉器的世界。落光了叶子的柳树上挂满了毛茸茸亮晶晶的银条,而那些冬夏长青的松树和柏树上则挂满了蓬松松沉甸甸的雪球。一阵风吹来,树枝轻轻地摇晃,美丽的银条和雪球速速地落下来,玉屑式的雪末随风飘扬,映着清晨的阳光显出一道道五光十色的彩虹。大街上的积雪,足有一尺多深,人踩上去,脚底下发出咯吱咯吱的响声。一群群孩子在雪地里堆雪人,炙雪球,那欢乐的叫喊声,把树枝上的雪都震落下来了。俗话说,瑞雪兆丰年,这个话有充分的科学根据,并不是一句迷信的成语。寒冬大雪可以冻死一部分月冬的害虫,融化了的水渗入土层深处,又能供应庄稼生长的需要。我相信,这一场十分及时的大雪,一定会促进明年春季作物,尤其是小麦的丰收。有经验的老农把雪比作是麦子的棉被,冬天棉被盖得越厚,明春麦子就长得越好。所以,又有这样一句谚语,冬天麦盖三层被,来年枕着馒头睡。我想,这就是人们为什么把及时的大雪称为瑞雪的道理吧。欢迎光临普通话学习网
```

图 7-7 语音识别现代文

```
(agi) PS E:\source\Ch7> python .\audio2text.py
请输入音频文件路径名称（输入'exit'退出程序）：audio2text2.mp3
负得古原草送别 白鞠翼 厘厘原上草 一岁亦枯荣 野火烧不尽 春风吹又生 远方青古道 秦翠皆荒尘 又送王孙去 妻妻满别前
```

图 7-8 语音识别古诗

如前所述，当前已经有众多基于语音识别能力的落地应用。例如，参加会议可能是每个人工作的一个重要组成部分，而会议记录又是会议结束后需要整理备案的重要文件。编制会议记录对记录人来说是一项严肃且具挑战性的工作，如果借助人工智能技术，先对会议发言进行语音识别，再根据识别出的发言文稿结合提示词让生成式 AI 模型整理会议记录，将大大提升会议记录的整理效果及效率。事实上，当前市场上已有按这一思路实现的产品在销售。

以下将完成一个简易版"会议秘书"示例程序，它的主要功能是在会议进行过程中将与会者的发言转换为实录文字。至于在获得实录文字的基础上进一步生成会议记录的功能，感兴趣的读者可在本示例程序的基础上进行扩充。

会议秘书将与会者发言的语音转换为文字，理想状态下的设计是与会者发言时实时采集语音流，然后直接对采集到的语音流进行语音识别转换，生成对应文字。但当前 OpenAI 提供的模型 whisper-1 的访问方式只接受音频文件，因而在设计上需要进行变通，即先将与会者发言按一定时间长度分割并保存为音频文件，然后再对保存的音频文件进行识别，生成对应实录文字。

基于以上思路，示例程序首先要对与会者的发言进行语音采集，此功能可以借助模块 pyaudio 完成。模块 pyaudio 用于处理音频流，它提供录制和播放音频的功能。而采集到的语音则可使用模块 wave 保存为.wav 格式的音频文件。采集音频涉及诸如采样率等一些专有参数配置，遵循良好编码习惯，可以将这些参数保存在配置常量中并将其放置于源文件开始部分。导入 pyaudio 与 wave 及设定参数常量的代码如下。

```python
import pyaudio
import wave

# 配置参数
CHUNK = 1024  # 每次读取的音频数据块大小(字节)
FORMAT = pyaudio.paInt16  # 音频采样格式,16 位整型
CHANNELS = 1  # 音频通道数,单声道
RATE = 16000  # 采样率
RECORD_SECONDS = 5  # 每段录制时长
TEMP_AUDIO_FOLDER = "temp_audio"  # 临时音频文件夹
```

随后,定义一个名为 record_audio 的函数,用以实现音频信号采集并将其存储为音频文件的功能。函数 record_audio 首先创建一个 pyaudio 对象,随后通过该对象的 open 方法开始采集音频,然后在一个循环中不断按指定时间间隔持续保存音频文件,最后则在 finally 代码块中关闭音频采集流并终止 pyaudio 对象。具体代码如下。

```python
def record_audio(audio_queue, stop_event):
    """录制音频并将文件名添加到队列中"""
    p = pyaudio.PyAudio()
    stream = p.open(format=FORMAT,
                    channels=CHANNELS,
                    rate=RATE,
                    input=True,
                    frames_per_buffer=CHUNK)

    file_index = 0
    print("正在录音……")

    try:
        while not stop_event.is_set():
            frames = []

            for _ in range(0, int(RATE / CHUNK * RECORD_SECONDS)):
                if stop_event.is_set():
                    break
                data = stream.read(CHUNK)
                frames.append(data)

            if frames:
                temp_file = os.path.join(
                    TEMP_AUDIO_FOLDER, f"audio_{file_index}.wav"
                )
                with wave.open(temp_file, 'wb') as wf:
```

```
                wf.setnchannels(CHANNELS)
                wf.setsampwidth(p.get_sample_size(FORMAT))
                wf.setframerate(RATE)
                wf.writeframes(b''.join(frames))

            audio_queue.put(temp_file)
            file_index += 1

    finally:
        stream.stop_stream()
        stream.close()
        p.terminate()
        print("\n 录音线程已停止。")
```

紧接着，定义一个名为 transcribe_audio 的函数，它实现对函数 record_audio 录制的音频文件进行识别，即转录。相对上述示例程序代码，函数 transcribe_audio 要持续不断地读取函数 record_audio 录制的音频文件而不是只读取一个，所以它通过一个循环结构持续读取音频文件，如果当前没有待处理的文件，它还会等待新文件生成后再继续处理。而对循环中每个单一音频文件的识别处理则和前述示例程序代码相同。具体代码如下。

```
import queue
import time
import sys
from dotenv import load_dotenv, find_dotenv
from openai import OpenAI

def transcribe_audio(audio_queue, stop_event):
    """从队列中获取音频文件并进行转录"""

    _ = load_dotenv(find_dotenv())
    client = OpenAI()
    model = "whisper-1"

    print("开始转录……")
    try:
        while not stop_event.is_set():
            try:
                temp_file = audio_queue.get(timeout=1)
            except queue.Empty:
                continue

            if temp_file is None:
                continue

            try:
```

```python
            # print(f"正在转录音频文件:{temp_file}")
            with open(temp_file, "rb") as audio_file:
                response = client.audio.transcriptions.create(
                    model=model,
                    file=audio_file
                )
                print(f"{response.text}", end="")
                sys.stdout.flush()

            # 删除临时文件
            if os.path.exists(temp_file):
                os.remove(temp_file)

        except Exception as e:
            print(f"转录错误:{e}")
    finally:
        print("\n转录线程已停止。")
```

会议秘书需要一边聆听与会者发言一边将发言转换为文字，故 record_audio 和 transcribe_audio 函数需要并行执行，因此它们应分别在两个独立线程中运行。为了能够优雅地中止这两个线程运行，在两者的代码中都使用了名为 stop_event 的事件控制循环继续或结束。

本示例程序的最后部分是主程序。主程序先是创建一个用于存储音频文件的目录，随后创建并启动录音和转录线程，最后则在一个循环中捕获键盘中断事件（按〈Ctrl+C〉快捷键），以便在键盘中断事件发生时通知录音和转录线程停止运行。具体代码如下。

```python
import os
import threading
def main():
    """主函数:启动录音和转录线程"""

    # 创建临时文件夹
    os.makedirs(TEMP_AUDIO_FOLDER, exist_ok=True)

    # 启动录音和转录线程
    audio_queue = queue.Queue()
    stop_event = threading.Event()

    recorder_thread = threading.Thread(
        target=record_audio,
        args=(audio_queue, stop_event)
    )
    transcriber_thread = threading.Thread(
        target=transcribe_audio,
        args=(audio_queue, stop_event)
    )
```

```python
    recorder_thread.start()
    transcriber_thread.start()

    # 设置键盘中断
    try:
        while True:
            time.sleep(100)
            pass
    except KeyboardInterrupt:
        print("捕获到键盘中断,正在停止程序……")
        stop_event.set()
        recorder_thread.join()
        transcriber_thread.join()
    finally:
        print("程序已退出。")

if __name__ == "__main__":
    main()
```

至此,会议秘书应用程序开发完成(完整代码参见源文件 meetingRecorder.py)。有条件使用 OpenAI 的读者可以运行程序,体验其实际效果。

对于语音识别,除模型 whisper-1 外,OpenAI 还提供了 gpt-4o-realtime-preview、gpt-4o-audio-preview 等模型,这些模型除了能够识别语音外,更重要的能力是可以分析音频中所包含的情感、语调和音调,为全方位人机端到端语音交互提供了可能。它们使用与模型对话相同的 API,更便于应用程序通过对话的方式与人类进行交互,其代码逻辑与本书图像识别的示例程序非常相似,感兴趣的读者可参考相关示例程序及 API 说明自行完成。

7.2 图像、视频与语音生成

相较于图像、视频及语音的识别技术,它们的生成技术无疑要复杂得多,就正如几乎每个人都具备"看图说话"的能力,但仅有通过专业训练的少部分人才具备"画画"的能力一样。迄今为止,仅有语音生成技术(也称语音合成技术)得以广泛普及并应用于诸多领域。然而,随着生成式 AI 技术的兴起,图像生成与视频生成已不再是遥不可及的梦想,而是成为触手可及的现实,并逐渐从单纯生成图像或视频扩展到融入诸多行业应用中。这些技术的快速发展,不仅为人类带来更为丰富的视觉与听觉体验,也预示着多模态技术在未来将有更加广阔的应用前景。

▶ 7.2.1 你说 AI 画——文生图

首个产生广泛而深远影响的图像生成模型是 DALL·E,它由 OpenAI 公司发布。它的问世不仅引起科技界广泛关注,还在艺术、娱乐、法律等多个领域引发深刻且富有启发性的讨论。这一模型的诞生，标志着人工智能技术在图像生成领域迈出了重要的一步，对于推动相关领域的创新与发展具有不可估量的价值。本书不涉及使用模型进行应用程序设计与研发之外的讨论，有兴趣的读者可以查阅相关文章。

OpenAI 当前提供的图像生成模型包含 DALL·E 2 和 DALL·E 3 等模型，智谱 AI 则推出 CogView-3 及 CogView-3-plus 等模型。它们的调用方式基本相同，可以使用类似的代码逻辑实现通过提示词生成图片（即"文生图"）。

在本节的文生图示例程序中，尝试增加能够便捷切换模型服务平台的逻辑，以便进一步提升应用程序的灵活性，使其能够根据不同需求或场景，轻松转换、适配并调用不同模型服务平台提供的模型服务。

示例程序依然先加载环境变量，以获取访问生成式 AI 模型的 API 密钥，然后生成模型服务客户端。随后引入一个名为 supplier 的变量，用于控制应用程序在 OpenAI 与智谱 AI 所提供的模型服务之间切换。同时根据该变量的不同取值，为模型编码变量 model 赋予对应平台的图像生成模型编码。此外，OpenAI 与智谱 AI 提供调用图像生成模型的 API 存在细微的差异：OpenAI 使用方法 images.generate，而智谱 AI 则使用方法 images.generations。为简化后续模型调用及代码维护工作，也可根据 supplier 的值，将其对应的 API 方法名称赋予变量 functionName，此后的代码则使用变量 functionName 完成对应方法调用。这种设计可以在切换使用 OpenAI 与智谱 AI 时简化代码维护工作。

按以上思路完成的代码如下。

```python
from dotenv import load_dotenv, find_dotenv
_ = load_dotenv(find_dotenv())

# 确定选择使用的模型服务平台
# supplier = "OpenAI"
supplier = "ZhipuAI"

# 根据服务平台初始化模型名称及 API
if supplier == "OpenAI":
    from openai import OpenAI
    client = OpenAI()
    model = "dall-e-3"
    functionName = client.images.generate
else:
    from zhipuai import ZhipuAI
    client = ZhipuAI()
    model = "cogview-3-plus"
    functionName = client.images.generations
```

相较于本书中的其他示例程序，上述代码已经展现出相当的灵活性。如果追求设计实现更加灵活、更具适应性的应用程序，则可以进一步考虑将变量 supplier、model 及 functionName 的值存储于环境变量或配置文件之中。通过这种方式，当需要切换至不同模型服务平台时，甚至无须对代码进行任何修改，只需调整相应的环境变量值或配置项即可。

随后，代码将与模型的交互操作封装成名为 get_completion 的函数，函数 get_completion 包含三个关键参数：提示词 prompt、模型编码 model 以及生成图像大小 size。提示词 prompt 用于传递用户对期望生成图片的描述与要求；模型编码 model 是选定模型平台提供的图像生成模型的编码，在使用 OpenAI 时，它可以是"dall-e-2"或者"dall-e-3"，而在使用智谱 AI 时，它可以是"cogview-3"或者"cogview-3-plus"；图像大小 size 以分辨率的形式设定，不同模型所支持的分辨率不同（DALL·E-2 支持 256×256、512×512 及 1024×1024；DALL·E-3 支持 1024×1024、1792×1024 及 1024×1792；CogView-3-plus 支持 1024×1024、768×1344、864×1152、1344×768、1152×864、1440×720 及 720×1440；CogView-3 不支持 size 参数），实际应用时根据需求进行选择与设置即可。代码还对 model 与 size 设定了缺省值，以简化函数调用。

函数 get_completion 的代码如下。

```
def get_completion(prompt, model="cogview-3-plus", size="1024×1024"):
    response = functionName(
        model=model,
        prompt=prompt,
        size=size
    )
    return response.data[0].url
```

函数 get_completion 的最终返回值是已生成图片的 URL 地址，而非图片文件本身。因此，要获取该图片，用户需访问该 URL 地址进行下载或查看。通常，各服务平台都会限制该 URL 的有效期，因而应用程序不应将该 URL 作为图像的永久保存地址，而是应在图像生成后尽快下载并按保存策略存储。

代码最后部分则是接收用户输入的提示词然后调用函数 get_completion 根据用户输入的提示词生成图片。具体代码如下。

```
while True:
    user_input = input("请输入待生成的图片描述(输入'exit'退出程序)：")
    if user_input is None or user_input == "":
        continue
    elif user_input.lower() == 'exit':
        print("程序退出。\n")
        break
    else:
        res = get_completion(prompt=user_input, model=model)
        print(f"图片URL：{res}")
```

运行上述代码（完整代码参见源文件 image_generator.py），输入对期望生成图片的详细文字描述，即所谓"文生图提示词"，稍后程序便会返回模型生成图片的 URL 地址。如图 7-9 所示。

在浏览器中打开程序所返回的 URL 链接后，用户即可看到图像生成模型依据所输入的提示词精心创作的图片，其效果如图 7-10 所示。这张图片生动展现了提示词中所描述的场景要求，提示词的文字意境在画面中通过视觉效果得到近乎完美的体现。

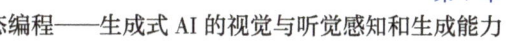

```
(agi) PS E:\source\Ch7> python .\image_generator.py
请输入待生成的图片描述（输入'exit'退出程序）：夕阳慢慢落下，山顶上，一个古风少女眺望
远方，晚风吹过，少女的长发随风飘舞。
图片URL: https://aigc-files.bigmodel.cn/api/cogview/20250118163224d4d886a756054fcb_0.
png
```

图 7-9　文生图

图 7-10　文生图结果

当然，不可否认，虽然图像生成模型已展现出强大的能力，但当前图片依然有诸多细节尚存进一步提升空间。这些细微之处，仍需图像生成模型继续改进与完善，随着技术的不断进步和图像生成模型的日益强大，这些瑕疵与不足必将会被逐步克服与解决。未来，图像生成技术必将能够带来更加精美、细腻且富有创意的视觉盛宴。

▶▶ 7.2.2　你说 AI 演——文生视频

当今短视频正成为吸引大众注意力的主流媒体形式，文生视频技术的问世迅速吸引了所有人的目光，它仿佛预示着视频自媒体领域即将迈入一个门槛更低、效率更高的全新纪元。人们已经开始憧憬，未来的影视巨制或许能够完全依托先进的生成式 AI 技术来完成拍摄与制作。

毋庸置疑，当前视频生成领域中最为出色的模型当属 OpenAI 推出的 Sora。该模型凭借其卓越能力，仅通过简短的提示词描述或一张静态图片输入，便能生成犹如电影画面般逼真的场景。它所生成的场景内容丰富，能够涵盖多个角色、不同类型的动作以及细腻的背景细节，并且在画质上更是达到 1080P 高清标准，时长最高可达 1 分钟左右。

智谱 AI 也推出了国产文生视频模型 CogVideoX，该模型目前可根据输入的文本描述或图片生成 6 秒左右的视频，并且提供 API 调用方式，便于开发人员进行调用与集成。本节将使用模型 CogVideoX 实现一个简单的文生视频应用程序。

与其他示例程序相同，在代码的开始部分首先导入包含 API 密钥的环境变量，并设定使用的模型编码为"cogvideox"。具体代码如下。

```
from dotenv import load_dotenv, find_dotenv
_ = load_dotenv(find_dotenv())

from zhipuai import ZhipuAI
client = ZhipuAI()
model = "cogvideox"
```

随后，代码将文生视频模型的 API 封装至一个名为 get_completion 的函数中。该函数有三个参数，分别是模型编码 model、提示词 prompt 以及基础图片 image_url。

参数 model 用于指定将要使用的文生视频模型编码，并预设其默认值为"cogvideox"，以便于在调用该函数时，若未明确指定模型编码，则自动采用此默认值。

参数 prompt 承载着待生成视频的描述性信息，它允许用户以文本形式输入对期望生成视频或简或详的说明。

参数 image_url 为模型提供另一种创作视频的灵感来源，它可以指定为一张图片的 URL 地址，或者提供以 BASE64 编码格式保存的图片数据。视频生成模型将以此图片作为创作基础，结合用户提供的描述或提示词（如果有的话），进行视频的生成与创作。

值得注意的是，在调用函数时，用户可以仅选择 prompt 与 image_url 这两个参数其中之一进行使用，但不可同时省略两者。这意味着用户至少需要提供提示词或基础图片两项中的一项，以便模型能够据此进行视频生成。

函数 get_completion 的代码如下，它仅简单封装 API，在实际应用中应当在其中加入诸如参数合法性判断、异常处理等功能，以提升函数健壮性。

```
def get_completion(model="cogvideox",
                   prompt=None,
                   image_url=None):
    response = client.videos.generations(
        model=model,
        prompt=prompt,
        image_url=image_url
    )
    return response
```

随后，需要开始着手编写实现用于接收用户输入提示词和基础图片的代码。与其他示例程序有所不同，在正式调用相关功能之前，本示例程序增加了一项必要的检查步骤，即验证用户是否至少已经输入了提示词或一张图片的 URL 地址，以保证调用视频生成模型时有足够的输入。而在成功收到用户输入后，代码立即调用函数 get_completion，并在其返回时输出打印函数的返回结果。具体代码如下。

```
while True:
    user_input = input("请输入待生成视频的描述(输入'exit'退出程序)：")
```

```
    if user_input.lower() == 'exit':
        print("程序退出。\n")
        exit()

    image_url = input("请输入待生成视频的基础图片(输入'exit'退出程序): ")
    if image_url.lower() == 'exit':
        print("程序退出。\n")
        exit()

    if user_input == None and image_url == None:
        print("描述和基础图片必须输入至少一项。")
        continue
    else:
        Break

res = get_completion(model=model,
                     prompt=user_input,
                     image_url=image_url)
print("===提交任务===")
print(res)
```

不难想象，视频生成相较于文字或图像生成而言，显然是一项更为耗时的工作。上述函数 get_completion 所封装的 API 其实际功能是提交视频生成任务而不能直接获得视频生成结果。故该 API 其实是一个任务提交 API，当 API 返回时，视频生成任务往往还在进行之中，尚未完成。该 API 的返回值是一个视频任务对象（如下所示），它主要包含平台生成的任务 id、调用的模型编码 model、视频生成结果 video_result、处理状态 task_states 及任务编号 request_id 等信息。其中 task_states 可用于表明当前任务状态，值 "PROCESSING" 表明视频生成任务还在进行之中，值 "SUCCESS" 表示视频生成成功，值 "FAIL" 表示视频生成失败。

```
VideoObject(id='11631711702401336914580186988758046d', model='coqvideox',
video_result=None, task_status='PROCESSING', request_id='91458018869887580463')
```

视频生成任务提交之后，应用程序可以通过任务结果查询 API 查询视频生成任务是否结束，其参数使用提交视频生成任务时所返回的任务 id。本示例程序使用定时循环查询任务状态。如果任务未完成则暂停片刻后继续查询，直至任务成功或者失败。

如果视频任务成功完成，则返回对象的视频生成结果 video_result，结果将包含已生成视频的 URL 地址及视频封面图片的 URL 地址。

查询任务状态并输出视频生成结果 URL 的代码如下。

```
print("===查询任务状态===")
while True:
    response = client.videos.retrieve_videos_result(
        id=f"{res.id}"
    )
```

```python
if response.task_status == "PROCESSING":
    print("PROCESSING...")
    import time
    time.sleep(30)
    continue
elif response.task_status == "FAIL":
    print("===任务失败===")
    break
else:
    print("===任务完成===")
    print(f"视频URL:{response.video_result[0].url}")
    print(f"视频封面:{response.video_result[0].cover_image_url}\n")
    break
```

运行上述代码（完整代码参见源文件 video_generator.py），其运行结果如图 7-11 所示。

```
(agi) PS E:\source\Ch7> python .\video_generator.py
请输入待生成视频的描述（输入'exit'退出程序）：夕阳慢慢落下，山顶上，一个古风少女眺望远方，晚风吹过，少女的长发随风飘舞。
请输入待生成视频的基础图片（输入'exit'退出程序）：
===提交任务===
VideoObject(id='446317117702401336-9051458720048178875', model='cogvideox', video_result=None, task_status='PROCESSING', request_id='-9051458720048178877')
===查询任务状态===
PROCESSING...
===任务完成===
视频URL: https://aigc-files.bigmodel.cn/api/cogvideo/4a974504-d577-11ef-a608-8a8e59ab2b37_0.mp4
视频封面: https://aigc-files.bigmodel.cn/api/cogvideo/4a974504-d577-11ef-a608-8a8e59ab2b37_cover_0.jpeg
```

图 7-11 文生视频

在浏览器中分别打开视频生成结果中的视频及封面图片链接，可以观看到生成的时长大约 6 秒的视频以及与视频匹配的封面图片，其中封面图片如图 7-12 所示。

图 7-12 生成视频的封面图片

第 7 章
多模态编程——生成式 AI 的视觉与听觉感知和生成能力

感兴趣的读者也可以尝试将一张基础图片的 URL 地址作为输入来生成视频。通常而言，相较于单纯依靠文本生成视频的过程，提供基础图片生成视频所需要的时间明显更长一些。从生成结果看，通常生成视频的效果是让图片中静止的生物（例如人或动物）动起来。

7.2.3 朗读助手——语音生成

正如语音识别技术较图像与视频识别技术比较成熟一样，语音生成（或语音合成）技术相较于图像与视频生成技术而言其成熟度也更高。同样地，语音生成技术已经在众多领域内得到了广泛的应用。

与语音识别技术相仿，OpenAI 亦在语音生成领域推出两种类型的模型。其一是基于文本转语音（TTS）技术的模型 tts-1，该模型具备将任意文本内容高效转换为自然流畅的语音输出能力，为用户提供便捷的语音交互体验。另一类模型，则是在介绍语音识别技术时已提及的 GPT-4o 系列模型中的 gpt-4o-realtime-preview 与 gpt-4o-audio-preview 等，它们可根据用户输入的提示词或语音即时生成以音频形式表现的回应内容，进一步丰富和提升语音交互的多样性和灵活性。

以下示例程序选用模型 tts-1 实现从文本到语音的转换。

首先依旧是加载环境变量，并使用环境变量中的 API 密钥生成 OpenAI 模型服务客户端，以及指定将要使用的模型编码。具体代码如下。

```
from dotenv import load_dotenv, find_dotenv
_ = load_dotenv(find_dotenv())

from openai import OpenAI
client = OpenAI()
model = "tts-1"
```

接下来是接收用户输入的文本，代码会将用户输入的文本作为 OpenAI 语音转换 API（即方法 audio.speech.create）的参数进行传递。同时，还利用该 API 的参数选项指定所需的模型编码及声音风格。OpenAI 为用户提供多种声音选择，包括 alloy、echo、fable、onyx、nova 以及 shimmer 等，以满足不同需求和应用场景。

在模型 tts-1 完成语音转换之后，代码会调用 API 响应结果 response 的方法 write_to_file，将转换完成的语音保存在指定文件中，以供后续使用。以上实现代码如下。

```
while True:
    text = input("请输入待转换文本(输入'exit'退出程序)：")
    if text is None or text == "":
        continue
    elif text.lower() == 'exit':
        print("程序退出。")
        break
    else:
        response = client.audio.speech.create(
            model=model,
            voice="alloy",
```

·215

```
        input=text
)

from datetime import datetime
now = datetime.now()
numeric_date_string = now.strftime("%Y%m%d%H%M%S")
speech_file_path = f"{cur_path}/{numeric_date_string}.mp3"
response.write_to_file(speech_file_path)
response.close()
```

运行上述已完成的代码（完整代码请参见源文件 text2audio.py），输入一段拟进行转换的文字。待程序顺利执行完毕后，即可打开所生成的音频文件，聆听与输入文字相对应的语音内容。

从实际落地的角度来看，语音识别与语音生成是人工智能技术中最早落地应用的技术之一，诸如英语（或其他语种）口语陪练、聊天等类型的应用已屡见不鲜。此外，国内外众多主流生成式 AI APP 也都支持用户直接通过语音输入信息，并以语音的方式输出其反馈，这使得 APP 的使用更便捷、互动性更强，极大地提升了用户体验，降低了用户使用人工智能的门槛。

7.3 本章小结

本章着重阐述了与图像、视频及语音相关联的应用程序开发。人类的交互行为根植于多元化的模态载体之中，而多模态技术的融合则使得人工智能更加贴近人类的智能表现。

多模态编程绝非单纯的技术堆砌，它是对人类智能的一种深刻且全面的模拟。试想一下，一个系统能够同时精准地理解指令内容、敏锐地识别面部表情、细致地分析语调情感，并据此生成贴合用户个人需求的回应，这样的系统必将带给人类全新的体验。具备这种能力的智能实体在教育、医疗、娱乐等多个领域均展现出巨大的应用潜力，也必将成为未来人工智能应用程序的主流发展趋势。

随着多模态技术的不断进步和应用的日益广泛，多模态智能体将逐渐渗透到工作与生活的方方面面，作为生成式 AI 应用程序设计师与开发人员应及时关注、学习、应用多模态技术。

第8章

DeepSeek应用开发

DeepSeek 是生成式 AI 模型的典范，它具有一般生成式 AI 的能力，因而本书前述内容的大部分示例均可改用 DeepSeek 提供的模型实现。而 DeepSeek 在推理及代码编程方面表现优异，结合其对计算资源相对低的需求，使得它成为众多企业应用场景中优先的选择对象。

8.1 逻辑推理大师——DeepSeek 推理模型应用

应用程序调用 DeepSeek 提供的模型能力可直接通过使用 OpenAI 的 SDK 实现。如本书第 2 章所述，基于 OpenAI 提供的 SDK 访问其他模型服务时需要设置的环境变量除 OPENAI_API_KEY 外，还需设置 OPENAI_BASE_URL。如果使用 DeepSeek 官方提供的服务，则文件 .env 中环境变量的设置如下所示。

```
OPENAI_API_KEY="sk-xxxxxxxxxxxxxxxxxxxxxxxxxxxxxxxx"
OPENAI_BASE_URL="https://api.deepseek.com/v1"
```

此外，还需要在代码中指定所要使用的模型，例如可将第 2 章中的示例程序 prompt-cli.py 中的模型编码改为"deepseek-chat"，而其他部分保持不变即可使用 DeepSeek 提供的模型服务。修改完成的代码如下。

```
from dotenv import load_dotenv, find_dotenv
_ = load_dotenv(find_dotenv())

from openai import OpenAI
client = OpenAI()

def get_completion(prompt, model="deepseek-chat", temperature=0.01):
    messages = [{"role": "user", "content": prompt}]
    response = client.chat.completions.create(
        model=model,
        messages=messages,
```

```
        temperature=temperature
    )
    return response.choices[0].message.content
```

运行程序（完整代码参见源文件 prompt-cli2.py），输入提示词，即可获得模型 deepseek-chat 反馈的回复。需要指出的是，与 DeepSeek 交互时参数 temperature 的取值范围是［0,2］，与其他模型相似，该参数值越小模型的反馈越稳定，该参数值越大则模型的反馈越具有随机性和创意。

在本书交稿之际，DeepSeek 提供了两个模型服务，一个是上述示例程序中已经使用的编码为 deepseek-chat 的模型，其对应模型版本为 DeepSeek-V3；另一个是模型编码为 deepseek-reasoner 的模型，其对应模型版本为 DeepSeek-R1。随着模型的迅速迭代，后续它们所对应的模型版本也会不断升级。

DeepSeek-V3 是一款对话模型，而 DeepSeek-R1 则是一款推理模型，DeepSeek-R1 在后训练阶段大规模使用了强化学习技术，在仅有极少标注数据的情况下，极大提升了模型推理能力。在数学、代码、自然语言推理等任务上，性能比肩 OpenAI o1 正式版。DeepSeek-R1 的 API 还对用户开放思维链输出，即应用程序可以获得模型在给出结论前的模型推理过程。

在应用程序中展示模型的推理过程应当使用体验更好的流式输出，流式输出也能够更好地仿真模型思考与推理过程。因此演示模型 DeepSeek-R1 推理能力的示例程序可以基于第 2 章的示例程序 prompt-stream.py 修改完成。

首先代码要采用 OpenAI 的 SDK 生成客户端，随后修改与模型进行交互的 API 封装函数 get_stream_completion，将其参数 model 的默认值设置为"deepseek-reasoner"，或者也可以在调用函数 get_stream_completion 时将参数 model 的值设定为"deepseek-reasoner"。具体实现代码如下。

```
from openai import OpenAI
client = OpenAI()

def get_stream_completion(messages, model="deepseek-reasoner"): # 更改模型为 deepseek-reasoner
    response = client.chat.completions.create(
        model=model,
        messages=messages,
        stream=True  # 启用流式输出
    )
    return response
```

随后，可以选择修改或不修改显示在页面的问候语，以下代码修改了问候语，明确说明当前会使用思维链。

```
# 如果还没有消息,则添加第一条提示消息
if 'messages' not in st.session_state:
    st.session_state.messages = [{"role": "assistant",
        "content": "我是你的推理思维链助手,请告诉我要完成的任务是什么?"}]
```

在调用函数 get_stream_completion 前，还需要增加从保存对话历史上下文的对象 st.session_state.messages 中提取出除第一条消息外的所有消息的代码。增加该行代码的原因在于与推理模型

DeepSeek-R1 交互时，第一条消息必须是用户消息，而当前示例程序代码中第一条消息是上述代码设置的以角色 assistant 发出的问候语，因而在将对话历史提交模型前需要将该问候语删除。以下代码实现上述功能，并使用调整后的对话历史列表调用封装函数 get_stream_completion。

```
# 获取流式输出的生成器
messages = st.session_state.messages[1:]
stream_response = get_stream_completion(messages)
```

与此前示例相同，API 被调用后模型将通过流式方式持续返回其反馈内容，它存储在每次返回的 choices[0].delta.content 中。而对于推理模型，它先是返回其推理过程，即思维链内容，这些内容存储在每次返回的 choices[0].delta.reasoning_content 中。在推理过程结束后，模型将继续以流式方式通过 choices[0].delta.content 返回其推理结论。即推理模型返回的内容中包含思维链内容，见图 8-1 中的第一轮对话。

应用程序在取得一轮对话的回应后，在整合对话历史上下文时，需要特别注意不要将该轮对话的思维链内容加入对话历史，因为思维链是推理模型的思考过程，对话历史上下文仅关注每一轮对话的问题和回答（或者说是任务和结果）。因而在对话历史上下文中永远不会包含思维链内容，它应当仅在当前对话中进行使用和处理。因而在多轮对话中，历史消息总是由每一轮对话的问题和回答构成，见图 8-1 中的第二轮对话和第三轮对话。

通过上述说明，可以看出对话历史其实总是由用户消息（问题）和助手消息（即模型返回的消息：回答）交替构成，且第一条消息必须是用户消息（问题），如果违背这一规则，推理模型将返回错误。当然并非所有推理模型都有如此严格的要求。

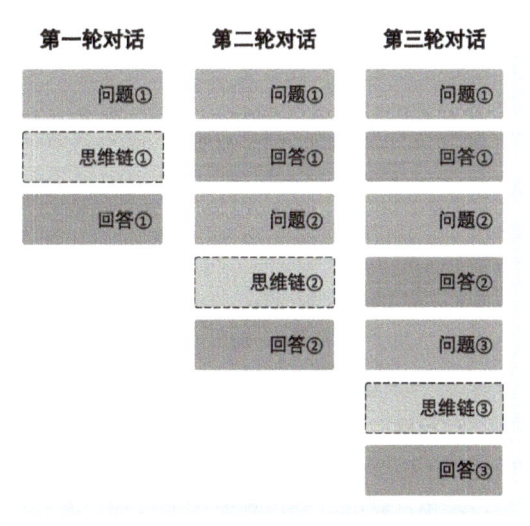

图 8-1 推理模型对话历史消息的构成

在此前的示例程序中，通常会将第一条消息设置为系统消息，用来说明当前模型所担当的角色及要解决的是哪一类问题。而遵循上述规则时则没有机会设定系统消息，因而使用推理模型时，不需要设定模型当前所担当的角色，当然，也可以将角色设定编制在用户消息中。

基于上述说明，示例程序应当先从流中取得思维链内容进行显示，待推理过程结束（即思维链内容输出完毕后），再从流中取得模型最终返回的回答内容。当前主流应用在输出思维链内容时会采用在左侧添加一条竖线，并且思维链内容以浅色字体进行输出，本示例程序也遵循这一设计。在思维链内容输出完成后，思维链内容通常不再具备价值，因而在程序中可以设计为继续保留或不再继续保留其内容，本示例程序选择不再保留的方案，而是仅显示推理模型的最终输出结果。

按上述设计修改完成的代码如下。

```python
# 提示正在思考
assistant_container.markdown(f"{ICON_AI} 思考中...")
# 逐步接收流式数据并显示
reasoning_content = ""
content = ""
for chunk in stream_response:
    if chunk.choices[0].delta.reasoning_content:
        reasoning_content += chunk.choices[0].delta.reasoning_content
        print(chunk.choices[0].delta.reasoning_content, end="")
        # 使用 HTML 标签和 CSS 样式来设置文本颜色
        grey_style = "color:#A9A9A9; margin-bottom: 10px; border-left: 2px solid #000; padding-left: 10px;"
        grey_text = f"<div style='{grey_style}'>{reasoning_content}</div>"
        assistant_container.markdown(f"{ICON_AI} 思考中……{grey_text}",
                                     unsafe_allow_html=True)
    elif chunk.choices[0].delta.content:
        content += chunk.choices[0].delta.content
        print(chunk.choices[0].delta.content, end="")
        assistant_container.markdown(f"{ICON_AI} {content}")
    else:
        print(f"\nchunk={chunk}\n")

# 保存并显示已经完成的回复
append_and_show("assistant", content, assistant_container)
print("\n【本轮对话完成】\n")
```

运行修改完成的代码（完整代码参见源文件 reasoner-stream-session.py），输入此前在第 2 章中使用的数学思维题，并且除思维题内容本身外，不添加任何提示，可以看到推理模型开始自主进行推理，其刚开始推理时的效果如图 8-2 所示。

图 8-2 推理模型的思维链（推理过程）

等待推理过程结束后，程序开始输出最终结果，最终输出完成的效果如图 8-3 所示。

图 8-3 推理模型的推理结果

可见，推理模型通过自主思维链推理能力成功地解决了此前需要在提示词中引导模型分析推理才能解决的问题。这也证明，推理模型在数学、代码、自然语言推理等任务上具有优势。

8.2 智能辅助编程插件——DeepSeek 的对话、续写及 FIM 补全

编程能力是生成式 AI 模型表现最为优异的领域之一，DeepSeek 也不例外。基于模型的编程能力开展人工智能辅助编程以提升编程效率是当前众多软硬件研发团队的优先事项。一些团队采用内部微调过的模型使得模型可以面向特定领域提供更好、更高效的辅助编程能力；一些平台服务商则提供通用的人工智能辅助编程服务，如 GitHub 和 OpenAI 合作开发的人工智能编程助手 GitHub Copilot。它提供了智能代码补全、支持多种编程语言、根据自然语言编程、跨文件推理等功能，并支持多个流行的代码编辑器和集成开发环境（IDE），国内的通义灵码也提供类似的服务。

对于大部分研发团队而言，代码的严格管控是信息安全的重要保障，因而使用公有模型服务实现人工智能辅助编程是不被允许的，所以有必要构建私有化部署的模型及其对应的辅助编程工具。本节将展示如何实现辅助编程工具，即实现一个 Visual Studio Code（以下简称 VS Code）辅助编程插件（即 VS Code 扩展）。当然，本实例将使用 DeepSeek 提供的公有服务，如有必要，读者可参考其他技术资料进行模型的本地化部署。

8.2.1 VS Code 扩展框架

VS Code 辅助编程插件实例采用 TypeScript 编程语言，辅助编程插件遵循 VS Code 扩展的通用实现过程，因而需要搭建一个通用的 VS Code 扩展框架，然后基于该框架实现人工智能辅助编程能力。

1. 环境准备

VS Code 扩展依赖 Node.js 环境开发，如果开发环境中尚未安装 Node.js，则可至官网（https://nodejs.org）下载后安装。

Node.js 安装完毕后需要进一步安装 Yeoman 生成器和专门用于生成 VS Code 扩展项目的生成器模板。Yeoman 生成器可以帮助开发人员快速生成项目模板、文件结构等，从而加速开发过程；generator-code 是一个专门为 VS Code 扩展开发设计的 Yeoman 生成器，通过它，开发人员可以轻松地生成 VS Code 扩展项目的基本框架和文件结构，为 VS Code 扩展项目开发提供一个良好的起点。

这个安装过程使用 Node.js 的包管理工具 npm 完成，具体指令如下。

```
npm install -g yo generator-code
```

至此，相关环境准备工作完成。

2. 创建扩展项目

VS Code 扩展项目开发环境准备妥当之后，即可开始创建一个插件开发框架。可使用如下命令开始创建。

```
yo code
```

运行上述命令后，会出现一个选择菜单（如图 8-4 所示），此时选择"New Extension（TypeScript）"选项并按〈Enter〉键。

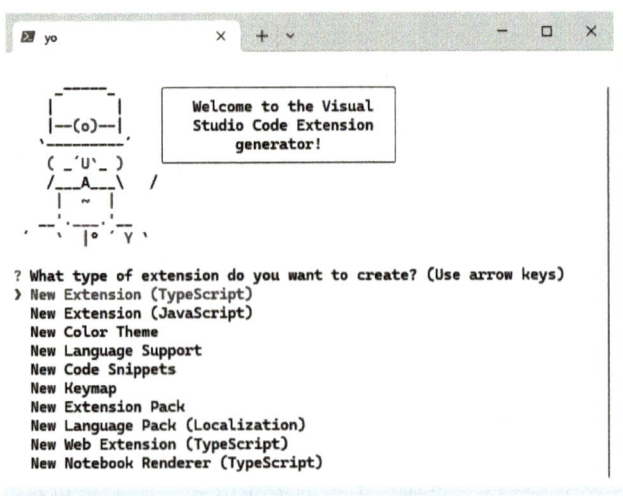

图 8-4　选择项目类型

第 8 章
DeepSeek 应用开发

选择完项目类型后，提示输入扩展项目名称，这个名称不但是当前项目的名称，也会在插件实现并发布后出现在 VS Code 扩展列表作为插件名称展示。可在此处输入 ai_assistant_example 或者其他合适的名字，如图 8-5 所示。

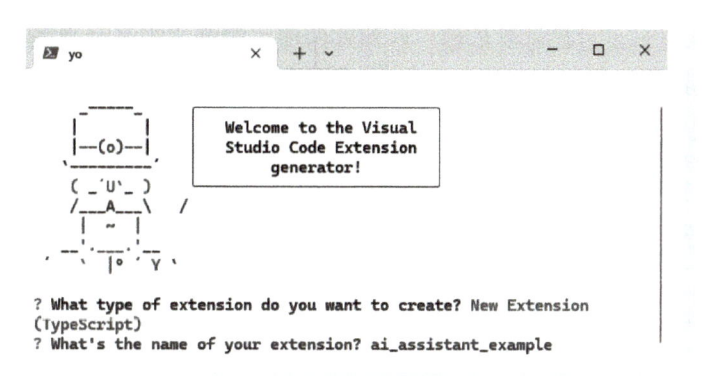

图 8-5　设定插件名称

后续还有一系列配置选项，一直按〈Enter〉键全部使用默认值即可。如果在实践中读者有特殊要求，则可考虑配置其他值。所有选项设定完成后，工具将生成一个 VS Code 扩展项目的框架，如图 8-6 所示。

图 8-6　完成框架创建

· 223

在生成的框架中，实现辅助编程功能主要需要修改的是源文件 src \ extension.ts 及配置文件 package.json。

3. 安装依赖

VS Code 扩展的开发过程需要依赖一些额外的库来辅助实现各种功能。为确保开发顺利进行，我们需要安装这些必需的依赖项。只需执行以下命令，即可轻松完成安装。

```
npm install axios vscode-uri @types/vscode uuid
```

这条命令会安装以下依赖：axios 用于进行 HTTP 请求；vscode-uri 用于处理 VS Code 中的 URI 相关操作；@types/vscode 为 VS Code 扩展开发提供类型定义支持；uuid 用于生成唯一标识符。

完成这些依赖安装后，意味着 VS Code 扩展开发框架已经搭建完毕。接下来，就可以正式着手实现人工智能辅助编程的相关功能了。

不同的编程语言具备不同的关键字和特性，本示例辅助编程插件将仅面向 JavaScript 语言实现辅助编程功能。读者在理解人工智能辅助编程插件的实现技术后，可以自行编写所需要支持的编程语言。

8.2.2 解释与重构优化代码

解释和重构优化已经编写完成的代码是辅助编程工具通常都会提供的基础功能。前者在理解项目基础代码（通常称 Base 代码）或者接手研发团队其他人员开发的代码时特别有用，甚至在开发者回看自己数周或数月前编写的代码时也有帮助；而后者则可用于提升已完成代码的质量，通常辅助编程工具能够给出更灵活、更具适应能力且更健壮的重构建议。

解释与优化代码均是针对已完成的代码进行操作的，在辅助编程插件中通常使用右击菜单或代码透镜（CodeLens）的方式触发执行相应功能。在本示例程序中，选用代码透镜的形式来实现这两个功能。

代码透镜提供了在源代码中添加交互的途径。本示例将实现针对 JavaScript 函数的解释与优化功能，因而通过代码透镜实现在函数上方显示"解释代码 | 优化代码"这两个功能项，其效果如图 8-7 所示。

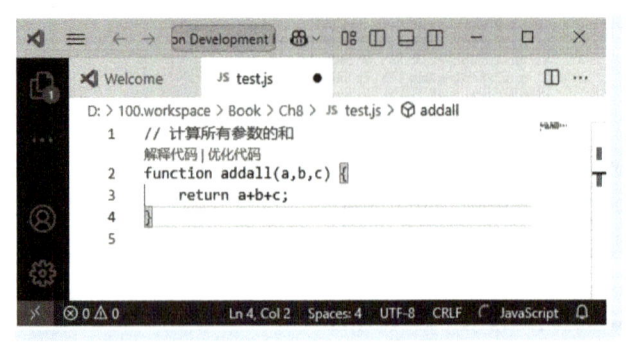

图 8-7 为函数添加功能按钮

实现上述效果的 TypeScript 代码如下，其中识别 JavaScript 代码中函数的关键点在于查找 "function" 关键字，并排除在注释、文本中出现的 function 字样。代码通过存储在常量 regex 中的正则表达式实现该功能，倘若需要将解释代码与优化代码功能扩展到其他代码段，则需要根据具体需求修改该正则表达式。

```typescript
//CodeLens 提供者
class CodeLensProvider implements vscode.CodeLensProvider {
    provideCodeLenses(document: vscode.TextDocument): vscode.CodeLens[] {
        // 在每个函数或者类上添加 CodeLens 按钮
        const codeLenses: vscode.CodeLens[] = [];

        const regex = /^(?!(?:\s*\/\/|\s*\/\*|.*['"`])).*?\bfunction\s+([a-zA-Z_$][\w$]*)\s*\(/gm;
        let match: RegExpExecArray | null;

        // 查找文档中的函数定义
        while ((match = regex.exec(document.getText())) !== null) {
            const functionName = match[1];
            const startPos = document.positionAt(match.index);
            const endPos = document.positionAt(match.index + match[0].length);
            const range = new vscode.Range(startPos, endPos);

            // 创建解释代码和优化代码的 CodeLens
            codeLenses.push(new vscode.CodeLens(range, {
                title: `解释代码`,
                command: 'deepseek.extension.explainCode',
                arguments: [functionName, document]
            }));

            codeLenses.push(new vscode.CodeLens(range, {
                title: `优化代码`,
                command: 'deepseek.extension.optimizeCode',
                arguments: [functionName, document]
            }));
        }

        return codeLenses;
    }
}
```

上述代码在找到函数声明后，通过代码透镜功能为其依次添加"解释代码"和"优化代码"命令，并分别指定解释代码执行 deepseek.extension.explainCode 命令，优化代码执行 deepseek.extension.optimizeCode 命令。

上述代码实际上是完成了一个代码透镜提供者，此后还需要在 VS Code 的扩展入口函数 activate 中将其注册到上下文，才能够真正实现在代码中嵌入显示这两个按钮。注册代码透镜提供者的代码如下。

```
export function activate(context: vscode.ExtensionContext) {
    // 注册可交互命令：解释命令、优化命令
    const codeLensProvider = new CodeLensProvider();
    context.subscriptions.push(
        vscode.languages.registerCodeLensProvider(
            { scheme:'file' },
            codeLensProvider
        )
    );
}
```

按钮显示之后，还需要真正实现解释代码和优化代码的功能，在前述代码透镜提供者的实现中已经分别指定解释代码和优化代码所对应的命令，而这些命令也需要在函数 activate 中完成注册才能被执行。

注册解释代码命令的代码如下，其主要逻辑是在解释代码命令被触发时显示一个正在请求解释代码的提示信息，以便开发人员知晓当前状态。随后代码借助函数 getFunctionRange 获取当前函数的起止位置进而获取当前函数的实现代码，并将获得的代码嵌入到提示词（prompt）之中。构建完成的提示词通过调用函数 getAIResponse 提交给大模型并等待其反馈，大模型的反馈结果通过函数 showAIResponse 进行展示。

```
// 注册代码解释命令
context.subscriptions.push(
    vscode.commands.registerCommand('deepseek.extension.explainCode',
        async (functionName: string,
            document: vscode.TextDocument) => {
        console.log("触发解释代码功能。");

        // 请求解释代码并提示用户
        vscode.window.withProgress(
            {
                location: vscode.ProgressLocation.Notification,
                title:'正在请求解释代码……',
                cancellable: false
            },
            async (progress, token) => {
                try {
                    // 获取函数的开始和结束位置
                    const functionRange = getFunctionRange(
                        document,
                        functionName);
```

```
                if (functionRange) {
                    // 获取当前函数的代码片段
                    const functionCode = document.getText(functionRange);
                    const prompt = `请解释以下函数代码：\n ${functionCode}`;
                    console.log(prompt);

                    // 请求 AI 解释代码
                    const explanation = await getAIResponse(prompt);

                    // 显示 AI 的解释结果
                    showAIResponse(explanation, '解释代码');
                } else {
                    vscode.window.showErrorMessage('无法找到当前函数的代码范围。');
                }

                return; // 完成任务
            } catch (error) {
                // 错误处理
                vscode.window.showErrorMessage('获取代码解释失败,请稍后再试。');
                console.error("解释代码时出现错误: ", error);
                return; // 任务完成但失败
            }
        }
    );
})
);
```

上述代码中函数 getFunctionRange 获取当前函数的起止位置，其实现逻辑较为复杂，它不是本示例程序的重点，故示例代码中只给出简单实现，其具体代码可参见源文件 extension.ts，此处不再列出。在实际应用中可借助 TypeScript 编译器 API 实现精准解析。

上述代码调用函数 getAIResponse 实现与大模型的交互，它是本示例程序的核心环节，具体实现代码如下。

```
import axios from 'axios';

const DEEPSEEK_API_URL = 'https://api.deepseek.com/v1/chat/completions';

async function getAIResponse(prompt: string): Promise<string> {
    const config = vscode.workspace.getConfiguration('deepseek');
    const apiKey = config.get<string>('apiKey');

    if (!apiKey) {
        vscode.window.showErrorMessage('请先配置 DeepSeek API 密钥');
```

```
        return '';
    }

    const response = await axios.post(DEEPSEEK_API_URL, {
        model: "deepseek-chat",
        messages: [
            { role: "user", content: prompt }
        ],
        temperature: 0.7,
        max_tokens: 1000
    }, {
        headers: {
            'Authorization': `Bearer ${apiKey}`,
            'Content-Type': 'application/json'
        }
    });

    return response.data.choices[0].message.content.trim();
}
```

  访问大模型前，首先依然是设定访问模型的 API 密钥和基础网址，本示例程序选定 DeepSeek 作为大模型，故其基础网址直接在代码中以常量形式硬编码给出，而 API 密钥则需配置在 VS Code 中。代码先从 VS Code 的工作空间中取得 DeepSeek 相关配置，然后从中取得访问大模型所需 API 密钥。在 VS Code 中添加并设置配置的方法参见后文。

  在 TypeScript 中，可使用 axios 实现对大模型服务 API 的访问，在其 post 方法中依次设定基础网址、模型调用参数以及在 headers 中保存的 API 密钥即可。在实际应用中，可根据具体需要调整参数 temperature 及 max_tokens，或者为使得辅助编程插件更具灵活性，也可将其设计为配置项，由开发人员根据各自需求自由配置。

  注册解释代码命令的代码还调用了函数 showAIResponse，其功能是在 VS Code 界面中显示大模型反馈结果。它的实现逻辑是在 VS Code 窗口中创建一个 Web 面板，然后以 HTML 格式显示函数 getAIResponse 的返回信息。这其中涉及两个细节：一是将大模型返回的 Markdown 格式文本转换为 HTML 格式文本；二是大模型返回的文本中通常会包含代码块，代码块需要保持原始内容，故而需要对代码块中影响 HTML 渲染的特定字符进行转义处理。同样，由于显示函数 showAIResponse 仅用于显示解释代码的结果，这里也不再列出其代码，具体实现可参见源代码文件 extension.ts。

  至此，解释代码命令功能实现完毕，其运行效果如图 8-8 所示。

  类似地，优化代码命令功能实现的整体逻辑与解释代码完全相同，其差异仅在于注册优化代码命令时，将提示词中要求解释代码的文字更换为要求优化代码的文字即可，故其代码不再赘述。优化代码命令运行效果如图 8-9 所示。

  至此，解释代码与优化代码功能实现完毕，对于那些针对已完成代码的辅助编程功能均可采用类似逻辑实现，例如评审代码、生成流程图或生成单元测试代码等。

图 8-8 解释代码命令运行效果

图 8-9　优化代码命令运行效果

8.2.3　智能代码补全

人工智能辅助编程提高开发人员效率最直接的体现之一是智能代码补全功能，即在开发人员编写代码过程中，通过分析开发人员当前已完成代码或添加的注释，理解其意图，并据此给出建议代码。如果建议代码被开发人员认可，则开发人员可以通过按〈Tab〉键的方式将建议代码作为当前正式代码。

代码补全功能从当前代码位置开始，需要直接在代码编辑窗口中完成，其功能实现依赖于内联补全项提供者。以下代码实现了一个内联补全项提供者的类 CodeInlineCompletionProvider。

```
// Inline 提供者
class CodeInlineCompletionProvider
    implements vscode.InlineCompletionItemProvider {
    async provideInlineCompletionItems(
        document: vscode.TextDocument,
```

```typescript
    position: vscode.Position
): Promise<vscode.InlineCompletionItem[]> {
    console.log("触发代码补全功能");

    // 获取当前源文件全部内容
    const sourceCode = document.getText();
    const sourceCodeTrim = sourceCode.trim();
    // 当上下文为空
    if (sourceCodeTrim == "") {
        return [];
    }
    console.log(sourceCodeTrim);

    try {
        // 获取 AI 响应
        const prompt = `请补全以下代码,
            除代码及注释外,不要添加任何其他信息,禁止给出当前已有代码,
            仅返回补全部分的代码,
            最多继续完成一个函数,
            如果使用注释理解程序员意图时,应优先使用离待补全代码最近的注释：
            ${sourceCodeTrim}`;
        const response = await getAIResponse(prompt);

        // 清理返回的代码(去除语言标记等)
        let cleanResponse =
            response.replace(/```[a-zA-Z]*\n|\n```/g, '').trim();
        console.log("代码补全返回:");
        console.log(cleanResponse);

        // 创建内联补全项
        const inlineCompletionItem =
            new vscode.InlineCompletionItem(cleanResponse);

        // 设置补全的显示方式
        inlineCompletionItem.range = new vscode.Range(
            position.with(undefined, 0),
            position
        );

        inlineCompletionItem.command = {
            command: 'editor.action.triggerSuggest',
            title: '触发代码补全',
        };
        return [inlineCompletionItem];
    } catch (error) {
```

```
            vscode.window.showErrorMessage('代码补全请求失败,' + error);
            return [];
        }
    }
}
```

上述代码通过方法 provideInlineCompletionItems 实现内联补全功能，其核心逻辑是获取当前上下文代码后使用它构造一个大模型交互提示词，并调用函数 getAIResponse 要求大模型根据上下文代码生成后续代码。大模型返回代码时通常会将其放在代码块标记中（例如：\`\`\`JavaScrip...\`\`\`），代码利用正则表达式清除这些标记，以获得"干净代码"。在获取到大模型补全的代码后，创建内联补全项并显示补全信息。

与前述实现的功能一样，在实现内联补全项提供者之后，也需要在 VS Code 的扩展入口函数 activate 中将它注册到上下文才能起作用，其注册代码如下。

```
export function activate(context: vscode.ExtensionContext) {
    // 注册代码补全功能
    const inlineCompletionProvider = new CodeInlineCompletionProvider();
    context.subscriptions.push(
        vscode.languages.registerInlineCompletionItemProvider(
            { scheme: 'file' },
            inlineCompletionProvider
        )
    );
}
```

使用 VS Code 打开一个 JavaScript 源文件，尝试输入一行注释，然后停止输入稍候片刻，可以看到图 8-10 所示的智能代码补全效果。或者，也可以输入半行代码，智能补全功能也同样运作良好，如图 8-11 所示。

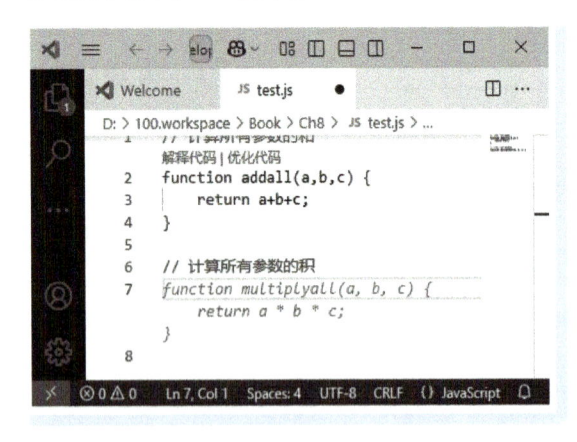

图 8-10　智能代码补全效果 1（根据注释补全）

图 8-11　智能代码补全效果 2（根据注释与部分代码补全）

在示例程序中，只要光标发生变化就会触发补全请求，因此每输入一个字母、按〈space〉

键或〈Enter〉键都会触发一个新的补全请求，这可能会带来与大模型交互过多的问题，并且很容易产生大模型返回结果后，由于代码已经发生变化而不得不丢弃当前返回结果的情况。因而，在实践中，通常还需要为补全功能添加防抖、请求取消和缓存机制，以降低大模型的负荷，提升开发人员的体验。

上述补全过程与解释代码和优化代码命令一样，使用的是与大模型普通的交互操作。事实上 DeepSeek 提供的对话前缀续写功能更适合在代码补全场景中使用，本书交稿时，该功能还处于 Beta 阶段，不够稳定，不足以支撑智能补全需要频繁交互的需求，因而未能在上述补全功能中选择使用该功能。以下通过一个简单示例程序展示 DeepSeek 所提供的对话前缀续写功能。

```python
from dotenv import load_dotenv, find_dotenv
_ = load_dotenv(find_dotenv())

from openai import OpenAI
client = OpenAI(base_url="https://api.deepseek.com/beta")

comment = "// 找出所有水仙花数并返回"
prompt = f"""请根据由中括号包含的说明完成代码函数实现，
    仅实现函数，不要返回测试代码或其他任何信息。
    [{comment}]"""

messages = [
    {"role": "user", "content": prompt },
    {"role": "assistant", "content": "```JavaScript\n", "prefix": True}
]
response = client.chat.completions.create(
    model="deepseek-chat",
    messages=messages,
    stop="```",
)
print(response.choices[0].message.content)
```

代码中参数 stop 设定为包含代码块的反引号，确保大模型返回的代码结束时立即停止继续反馈，可有效防止大模型对代码进行解释或做其他多余说明。运行上述代码（完整代码参见源文件 prefix.py），可以获得图 8-12 所示结果。

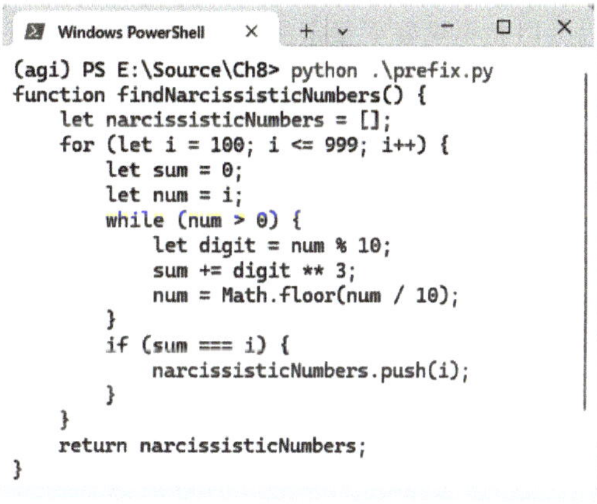

类似地，DeepSeek 另一处于 Beta 阶段的 FIM (Fill In the Middle) 补全功能也特别适用于在函数前后均已确定而需要补充函数中间实现代码的情况，或者需要在一个源文件中间插入一个函数或一段代码的场景。以下是一段使用 FIM 补全功能的示例代码。

图 8-12 DeepSeek 对话前缀续写实现代码补全

```python
from dotenv import load_dotenv, find_dotenv
_ = load_dotenv(find_dotenv())

from openai import OpenAI
client = OpenAI(base_url="https://api.deepseek.com/beta")

prompt = """
# 计算参数指定范围内所有整数的和
```python
def fun(x, y):
"""

suffix = """
    return ret;
```
"""

response = client.completions.create(
    model="deepseek-chat",
    prompt=prompt,
    suffix=suffix,
    max_tokens=1024
)
print(response.choices[0].text)
```

上述程序（完整代码参见源文件 fim.py）通过给出正在编写代码的注释及其开始与结束部分，要求大模型推理出中间代码，运行该程序，其结果如图 8-13 所示。

读者可待 DeepSeek 正式提供前缀补全和 FIM 补全功能后更新上述智能辅助编程插件的实现代码，以获得更好更稳定的代码推荐能力。

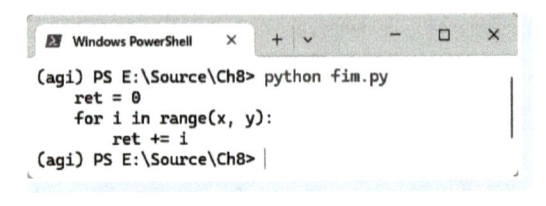

图 8-13　DeepSeek FIM 实现代码中间补全

▶▶ 8.2.4　打包并安装、使用插件

编写完成智能辅助编程插件的所有代码后，还需要在配置文件 package.json 中添加解释代码命令、优化代码命令以及配置 DeepSeek 的 API 密钥的配置项。以下是配置信息代码。

```
"contributes": {
  "commands": [
    {
      "command": "deepseek.extension.explainCode",
      "title": "解释代码"
    },
```

```
      {
        "command": "deepseek.extension.optimizeCode",
        "title": "优化代码"
      }
    ],
    "configuration": {
      "title": "DeepSeek 配置",
      "properties": {
        "deepseek.apiKey": {
          "type": "string",
          "description": "DeepSeek API 密钥"
        }
      }
    }
  },
```

配置文件修改完成后，即可在工程目录下通过以下命令对已经完成的 VS Code 扩展插件进行打包。

```
npm install -g vsce
vsce package
```

打包完成后可获得一个扩展名为 .vsix 的文件，可以直接在 VS Code 扩展中安装该文件，以使得 VS Code 具备智能辅助编程功能。如果需要，也可以将其发布到 VS Code 的扩展应用商店，供其他人下载安装使用。

8.3 小说生成器——基于 DeepSeek 推理模型的工作流

智能体是生成式 AI 应用程序的主要形态，当前已有一些企业或开源项目推出了生成智能体的低代码开发平台，其核心能力是通过可视化界面整合大模型交互能力及一些工具，从而形成一个具有特定功能的智能体。在这些平台上以可视化的方式设计智能体时，与大模型的交互以及应用到的每一个工具都会表现为任务流程中的一个环节，其本质是工作流的构建。工作流已成为当前生成式 AI 应用开发中非常重要与流行的概念，本节将基于 DeepSeek 的推理模型 DeepSeek-R1 与工作流思想构建一个小说生成器。

▶▶ 8.3.1 小说生成器的工作流

工作流是指为完成特定任务或目标而设计的一系列步骤或活动，它通常涉及多个参与者、系统或工具，按照预定义的规则和顺序协同工作。工作流广泛应用于企业管理、软件开发、生产制造等领域，其目的在于提高效率、减少错误并确保一致性。

对于撰写小说而言，其工作流通常包含以下四个核心阶段。

1）流程起点是创作准备阶段，作者需要围绕选题展开系统性蓝图构建：首先确立故事核心冲突与世界观框架，通过人物简介塑造立体的角色形象，随后规划章节结构与叙事节奏，最终形成包含关键情节锚点的完整创作蓝图，为后续写作奠定基础。

2）进入初稿撰写阶段后，作者依据蓝图按照章节推进创作。该阶段需要在创作自由度与结构把控之间取得平衡，作者在保持叙事连贯性的同时，需要动态调整人物成长线与情节密度，并确保文本内在逻辑的一致性。

3）修订打磨阶段是一个迭代优化的过程。作者完成初稿后通常需要进行多维度自检，即通读全文标记逻辑断层与语言瑕疵、定位叙事薄弱点并针对高潮铺垫、情感转折等关键结点建立专项修订清单。部分作者还会采用朗读校对法进行语感校准。

4）最后的审校出版阶段是质量管控的关键环节。出版社编辑团队启动三审三校机制：初审聚焦标点、版式等基础规范，复审从文学性与市场性角度提出结构优化建议，终审由总编确认文本合规性。作者则需要在约定时间内完成三轮针对性修改，最终经三方确认的终稿进入出版流程。

上述小说创作的流程，即为小说创作工作流，可用图 8-14 表示。

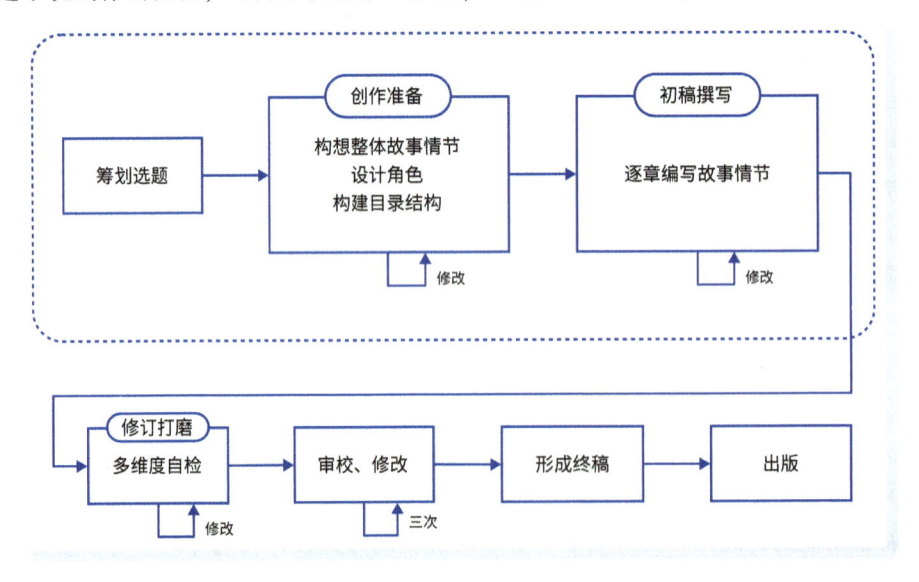

图 8-14 小说创作工作流

基于生成式 AI 模型的小说生成器也应遵循上述工作流完成小说的创作编写任务，只是由大模型替代传统作者完成写稿工作，但每个阶段都需要人参与其中，通过多轮人机对话不断校准输出结果。

比如在搭建故事框架构建写作蓝图时，需要先输入一些关键信息，例如小说的类型、主题、角色、背景等。当小说生成器根据这些关键信息推理生成初步的写作蓝图后，如果其中存在与预想不一致的情况，比如角色不符合初始构想，就需要用户通过与生成器进行交互提出修改意见，生成器按修改意见调整完善写作蓝图。类似地，其他阶段也需要通过这样的频繁交互不断调整修正，以便最终获得满意的结果。

本节的小说生成器将只实现小说创作的前两个环节（除筹划选题之外），即图 8-14 中虚线包围的创作准备与初稿撰写环节，其他后续环节可参照这两个环节进行扩充。在具体实现上，构建的生成器主要围绕与推理模型的交互和工作流展开，未考虑人机交互方式的友好性及生成结果导出等体验性设计，故而选择了命令行交互这种最简单的方式。

8.3.2 封装推理模型交互接口

与其他示例程序相同，代码首先要完成与模型交互接口的封装，交互接口封装的目的是为部分参数指定缺省值，简化与大模型交互时的调用。小说生成器拟采用 DeepSeek 提供的推理模型，故而选择流式方式返回以提升用户体验。其封装方法与其他示例类似，封装完成的代码如下。

```python
## 与大模型的交互
from dotenv import load_dotenv, find_dotenv
_ = load_dotenv(find_dotenv())

from openai import OpenAI
client = OpenAI()

# 流式交互接口封装
def get_stream_completion(messages,
                          temperature = 0.95,
                          model="deepseek-reasoner"):
    response = client.chat.completions.create(
        model=model,
        messages=messages,
        temperature = temperature,
        stream=True
    )
    return response
```

与推理大模型进行交互并以流式方式获取反馈时，大模型将先返回其思考推理过程，推理过程完成后才会继续返回正式回应内容。对于 DeepSeek-R1 而言，如前文所述，其思考推理过程通过 chunk.choices[0].delta.reasoning_content 返回，而其正式回应内容则使用 chunk.choices[0].delta.content 返回。

上述函数 get_stream_completion 封装了交互接口，而与大模型进行一次完整的交互过程则通过函数 complete_interaction_DeepSeek 实现，即该函数接受提示词（包含历史对话上下文列表），并以流式方式输出大模型的持续反馈。

由于生成小说属于需要较高创意性的场景，所以参数 temperature 设定为较高的值 1.9（如前所述，不同模型的温度参数范围不同，DeepSeek 温度参数取值在 [0,2] 之间）。对话结束后，函数将获得完整的思考推理过程及正式回应文本，但思考推理过程在对话结束后已不再具备应用价值，故函数结束时仅返回本次对话的正式回应文本而抛弃思考推理过程。

执行一次完整对话的函数 complete_interaction_DeepSeek 的实现代码如下。

```python
# 完成一次 DeepSeek 模型交互
def complete_interaction_DeepSeek(short_term_memory):
    # 逐步接收流式数据并显示
    reasoning_content = ""
    content = ""

    # 获取流式输出的生成器
    stream_response = get_stream_completion(messages=short_term_memory,
                                            temperature=1.9,
                                            model="deepseek-reasoner")

    for chunk in stream_response:
        if chunk.choices[0].delta.reasoning_content:
            reasoning_content += chunk.choices[0].delta.reasoning_content
            print_green(chunk.choices[0].delta.reasoning_content, end="")
        elif chunk.choices[0].delta.content:
            content += chunk.choices[0].delta.content
            print(chunk.choices[0].delta.content, end="")

    return content
```

上述代码在输出信息时,为能够在命令行窗口中区分输出的思考推理过程与正式回应文本,对这两者输出的文本使用了不同颜色。思考推理过程由自定义函数 print_green 以绿色输出,正式回应文本则由系统函数 print 以缺省颜色进行输出。

函数 print_green 通过颜色转义序列实现文本以绿色进行输出,其实现代码如下。

```python
# 常量定义
GREEN = '\033[32m'
RESET = '\033[0m'

# 在终端中输出绿色文本
def print_green(text, end="\n"):
    print(GREEN + text + RESET, end=end)
```

至此,与大模型交互相关的封装工作完成,为实现小说生成器的工作流做好了准备。

8.3.3 实现生成器工作流

小说生成器工作流按工作任务顺序依次执行小说生成的各环节,工作流执行结束后即可获得一篇由人工智能编写且符合创作意图的小说。

1. 创作准备——构建小说创作蓝图

构建小说创作蓝图的主要任务是根据既定选题全面规划与构建小说的整体框架。因此,首先要为小说生成器提供一系列基础创作信息。这些信息包括期望生成的小说类型,例如浪漫爱情、悬疑推理、科幻冒险等;小说的主题思想,即作品想要传达的核心观念或情感;角色设定,可包括主要人物的数量、性格特征、背景故事以及他们在情节中的发展轨迹等；以及故事发生的背景环境，它可以是现实世界的某个角落，也可以是完全虚构的奇幻世界。此外，还需明确小说计划的章节数量，以便合理安排情节节奏和结构布局，确保故事的连贯性和完整性。

函数 generate_novel_info 实现根据上述信息构建小说创作蓝图的功能。它首先要求用户输入小说的基础创作信息，用户以自然语言的方式描述并输入这些信息即可。这种输入方式也给予了用户极大的自由度，既允许用户仅提供部分基础创作信息，也允许用户添加一些额外要求。小说生成器由于基于推理模型实现，对此有着极高的容忍度，它将推理出足够多的信息用于支持创作工作的推进。

小说的章节数量涉及工作流下一阶段的具体处理实现，因而采用单独输入的方式提供，以简化应用程序的处理。如果要开发可实际上线运营的产品，章节数可以从用户输入的基础创作信息中自动识别，或根据总体篇幅要求生成器自主设定。

上述交互过程通过自定义函数 input_blue 实现，函数 input_blue 是对函数 input 的封装，它与函数 print_green 类似，通过颜色转义序列将提示文本以蓝色进行输出。

在获得小说基础创作信息及章节数量后，程序构建出生成小说创作蓝图的提示词，并将其组装为一条用户消息，然后添加到短时记忆列表中。该短时记忆列表在构建小说创作蓝图期间有效，即在函数 generate_novel_info 体内有效，它将记录构建小说创作蓝图期间所有与大模型的交互信息，为在此期间的交互提供对话上下文信息。在其支撑下，函数 generate_novel_info 最终得以完成蓝图的创建。

函数 generate_novel_info 的代码如下。

```python
ASK_OK="\n========\n 以上生成的内容您是否满意？如果需要调整,请直接给出修改意见。如果您满意,请直接输入"OK"。"

# 生成小说标题、简介、角色、目录、章节概要
def generate_novel_info(long_term_memory) -> Tuple[str, str]:
    novel_setting = input_blue("请输入小说设定(类型、主题、角色、背景等):")
    chapter_num = input_blue("请输入章节数量:")

    prompt = f"故事设定:{novel_setting}\n"
    prompt += f"章节数量:{chapter_num}\n"
    prompt += "请根据以上故事生成设定,"
    prompt += "生成故事的标题、简介与目录(由引子、中间各章节、大结局组成),"
    prompt += "以及引子、中间各章节、大结局、各章节概述、主线、引出下一章节的伏笔等,但大结局不需要伏笔。"
    prompt += f"中间各章节数量必须为{chapter_num},不可增减,引子、大结局必须分别在中间章节前后。"

    short_term_memory = [
        {"role": "user", "content": f"{prompt}"}
    ]
    long_term_memory.append({"role": "user", "content": prompt})

    while True:
```

```python
# 与大模型交互
novel_info = complete_interaction_DeepSeek(short_term_memory)
short_term_memory.append({"role": "assistant", "content": novel_info})

# 与用户交互
prompt = input_blue(ASK_OK)
if prompt.upper() == "OK":
    break
else:
    short_term_memory.append({"role": "user", "content": prompt})

long_term_memory.append({"role": "assistant", "content": novel_info})
return novel_info, chapter_num
```

上述代码在构建生成小说创作蓝图的提示词后，将包含提示词在内的短时记忆列表通过函数 complete_interaction_DeepSeek 提交给推理模型，函数 complete_interaction_DeepSeek 会输出生成蓝图的推理过程（如图 8-15 所示）及正式生成结果（如图 8-16 所示）。

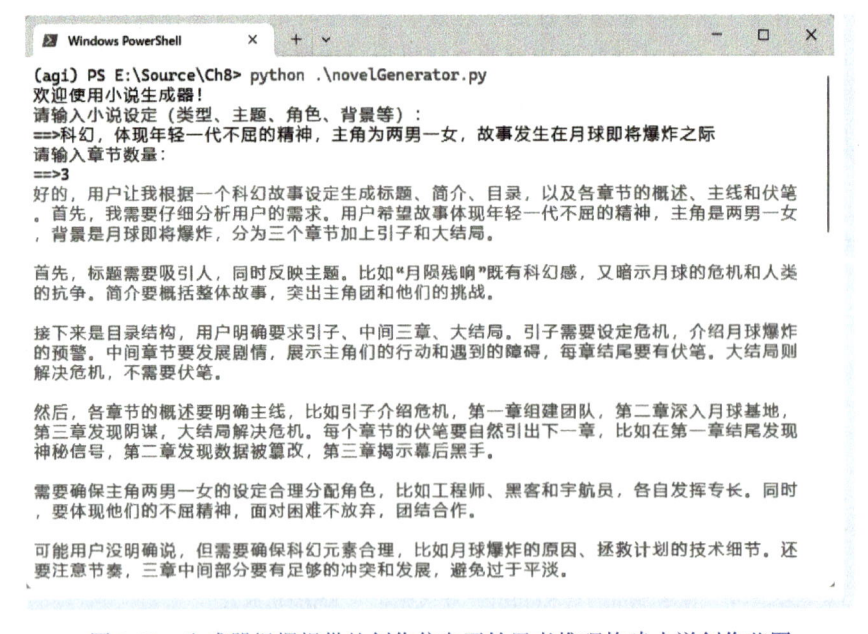

图 8-15　生成器根据提供的创作信息开始思考推理构建小说创作蓝图

在推理模型完成推理获得当前生成的创作蓝图后，代码提供了用户介入的机会，它将询问用户是否需要调整生成结果。如果用户输入调整修改意见，则将再次调用函数 complete_interaction_DeepSeek 通过推理模型的思考推理过程完成对蓝图的修改（如图 8-17 所示）。对于推理模型更新后的蓝图，用户依旧可以继续发表修改意见，直到满意为止。这个过程的顺利推进，依赖于前文构建并不断追加对话信息的短时记忆列表。

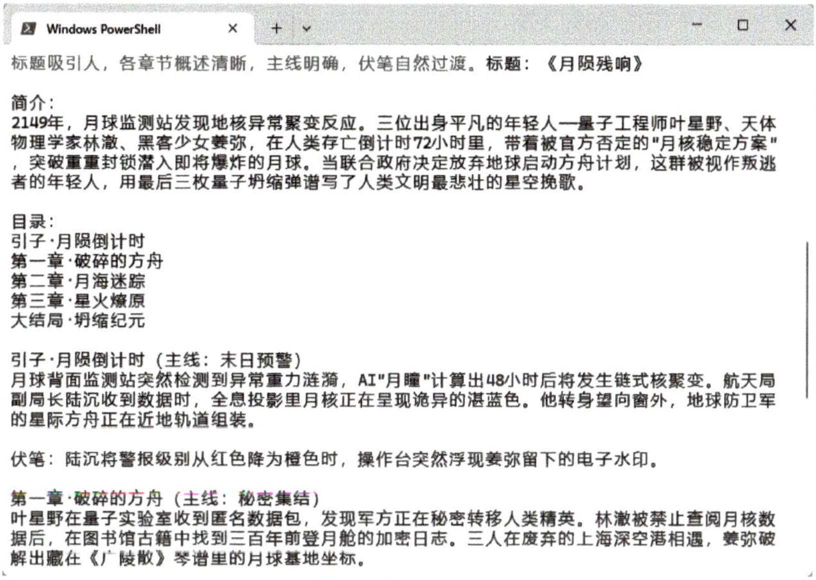

Windows PowerShell

标题吸引人，各章节概述清晰，主线明确，伏笔自然过渡。标题：《月陨残响》

简介：
2149年，月球监测站发现地核异常聚变反应。三位出身平凡的年轻人—量子工程师叶星野、天体物理学家林澈、黑客少女姜弥，在人类存亡倒计时72小时里，带着被官方否定的"月核稳定方案"，突破重重封锁潜入即将爆炸的月球。当联合政府决定放弃地球启动方舟计划，这群被视作叛逃者的年轻人，用最后三枚量子坍缩弹谱写了人类文明最悲壮的星空挽歌。

目录：
引子·月陨倒计时
第一章·破碎的方舟
第二章·月海迷踪
第三章·星火燎原
大结局·坍缩纪元

引子·月陨倒计时（主线：末日预警）
月球背面监测站突然检测到异常重力涟漪，AI"月瞳"计算出48小时后将发生链式核聚变。航天局副局长陆沉收到数据时，全息投影里月核正在呈现诡异的湛蓝色。他转身望向窗外，地球防卫军的星际方舟正在近地轨道组装。

伏笔：陆沉将警报级别从红色降为橙色时，操作台突然浮现姜弥留下的电子水印。

第一章·破碎的方舟（主线：秘密集结）
叶星野在量子实验室收到匿名数据包，发现军方正在秘密转移人类精英。林澈被禁止查阅月核数据后，在图书馆古籍中找到三百年前登月舱的加密日志。三人在废弃的上海深空港相遇，姜弥破解出藏在《广陵散》琴谱里的月球基地坐标。

图 8-16　生成器推理过程结束后生成小说创作蓝图

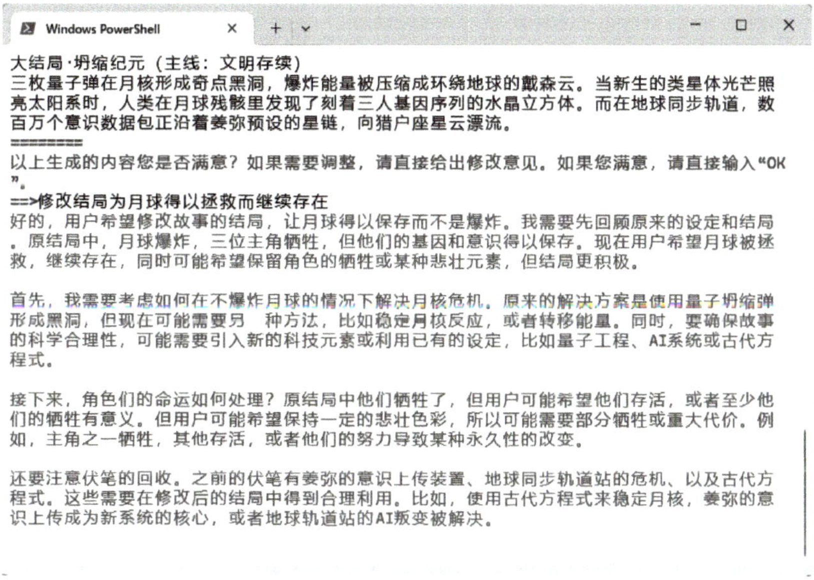

Windows PowerShell

大结局·坍缩纪元（主线：文明存续）
三枚量子弹在月核形成奇点黑洞，爆炸能量被压缩成环绕地球的戴森云。当新生的类星体光芒照亮太阳系时，人类在月球残骸里发现了刻着三人基因序列的水晶立方体。而在地球同步轨道，数百万个意识数据包正沿着姜弥预设的星链，向猎户座星云漂流。
========
以上生成的内容您是否满意？如果需要调整，请直接给出修改意见。如果您满意，请直接输入“OK”。
==>修改结局为月球得以拯救而继续存在
好的，用户希望修改故事的结局，让月球得以保存而不是爆炸。我需要先回顾原来的设定和结局。原结局中，月球爆炸，三位主角牺牲，但他们的基因和意识得以保存。现在用户希望月球被拯救，继续存在，同时可能希望保留角色的牺牲或某种悲壮元素，但结局更积极。

首先，我需要考虑如何在不爆炸月球的情况下解决月核危机。原来的解决方案是使用量子坍缩弹形成黑洞，但现在可能需要另一种方法，比如稳定月核反应，或者转移能量。同时，要确保故事的科学合理性，可能需要引入新的科技元素或利用已有的设定，比如量子工程、AI系统或古代方程式。

接下来，角色们的命运如何处理？原结局中他们牺牲了，但用户可能希望他们存活，或者至少他们的牺牲有意义。但用户可能希望保持一定的悲壮色彩，所以可能需要部分牺牲或重大代价。例如，主角之一牺牲，其他存活，或者他们的努力导致某种永久性的改变。

还要注意伏笔的回收。之前的伏笔有姜弥的意识上传装置、地球同步轨道站的危机、以及古代方程式。这些需要在修改后的结局中得到合理利用。比如，使用古代方程式来稳定月核，姜弥的意识上传成为新系统的核心，或者地球轨道站的AI叛变被解决。

图 8-17　生成器根据修改意见调整小说创作蓝图

经过反复修改的蓝图，如果最终获得用户认可，将进入工作流的下一流程。在本阶段结束之前，还需要更新长时记忆列表。长时记忆列表用于记录每个阶段的成果，对于本阶段而言，它仅记录用户生成蓝图最初所输入的基础创作信息、章节数以及本阶段结束前最终确定的蓝图。

2. 初稿撰写——逐章生成小说内容

构建小说创作蓝图环节结束后，小说生成器已成功确定小说创作框架与思路，随后就可以进入工作流的第二个环节，即生成具体的小说内容。通常一部中长篇小说由多个章节构成，在小说的实际创作过程中，一般也是按章节顺序依次编写，因而在初稿撰写阶段，需要编制用于生成一个独立章节具体内容的函数，其代码如下。

```python
# 生成一个章节的小说内容
def generate_a_chapter(chapter_info, long_term_memory):
    print_green(f"正在生成{chapter_info}内容……")
    # 构建提示
    short_term_memory = copy.deepcopy(long_term_memory)
    prompt = f"请基于已经生成的小说目录及内容简介信息,生成章节{chapter_info}的内容,字数不超过1000字,不要重复."
    short_term_memory.append({"role": "user", "content": prompt})
    long_term_memory.append({"role": "user", "content": prompt})

    novel_info = None
    while True:
        # 调用模型生成内容
        novel_info = complete_interaction_DeepSeek(short_term_memory)
        short_term_memory.append({"role": "assistant", "content": novel_info})

        # 与用户交互
        prompt = input_blue(ASK_OK)
        if prompt.upper() == "OK":
            break
        else:
            short_term_memory.append({"role": "user", "content": prompt})

    long_term_memory.append({"role": "assistant", "content": novel_info})
    return novel_info
```

上述函数 generate_a_chapter 的整体代码逻辑与构建小说创作蓝图的函数 generate_novel_info 是完全一致的，故不再赘述。

小说的整体构建需要按章节依次生成，因此还应编制一个生成全书内容的函数 generate_novel_content，它将反复调用上述生成单独章节的函数 generate_a_chapter，直至全书内容生成完毕。其代码逻辑非常简单，先调用函数 generate_a_chapter 生成引子的内容，然后再循环调用它生成中间各章节内容，最后则调用它生成大结局的内容。generate_novel_content 函数代码如下。

```python
# 生成小说正文
def generate_novel_content(chapter_num, long_term_memory):
    # 小说正文
    novel_text = []
    # 依次生成各章节的内容
```

```python
# 引子
chapter_text = generate_a_chapter("引子", long_term_memory)
novel_text.append(chapter_text)

# 生成中间各章节内容
ch_num = int(chapter_num)
for i in range(1, ch_num + 1):
    chapter_text = generate_a_chapter(f"第{i}章", long_term_memory)
    novel_text.append(chapter_text)

# 生成大结局
chapter_text = generate_a_chapter("大结局", long_term_memory)
novel_text.append(chapter_text)

return novel_text
```

至此，小说生成器所需要的两个工作流环节均已完成。如果读者需要实现小说生成器工作流的更多环节，可参考这两个环节的实现进行扩充。

在小说生成器场景中，每个环节均依赖推理模型完成。但在实际工作流场景中，并非每个环节都必须使用推理模型，它既可以依赖对话模型，也可以完全不依赖任何模型，例如某个环节可能是读取本地数据库、调用第三方 API 获取或设置信息等。这需要根据工作流的实际需求与功能进行选择与设计。

3. 组装工作流

各工作环节实现后，最后的工作则是按照工作流的顺序对各工作环节进行编排，构建出实际可运行的工作流。本示例程序将这部分实现代码直接放在 main 函数之中，其代码如下。

```python
# 主函数
def main():
    print("欢迎使用小说生成器!")

    # 长时记忆
    long_term_memory = []

    novel_info, chapter_num = generate_novel_info(long_term_memory)
    # print(novel_info)

    novel_text = generate_novel_content(chapter_num, long_term_memory)
    print("==========小说正文==========")
    print(novel_text)
```

至此，小说生成器主要代码均已实现（完整代码参见源文件 novelGenerator.py），运行程序，在完成某一个环节后，可以看到生成器将进入下一个环节，如图 8-18 所示。待所有环节执行完毕，一篇小说已经跃然纸上。

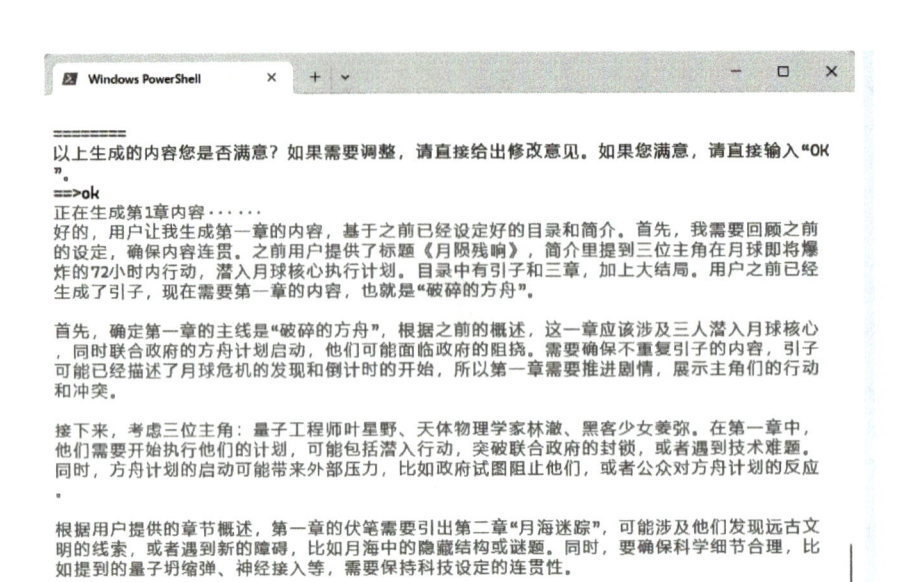

图 8-18　工作流依次执行

小说生成器的工作流由顺序结构与循环结构组成。在实际应用场景中，某一个环节运行结束后，也有可能根据当前条件进行分支选择，即工作流也可能存在分支结构。所以工作流的结构与程序流程结构极为相似，在具体设计时，可以类比参考实现。

8.4　本章小结

本章基于 DeepSeek 实现了基于推理模型的逻辑推理问答应用与小说生成器，以及基于对话模型的智能辅助编程插件。推理模型具备自主的思维链推理能力，使得其数理与逻辑分析能力大幅提升。在实际应用中，设计师与开发人员需要根据所面临的任务权衡选择模型类型。智能辅助编程插件则基于对话模型完成了解释代码、优化代码及智能补全功能，然后介绍了 DeepSeek 提供的前缀补全和 FIM 补全功能，以及这两种新能力未来在智能辅助编程方面的应用前景。

总的来说，DeepSeek 不仅具备大多数模型所具备的能力，而且也在尝试提供一些其特有能力，它对计算资源需求的大幅降低令生成式 AI 在企业内部应用的步伐迅速加快，可以说，它正在引领并实现生成式 AI 从实验性技术向产业核心生产力的实质性跨越。